机械制图与AutoCAD

主　编○张学明

副主编○崔　沛　商冬青　苗雅丽

参　编○任艳霞　商静瑜

主　审○赵　军　陈　英

西南交通大学出版社

·成都·

图书在版编目（CIP）数据

机械制图与 AutoCAD / 张学明主编 . —成都：西南
交通大学出版社，2016.8
ISBN 978-7-5643-4981-3

Ⅰ. ①机… Ⅱ. ①张… Ⅲ. ①机械制图 – AutoCAD 软
件 Ⅳ. ①TH126

中国版本图书馆 CIP 数据核字（2016）第 205382 号

机械制图与 AutoCAD

主编　张学明

责 任 编 辑	李　伟
特 邀 编 辑	张芬红
封 面 设 计	何东琳设计工作室
出 版 发 行	西南交通大学出版社 （四川省成都市二环路北一段 111 号 西南交通大学创新大厦 21 楼）
发 行 部 电 话	028-87600564　028-87600533
邮 政 编 码	610031
网　　　　址	http://www.xnjdcbs.com
印　　　　刷	成都中铁二局永经堂印务有限责任公司
成 品 尺 寸	185 mm × 260 mm
印　　　　张	18.75
字　　　　数	470 千
版　　　　次	2016 年 8 月第 1 版
印　　　　次	2016 年 8 月第 1 次
书　　　　号	ISBN 978-7-5643-4981-3
定　　　　价	47.00 元

课件咨询电话：028-87600533
图书如有印装质量问题　本社负责退换

前 言

本教材从制图员岗位需求出发，以培养绘图和识图两大能力为核心，实现学生职业岗位能力的培养。根据职业岗位能力需求，本教材以典型机械零部件为载体，设计出 7 个学习模块、27 个学习任务，将制图的基础知识、视图投影原理、组合体三视图、轴测投影、机械图样的表达方法、标准件和常用件、零件图和装配图等知识点全部融入贯穿到具体的任务中。

具体内容分别为模块一，绘图基础；模块二，轴套类零件图的绘制与识读；模块三，盘盖类零件图的绘制与识读；模块四，叉架类零件图的绘制与识读；模块五，箱体类零件图的绘制与识读；模块六，标准件和常用件的绘制与识读；模块七，装配体的绘制与识读。在每一个教学任务中均设置了"任务描述""任务分析""相关知识""任务实施""拓展知识"环节，采用任务驱动模式，通过完成每一项任务来加强识图、绘图的技能训练，体现了高职教改倡导的"学中做、做中学"的新理念，适应课程改革的最新情况，同时能够更好地培养学生分析问题和解决问题的能力，以及职业素质的养成。

本教材是作者在考察多所高职院校和多家企业、听取多名专家以及总结多年教授机械制图经验的基础上编写而成的，在编写过程中主要体现了以下几个特点：

（1）教材模式新颖，教材体系打破传统知识结构，将所有知识点全部融入贯穿到具体的任务中，遵循从简单到复杂，并通过"任务驱动"和"模块化"教学完成每个任务，以此体现"学中做、做中学"的职业教育特色。

（2）教材内容全面，实用性强，满足现代机械行业的发展要求。把德国职业教育"工作过程系统化"的教学思想中国化，将企业典型的工作任务内容转化为课程内容，形成理论、实践一体化的课程内容，按工作过程设计课程内容。

（3）教材采用最新《技术制图》和《机械制图》国家标准，充分体现了先进性。

（4）实例、习题符合职业资格考试要求。精选的实例、习题不仅有一定的典型性，还能够满足全国制图员职业资格考试要求。

（5）教学资源丰富，提供优质教学服务，强调教辅资源的开发，力求为教学工作构建更加完善的辅助平台，为教师提供更多的方便。本书除配套的《〈机械制图与AutoCAD〉习题集》以外，还重点开发了多媒体电子课件及试题库等配套资料。

本教材由济源职业技术学院组织编写，张学明担任主编，崔沛、商冬青、苗雅丽担任副主编，任艳霞、商静瑜参编，赵军、陈英主审。其中，张学明编写模块一（任务一、二、三）、商静瑜编写模块一（任务四、五、六、七）、崔沛编写模块二和模块四、商冬青编写模块三和模块五、苗雅丽编写模块六和附录、任艳霞编写模块七。

尽管编者在探索教材特色的建设方面做出了许多努力，但由于编者水平有限，教材中仍可能存在一些疏漏和不足之处，恳请同行专家和读者在使用本教材时多提宝贵意见，以便下次修订时改进。

编　者

2016 年 5 月

目　录

模块一 绘图基础

【学习目标】

（1）掌握制图国家标准关于图幅、比例、线型、字体、尺寸标注等的基本规定；了解徒手绘图的方法及常用绘图工具的使用方法。

（2）正确理解正投影的基本理论及投影特性；理解并掌握三视图的形成及投影规律；掌握基本体的形体特点、投影特征及投影图的绘制；掌握点、线、面的投影规律及投影特性；掌握基本体表面取点、取线的方法。

（3）掌握特殊位置平面截切平面立体和曲面立体的截交线画法；掌握两圆柱正贯和同轴回转体相贯的相贯线和立体投影的画法；掌握组合体的形体分析法和组合体的组合形式；学会组合体的三视图画法和尺寸标注；熟练掌握识读组合体三视图的方法和步骤。

（4）熟悉轴测投影的基本概念、特性和常用轴测图的种类；掌握轴测投影的基本性质；掌握绘制正等轴测图的基本画法；熟悉绘制斜二轴测图的基本方法；能够通过绘制简单形体的正等轴测图，提高空间想象能力。

（5）通过学习，了解 AutoCAD 用户界面，熟悉 AutoCAD 2008 的工作空间，掌握 AutoCAD 2008 启动和退出方法、图形文件的常用操作以及命令的执行方法。

任务一 绘制手柄的平面图形

【任务描述】

读如图 1-1-1 所示手柄的平面图形，看懂其结构形状、尺寸大小，能够绘制该平面图形。

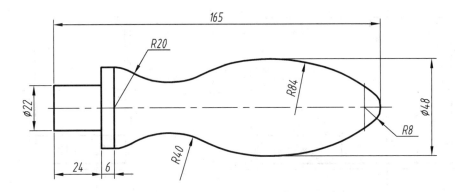

图 1-1-1 手柄的平面图形

【任务分析】

手柄的平面图形是由若干直线和曲线按一定关系连接而成的封闭图形，线段的形状、大小、线段之间的相对位置和连接关系是由给定尺寸确定的。在平面图形中，有些线段的尺寸已完全给定，可以直接画出，而有些线段要根据相切的连接关系才能画出。因此，绘图前应对所绘图形进行分析，以确定正确的作图方法和步骤。

【相关知识】

一、制图的基本规定

《机械制图》和《技术制图》国家标准是工程界重要的技术基础标准，是绘制和阅读机械图样的准则和依据。为了正确绘制和阅读机械图样，必须熟悉有关标准和规定。

1. 图纸幅面和格式

（1）图纸幅面。

为了使图纸幅面统一，便于装订和管理，《技术制图》国家标准规定了五种基本幅面，具体内容见表 1-1-1（符号 B、L、a、c、e 见图 1-1-2）。

表 1-1-1　图纸幅面和图框尺寸　　　　　　　　　　　mm

幅面代号	A0	A1	A2	A3	A4
$B \times L$	841×1189	594×841	420×594	297×420	210×297
a			25		
c		10		5	
e	20		10		

（2）图框格式。

① 在图纸上必须用粗实线画出图框，其格式分为不留装订边和留有装订边两种，如图 1-1-2 所示。

② 同一产品图样只能采用一种图框格式，装订时通常采用 A3 横装或 A4 竖装。

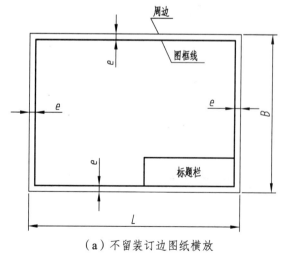

（a）不留装订边图纸横放　　　　　（b）不留装订边图纸竖放

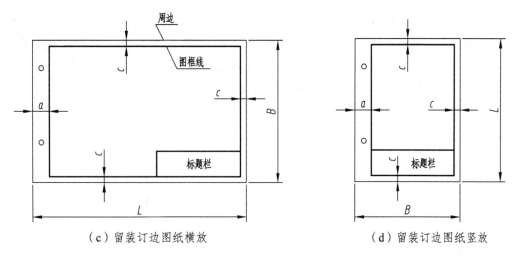

（c）留装订边图纸横放　　　　　　　　　　（d）留装订边图纸竖放

图 1-1-2　图框格式

（3）标题栏。

每张图纸上都必须画出标题栏，标题栏应位于图纸的右下角。为了简化作图，在制图作业中建议采用如图 1-1-3 所示的简易标题栏格式。

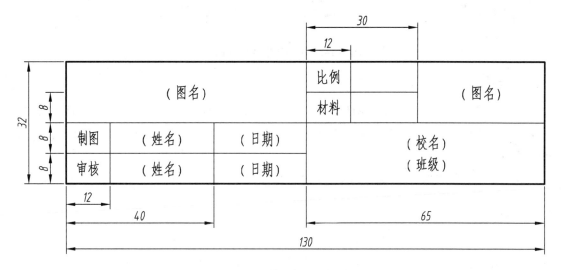

图 1-1-3　简易标题栏格式

2. 比　例

比例是指图样中图形与实物相应要素的线性尺寸之比。绘图时应根据图纸幅面及物体大小使用适当的比例，常见的比例见表 1-1-2。

表 1-1-2　常见的比例

种　类	比　例
原值比例	1 : 1
放大比例	2 : 1、2.5 : 1、4 : 1、5 : 1、10 : 1
缩小比例	1 : 1.5、1 : 2、1 : 2.5、1 : 3、1 : 4、1 : 5

为了从图样上直接反映物体的大小，绘图时应优先采用原值比例。若物体太小或太大，可采用缩小或放大的比例绘图。选用比例的原则是有利于图形的清晰表达和图纸幅面的有效利用。绘图时不论采用何种比例，图样中所注尺寸数值必须为物体的实际大小，与绘图比例无关，如图 1-1-4 所示。同一机件的各个图形一般应采用相同的比例，并在标题栏中的比例栏内写明采用的比例。

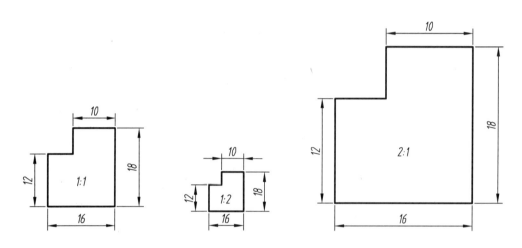

图 1-1-4　不同比例绘制的图形

3. 字　体

图样上除了表达机件形状的图形外，还需要用文字和数字说明机件的大小、技术要求等其他内容。图样中书写的汉字、数字和字母必须做到：字体工整、笔画清楚、间隔均匀、排列整齐。

（1）各种字体的大小要选择适当。字体大小分为 20、14、10、7、5、3.5、2.5、1.8 八种号数。

（2）图样上的汉字应写成长仿宋体，并应采用国家正式公布推行的简化字。汉字的高度不应小于 3.5 mm，字宽约等于字高的 $1/\sqrt{2}$。

长仿宋字的书写要领是：横平竖直、注意起落、结构匀称、填满方格。

（3）数字和字母有正体和斜体之分，一般情况下用斜体。斜体字字头向右倾斜，与水平基准线呈 75°。字母和数字按笔画宽度情况分为 A 型和 B 型两类，A 型字体的笔画宽度（d）为字高（h）的 1/14，B 型字体的笔画宽度为字高的 1/10，即 B 型字体比 A 型字体的笔画要粗一点。

（4）字体示例。汉字、字母、数字的示例见表 1-1-3。

4. 图　线

（1）图线的形式及应用。

国家标准规定了机械图样中常见的 9 种图线的代码、名称、形式、宽度及一般应用，具体见表 1-1-4。图线应用示例如图 1-1-5 所示。

表 1-1-3 字体示例

字体		示例
长仿宋汉字	10号	字体工整笔画清楚间隔均匀排列整齐
	7号	横平竖直注意起落结构均匀填满方格
	5号	技术制图机械电子汽车航空船舶土木建筑矿山井坑港口纺织焊接设备工艺
	3.5号	螺纹齿轮端子接线飞行指导驾驶位挖填施工引水通风闸阀坝棉麻化纤
拉丁字母	大写斜体	*ABCDEFGHIJKLMNOPQRSTUVWXYZ*
	小写斜体	*abcdefghijklmnopqrstuvwxyz*
阿拉伯数字	斜体	*0123456789*
	正体	0123456789

表 1-1-4 机械图样中常用图线的代码、名称、形式、宽度及一般应用

图线名称	图线形式	图线宽度	一般应用举例
粗实线	————	d	可见轮廓线
细实线	————	$d/2$	尺寸线及尺寸界线 剖面线 重合断面的轮廓线 过渡线
细虚线	– – – –	$d/2$	不可见轮廓线
细点画线	—— · —— · ——	$d/2$	轴线 对称中心线
粗点画线	━━ · ━━	d	限定范围表示线
细双点画线	—— · · —— · · ——	$d/2$	相邻辅助零件的轮廓线 轨迹线 极限位置的轮廓线 中断线
波浪线	～～～	$d/2$	断裂处的边界线
双折线	─⋀─⋁─	$d/2$	视图与剖视的分界线
粗虚线	━ ━ ━ ━	d	允许表面处理的表示线

5

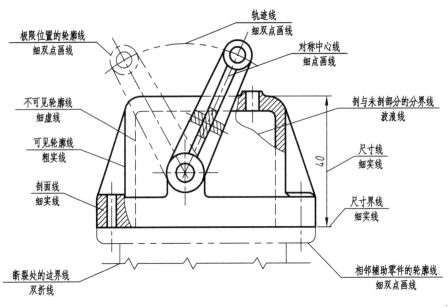

图 1-1-5　图线应用示例

（2）图线宽度。

机械图样中采用粗、细两种线宽，它们之间的比例为 2∶1。图线宽度 d 应根据图样的类型、大小、比例的要求，在下列数值中选取：0.25 mm、0.35 mm、0.5 mm、0.7 mm、1.0 mm、1.4 mm、2 mm。粗线宽度 d 通常采用 0.5 mm 或 0.7 mm。

（3）图线画法的注意事项。

① 在同一图样中，同类图线的宽度应一致，虚线、点画线的线段长度和间隔应大致相同。

② 绘制圆的中心线时，圆心应以线段相交，中心线应超出圆的轮廓线 3～5 mm。

③ 虚线与虚线或其他图线相交时，应画成线段相交。虚线为粗实线的延长线时，应留有空隙，如图 1-1-6 所示。

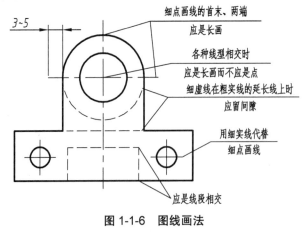

图 1-1-6　图线画法

二、尺寸标注

图形只能表示物体的形状，其大小是由所标注的尺寸确定的。尺寸是图样中的重要内容之一，是制造机件的依据。国家标准规定了在图样中标注尺寸的基本规则。

1. 标注尺寸的基本规则

（1）机件的真实大小应以图样上所注的尺寸数值为依据，与图形的大小及绘图的准确度无关。

（2）图样中的尺寸，以毫米为单位，不需标注单位符号（或名称）。如采用其他单位，则应注明相应的单位符号。

（3）图样中所注的尺寸为该图样所示机件的最后完工尺寸，否则应另加说明。

（4）机件的每一尺寸，一般只标注一次，并应标注在反映该结构最清晰的图形上。

2. 尺寸界线、尺寸线和尺寸数字

一个完整的尺寸由尺寸界线、尺寸线和尺寸数字3个要素组成，如图1-1-7所示。

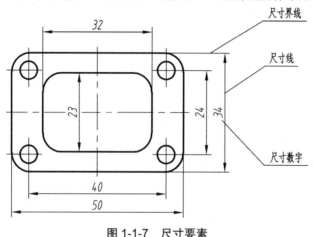

图 1-1-7　尺寸要素

（1）尺寸界线。

尺寸界线用细实线绘制，并应由图形的轮廓线、轴线或对称中心线处引出，也可利用轮廓线、轴线或对称中心线作出尺寸界线。

（2）尺寸线。

尺寸线用细实线绘制，其终端有箭头和斜线两种形式。机械图样中一般采用箭头作为尺寸线的终端，当没有足够的位置画箭头或注写数字时，允许用圆点或斜线代替箭头，如图1-1-8所示。

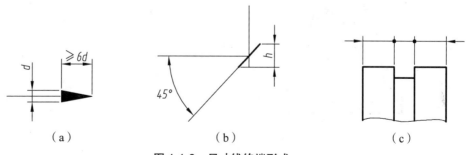

（a）　　　　　　　　（b）　　　　　　　　（c）

图 1-1-8　尺寸线终端形式

标注线性尺寸时，尺寸线应与所标注的线段平行。尺寸线不能用其他图线代替，一般也不得与其他图线重合或画在其延长线上。

（3）尺寸数字。

线性尺寸的数字一般应注写在尺寸线的上方，且尺寸数字不可被任何图线所通过，否则应将该图线断开。线性尺寸数字一般按图 1-1-9（a）所示的方向注写，即水平方向字头朝上，竖直方向字头朝左，倾斜方向的字头保持朝上的趋势，并尽量避免在图示 30°所在范围内标注尺寸，当无法避免时，可按图 1-1-9（b）的形式标注。

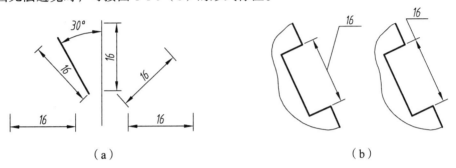

（a）   （b）

图 1-1-9　尺寸数字的注写方向

3. 尺寸标注示例

常见尺寸标注示例见表 1-1-5。

表 1-1-5　常见尺寸标注示例

尺寸类型	图　　例	说　　明
线性尺寸的注法	R10　2×Ø10　35　30　20　28　55　（a） Ø64　从延长线交点引出尺寸界线　尺寸界线与轮廓线接近时尺寸界线倾斜　Ø90　（b）	①尺寸线应与所标注的线段平行。并列尺寸的尺寸线由小到大、从内到外依次排列，如图（a）所示。串列尺寸的尺寸线箭头对齐，排成一条直线。 ②尺寸界线一般应与尺寸线垂直，必要时才允许倾斜，如图（b）所示。尺寸界线超出尺寸线 2～3 mm。 ③尺寸线之间或尺寸线与尺寸界线之间应避免相交

尺寸类型	图 例	说 明
圆的直径和圆弧半径的注法	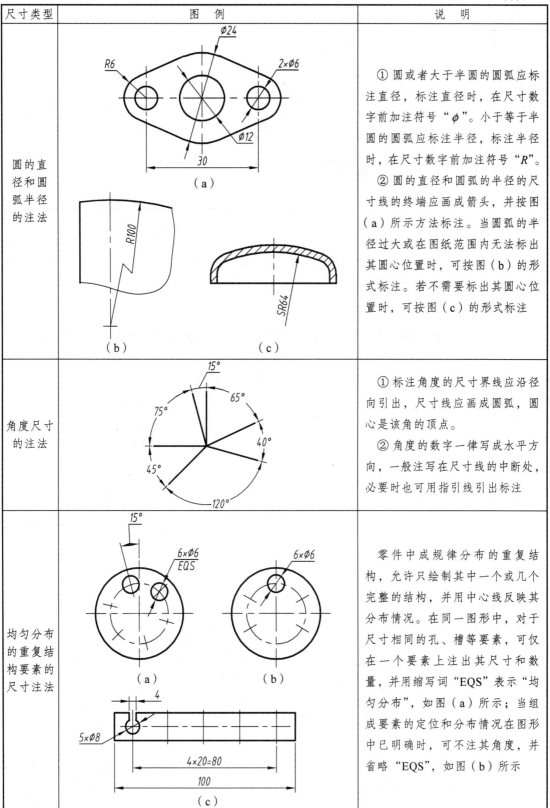	① 圆或者大于半圆的圆弧应标注直径，标注直径时，在尺寸数字前加注符号"ϕ"。小于等于半圆的圆弧应标注半径，标注半径时，在尺寸数字前加注符号"R"。 ② 圆的直径和圆弧的半径的尺寸线的终端应画成箭头，并按图（a）所示方法标注。当圆弧的半径过大或在图纸范围内无法标出其圆心位置时，可按图（b）的形式标注。若不需要标出其圆心位置时，可按图（c）的形式标注
角度尺寸的注法		① 标注角度的尺寸界线应沿径向引出，尺寸线应画成圆弧，圆心是该角的顶点。 ② 角度的数字一律写成水平方向，一般注写在尺寸线的中断处，必要时也可用指引线引出标注
均匀分布的重复结构要素的尺寸注法		零件中成规律分布的重复结构，允许只绘制其中一个或几个完整的结构，并用中心线反映其分布情况。在同一图形中，对于尺寸相同的孔、槽等要素，可仅在一个要素上注出其尺寸和数量，并用缩写词"EQS"表示"均匀分布"，如图（a）所示；当组成要素的定位和分布情况在图形中已明确时，可不注其角度，并省略"EQS"，如图（b）所示

9

尺寸类型	图 例	说 明
对称图形采用简化画法时的尺寸注法	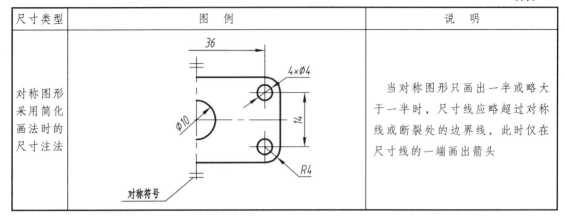	当对称图形只画出一半或略大于一半时，尺寸线应略超过对称线或断裂处的边界线，此时仅在尺寸线的一端画出箭头

三、绘图工具及使用方法

为了提高尺规绘图的质量和效率，必须学会正确使用各种绘图工具和仪器。下面介绍几种常用的绘图工具及其使用方法。

1. 图板、丁字尺和三角板

（1）图板。图板是用来铺放、固定图纸用的矩形木板，板面要求平整，左边为导边，必须平直。

（2）丁字尺。丁字尺由尺头和尺身构成，主要用来画水平线。使用时尺头内侧必须紧靠图板的导边，左手推动丁字尺上下移动，移到所需位置后，右手执笔，自左向右画水平线。

（3）三角板。一副三角板由 45°和 30°（60°）两块组成。三角板与丁字尺配合使用，可画垂直线以及与水平方向呈 30°、45°、60°的倾斜线；两块三角板可画与水平线呈 15°、75°的倾斜线，还可画出任意已知直线的平行线或垂直线。

图板、丁字尺和三角板的用法如图 1-1-10 所示。

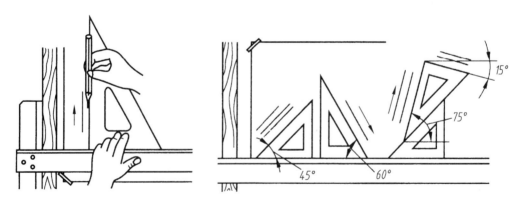

图 1-1-10　图板、丁字尺和三角板的用法

2. 圆规和分规

（1）圆规。圆规用来画圆和圆弧。画圆时，圆规和钢针应使用有台阶的一端，以避免图纸上的针孔不断扩大，并使笔尖与纸面垂直。圆规的使用方法如图 1-1-11 所示。

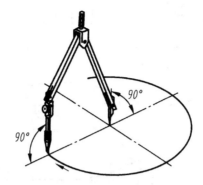

图 1-1-11　圆规的使用方法

（2）分规。分规是用来截取线段、等分直线或圆周，以及从尺上量取尺寸的工具。分规的两个顶尖并拢时应对齐。分规的使用方法如图 1-1-12 所示。

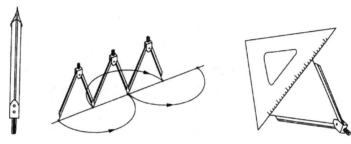

图 1-1-12　分规的使用方法

3. 铅　笔

绘图铅笔用 B 和 H 表示软硬程度。B 表示软性铅笔，B 前面的数字越大，表示铅芯越软。H 表示硬性铅笔，H 前面的数字越大，表示铅芯越硬。HB 表示铅芯软硬适中。画细线常用 H 或 2H 铅笔，画粗线常用 B 或 2B 铅笔，写字常用 HB 铅笔。

【任务实施】

手柄的平面图形（见图 1-1-13）是由若干直线和曲线按一定关系连接而成的封闭图形，线段的形状、大小，线段之间的相对位置和连接关系是由给定尺寸确定的。在平面图形中，有些线段的尺寸已完全给定，可以直接画出，而有些线段要根据相切的连接关系才能画出。因此，绘图前应对所绘图形进行分析，以确定正确的作图方法和步骤。

一、平面图形的分析

1. 尺寸分析

平面图形中的尺寸按其作用可分为定形尺寸和定位尺寸两大类。

（1）定形尺寸：确定图形中各线段形状大小的尺寸，如图 1-1-13 中的 $\phi22$、24、6、R20、R40、R84、R8 等。

（2）定位尺寸：确定图形中各线段间相对位置的尺寸，如图 1-1-13 中的 165、$\phi48$。

定位尺寸通常以图形的对称线、圆的中心线以及其他线段作为标注尺寸的起点，这些起点称为尺寸基准。一个平面图形有长度和高度两个方向的尺寸基准。如图 1-1-14（a）所示，水平中心线为高度方向的尺寸基准，左侧轮廓线为长度方向的尺寸基准。

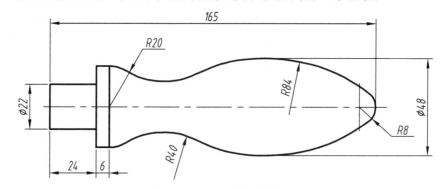

图 1-1-13　手柄的平面图形

2. 线段分析

平面图形中的线段按给定尺寸的完整与否可分为三类。

（1）已知线段：定形、定位尺寸齐全，根据给定的尺寸可直接画出的线段，如图 1-1-13 中的左端由尺寸 $\phi22$、24、6 确定的线段和由尺寸 R20 确定的圆弧以及右端由尺寸 R8 确定的圆弧。

（2）中间线段：注出定形尺寸和一个方向的定位尺寸，必须依靠相邻线段间的连接关系才能画出的线段，如图 1-1-13 中 R84 的圆弧。

（3）连接线段：只注出定形尺寸，未注出定位尺寸，必须根据该线段与相邻两线段的连接关系才能画出的线段，如图 1-1-13 中 R40 的圆弧。

二、平面图形的作图步骤

（1）画基准线、定位线，如图形的对称线、圆的中心线等，如图 1-1-14（a）所示。

（2）画已知线段，如图 1-1-14（b）所示。

（3）画中间线段，如图 1-1-14（c）所示。

（4）画连接线段，如图 1-1-14（d）所示。

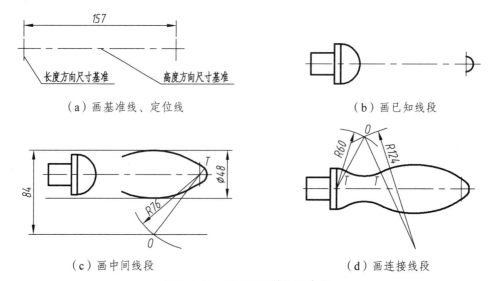

（a）画基准线、定位线　　　　　　（b）画已知线段

（c）画中间线段　　　　　　（d）画连接线段

图 1-1-14　平面图形的作图步骤

一、常见几何图形的作图方法

机件的轮廓形状虽然多种多样，但在工程图样中，表达机件结构形状的图形，都是由直线、圆（圆弧）和其他一些平面曲线所组成的几何图形。常见几何图形的作图方法见表 1-1-6。

表 1-1-6　常见几何图形的作图方法

类　型	作图方法	步骤说明
正六边形	（a）　　　　　　　（b）	作法一：用圆规等分圆周作正六边形，如图（a）所示； 作法二：用 60°三角板作正六边形，如图（b）所示
椭圆	（c）	四心圆法： ① 连接椭圆长、短轴的端点 A、C，取 $OE=OA$，以 C 为圆心、CE 为半径画圆，交 AC 于 F； ② 作 AF 的中垂线，交椭圆两轴于 O_1、O_2，并作对称点 O_3、O_4； ③ 分别以 O_1、O_2、O_3、O_4 为圆心，以 O_1A、O_2C、O_3B、O_4D 为半径作弧，切圆心连线于 T_1、T_2、T_3、T_4，即得近似椭圆

二、平面图形的尺寸标注

平面图形尺寸标注的基本要求是：正确、完整（不重复或遗漏）、清晰。因此，在标注尺寸时应注意以下几点：

（1）尺寸注法遵守国家标准的基本规定，且标注尺寸时应注意布局清晰，按照由小到大、从内到外的顺序排列尺寸，如图 1-1-15（a）所示。

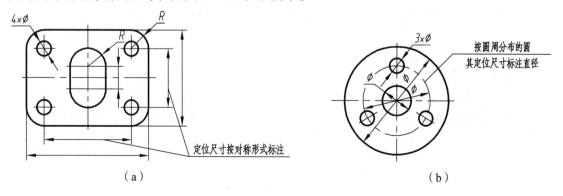

（a）　　　　　　　　　　　　　　　　（b）

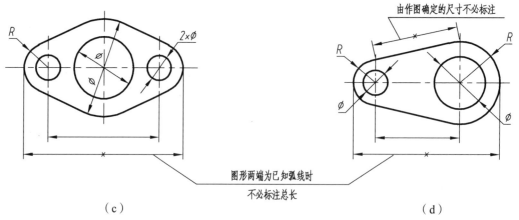

（c）

（d）

图 1-1-15　平面图形的尺寸标注示例

（2）按圆周均匀分布的要素，其定位尺寸应标注直径，如图 1-1-15（b）所示。

（3）当平面图形的两端是圆弧，且是已知圆弧时，不必再标注总长，如图 1-1-15（c）、（d）所示。

（4）图中通过几何作图确定的线段不需标注尺寸，如图 1-1-15（d）所示。

三、平面图形的草图绘制

1. 绘制草图的要求

草图也称徒手图，是用目测来估计物体的大小，不借助绘图工具，徒手绘制的图样。工程技术人员应熟练掌握徒手作图的技巧，以使用不同的方式记录产品的图样或表达的设计思想。

（1）草图的"草"字仅针对徒手作图而言，并没有允许潦草的意思。绘制草图时应做到图形清晰、线型分明、比例匀称，并应尽可能使图线光滑、整齐，绘图速度要快，标注尺寸要准确、齐全、字体工整。

（2）画草图时要手、眼并用。绘制垂直线、等分线段或圆周以及截取相等的线段等，都是靠眼睛来估计确定的。

（3）徒手画平面图形时不要急于画细部，要先考虑大局。画草图时，要注意图形长与高的比例以及整体与细部的比例是否正确，图形各部分之间的比例可借助方格数的比例来确定。

2. 目测的方法

画中、小物体时，可用铅笔当尺直接放在实物上测量各部分的大小，然后按测量的大体尺寸画出草图；也可用此方法估计出各部分的相对比例，画出缩小的草图，如图 1-1-16 所示。

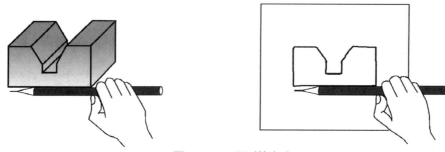

图 1-1-16　目测的方法

3. 绘制草图的方法

（1）徒手画直线。

执笔要稳，眼睛看着图线的终点，均匀用力，匀速运笔。画水平线时，为了便于运笔，可将图纸微微左倾，自左向右画线；画竖直线时，应自上而下运笔画线；画斜线时，先自左向下，再向右上，如图1-1-17所示。

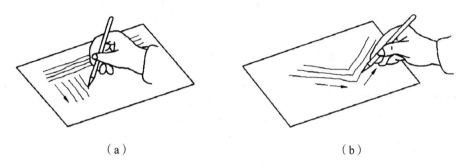

（a）   （b）

图 1-1-17　徒手画直线

（2）徒手画圆。

徒手画圆时，先画出两条中心线，定出圆心，再根据直径大小目测估计半径的大小，在中心线上截得四点，便可画圆。对于较大的圆，还可再画一对45°的斜线，按半径在斜线上也定出4个点，然后将这8个点徒手连成圆，如图1-1-18所示。

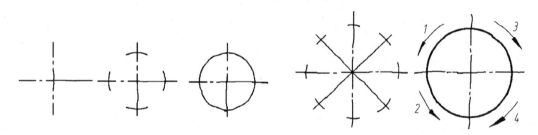

图 1-1-18　徒手画圆

（3）徒手等分角度（见图1-1-19）。

①以角顶点 B 为圆心，以适当长度为半径，画圆弧 AC。

②目测并调节分规，约为 $\overparen{AC}$ 长的1/3，一次截取后再进行调整，直至将 $\overparen{AC}$ 分尽。

③将角顶点 B 与各分点连接，即将角度等分。

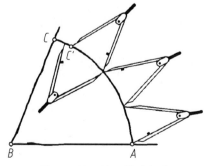

图 1-1-19　徒手等分角度

（4）徒手画角度。

如图 1-1-20 所示，画 30°、45°、60°等常见角度时，可根据两直角边的比例关系先定出两端点，然后连接两端点即可，读者可自行分析。

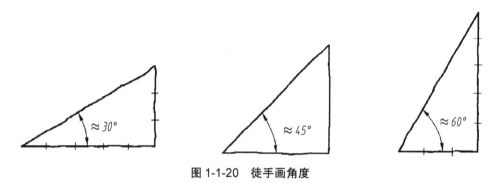

图 1-1-20　徒手画角度

4. 绘制草图

初学者徒手绘图，最好在方格纸上进行，以便控制图线的平直和图形大小。如图 1-1-21 所示的平面图形，读者可自行练习。

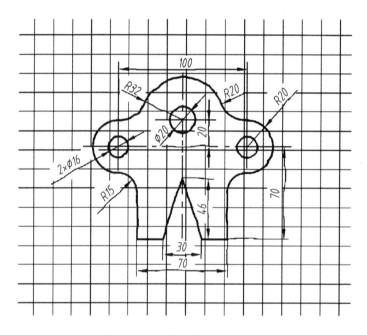

图 1-1-21　徒手绘制平面图形

任务二　绘制基本体三视图

子任务一　识读与绘制正三棱锥的三面投影

【任务描述】

识读与绘制如图 1-2-1 所示正三棱锥的三面投影。

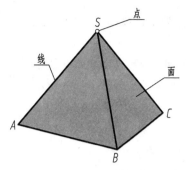

图 1-2-1 正三棱锥立体图

【任务分析】

正三棱锥是常见的基本体之一，是由一个底面为正三角形、侧棱面为三个具有公共顶点的三角形所围成的平面立体。本实例通过对三棱锥上点、线、面正投影的分析，使学生完成绘制和识读正三棱锥三面投影的任务；另外，根据正三棱锥的三面投影图完成识读点、线、面三面投影的任务，从而使学生初步具备空间想象能力。

【相关知识】

一、投影法

机械图样是用正投影法绘制的，因为正投影法能准确地反映形体的真实形状和大小，且图形的度量性好。

1. 投影法及其分类

（1）投影法的概念。

如图 1-2-2 所示，投射线通过物体向预定平面 P 上投射得到图形的方法叫投影法，在 P 面上所得到的图形称为投影。

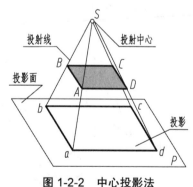

图 1-2-2 中心投影法

（2）投影法的分类。

工程上常见的投影法有中心投影法和平行投影法。

① 中心投影法。

投射线交于一点的投影法称为中心投影法，如图 1-2-2 所示。

② 平行投影法。

投射线互相平行的投影法称为平行投影法，如图 1-2-3、图 1-2-4 所示。

平行投影法又可分为两种：

斜投影法——投射线与投影面斜交，如图 1-2-3 所示。

正投影法——投射线与投影面垂直，如图 1-2-4 所示。

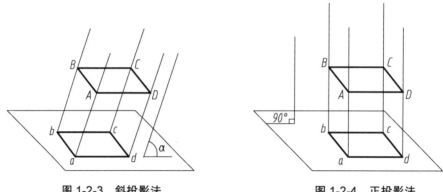

图 1-2-3　斜投影法　　　　　　　图 1-2-4　正投影法

2. 正投影的特性

根据直线或平面与投影面的相对位置关系，正投影具有以下特性：

（1）真实性。

如图 1-2-5 所示，当直线 AB 和平面 P 与投影面平行时，其直线的投影 $a'b'$ 反映实长，平面的投影 p' 反映实形。

（2）积聚性。

如图 1-2-6 所示，当直线 CD 和平面 Q 与投影面垂直时，直线投影 $c'd'$ 积聚为一点，平面的投影 q' 积聚为一条直线。

（3）类似性。

如图 1-2-7 所示，当直线 AE 或 BF 和平面 R 与投影面倾斜时，其直线的投影 $a'e'$ 或 $b'f'$ 为小于实长的直线，平面的投影 r' 为缩小的类似性。

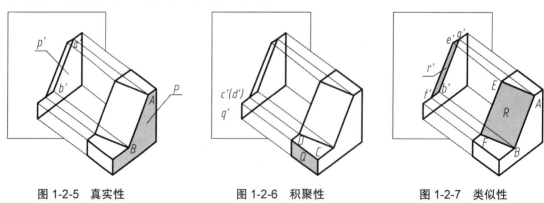

图 1-2-5　真实性　　　　　　图 1-2-6　积聚性　　　　　　图 1-2-7　类似性

二、三视图

1. 三视图的形成

用正投影法绘制物体的图形称为视图。为了将物体的形状和大小表达清楚，工程上常采用三面投影图，即三视图。

（1）三投影面体系的建立。

三投影面体系由三个互相垂直的投影面组成，如图1-2-8（a）所示，它们分别是正立投影面（简称正面或 V 面）、水平投影面（简称水平面或 H 面）和侧立投影面（简称侧面或 W 面）。

三个投影面之间的交线称为投影轴，它们是 OX 轴（长度方向）、OY 轴（宽度方向）、OZ 轴（高度方向），三个投影轴相互垂直，其交点 O 称为原点。

为了便于读图和绘图，需将三个相交的投影面展开在同一平面内，展开的方法如图1-2-8（b）所示。

（2）物体在三投影面体系中的投影。

将物体放置在三投影面体系中，按正投影法向各投影面投射，即可得到物体的正面投影（主视图）、水平投影（俯视图）和侧面投影（左视图），如图1-2-8（c）所示。实际画图时，不必画出投影面的范围，因为它的大小与视图无关，如图1-2-8（d）所示。

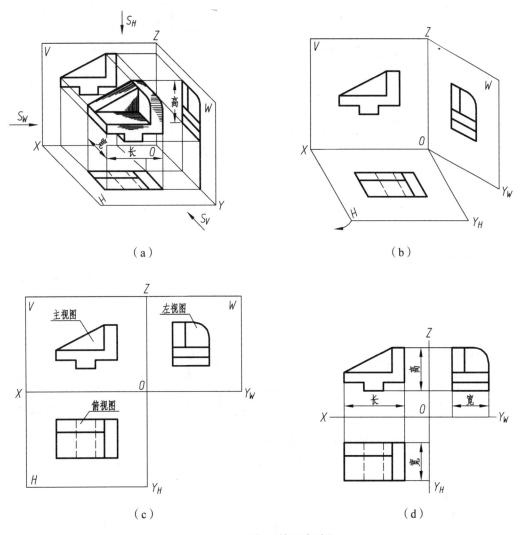

（a）　　　　　　　　　　　　（b）

（c）　　　　　　　　　　　　（d）

图 1-2-8　三视图的形成过程

2. 三视图之间的对应关系

（1）三视图的位置关系。

以主视图为准，俯视图在其正下方，左视图在其正右方，如图1-2-8（c）所示。

（2）三视图的投影关系。

主、俯视图长对正，主、左视图高平齐，俯、左视图宽相等，如图1-2-8（d）。应当指出，无论是整个物体或物体的局部，其三面投影都必须符合"长对正、高平齐、宽相等"的规律。

（3）三视图的方位关系。

主视图反映物体的上下、左右方位，俯视图反映物体的前后、左右方位，左视图反映物体的上下、前后方位，如图1-2-9所示。

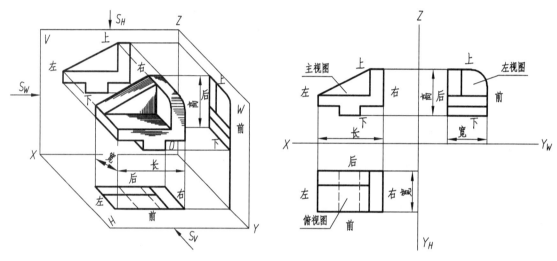

图1-2-9 视图中物体的方位关系

应用三视图之间的对应关系，可分析出图1-2-10所示形体各表面间的相对位置关系。

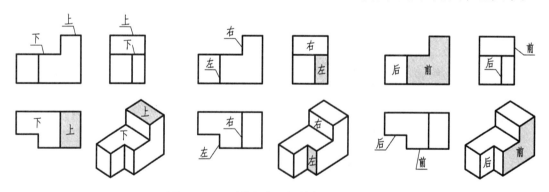

图1-2-10 形体各表面间的相对位置关系

三、点的投影

1. 点的投影及标记

点是组成物体的最基本的几何要素。如图1-2-11（a）所示，将三棱锥上点 S 放置于三面投影体系中，过点 S（空间点大写）分别向 V、H、W 三个投影面作垂线，则得到 s'、s、s''（投影面上的点小写）三个投影点，即点 S 在三个投影面的投影。其中 s_X、s_{Y_H}、s_{Y_W}、s_Z 分别为点 S 的投影连线与投影轴 X、Y、Z 的交点，如图 1-2-11（b）所示。

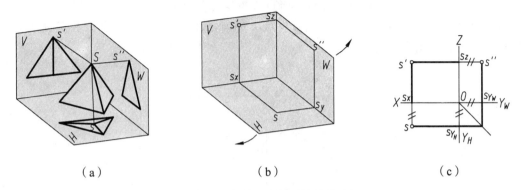

（a） （b） （c）

图 1-2-11 点的三面投影的形成过程

2..点的投影规律

（1）如图 1-2-11（c）所示，点的正面投影与水平投影的连线垂直于 OX 轴（即 $s's \perp OX$），点的正面投影与侧面投影的连线垂直于 OZ 轴（即 $s's'' \perp OZ$）。

（2）点的投影到投影轴的距离等于空间点到相应投影面的距离，即影轴距等于点面距。

（3）点的水平投影到 OX 轴的距离等于点的侧面投影到 OZ 轴的距离（即 $ss_X = s''s_Z$），图 1-2-11（c）用 45°角分线表明了这样的关系。

$s's_X = s''s_{Y_W} =$ 点 S 到 H 面的距离 Ss；

$ss_X = s''s_Z =$ 点 S 到 V 面的距离 Ss'；

$ss_{Y_H} = s's_Z =$ 点 S 到 W 面的距离 Ss''。

3. 点的投影与直角坐标的关系

如图 1-2-12（a）所示，点 A 到 W 面的距离等于 X 坐标，点 A 到 V 面的距离等于 Y 坐标，点 A 到 H 面的距离等于 Z 坐标。

点 A 坐标的规定书写形式为 $A（X_A，Y_A，Z_A）$，如图 1-2-12（b）所示。

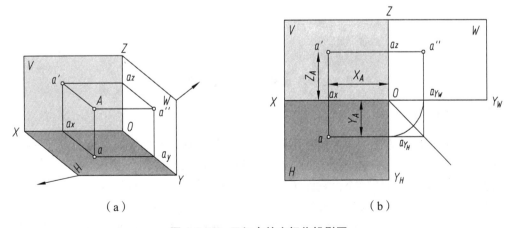

（a） （b）

图 1-2-12 已知点的坐标作投影图

4. 两点的相对关系

（1）两点相对位置的判断。

如图 1-2-13 所示，选定点 A 为基准，将点 B 的坐标与点 A 的坐标进行比较：$X_B < X_A$，表示点 B 在点 A 的右方；$Y_B > Y_A$，表示点 B 在点 A 的前方；$Z_B > Z_A$，表示点 B 在点 A 的上方。

故点 B 在点 A 的右、前、上方。

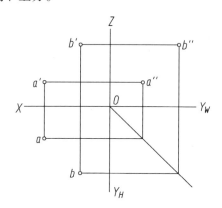

图 1-2-13　两点的相对位置

（2）重影点。

位于同一投影线上的两点叫作重影点。如图 1-2-14（a）所示，E、F 两点位于垂直于 V 面的投影线上，e'、f' 重合，由于 $Y_E > Y_F$，故点 E 位于点 F 的前方，e' 可见而 f' 不可见。不可见的投影加圆括号表示，如图 1-2-14 中的（f'）。

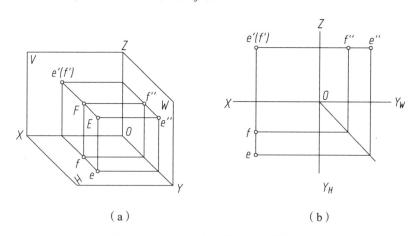

（a）　　　　　　　　　　　　（b）

图 1-2-14　重影点及其可见性的判断

四、直线的投影

空间直线根据对投影面的相对位置不同，在三投影面体系中的投影可分为以下三类：

投影面平行线：平行于一个投影面而对另外两个投影面倾斜；

投影面垂直线：垂直于一个投影面（与另外两个投影面必定平行）；

一般位置直线：对三个投影面都倾斜。

直线和投影面斜交时，直线和它在投影面上的投影所成的锐角叫作直线对投影面的倾角。规定：一般以 α、β、γ 分别表示直线对 H、V、W 面的倾角。

1. 投影面平行线

投影面平行线的投影特性见表 1-2-1。

表 1-2-1　投影面平行线的投影及其特性

名　　称	水平线（$AB//H$ 面）	正平线（$AC//V$ 面）	侧平线（$AD//W$ 面）
立体图	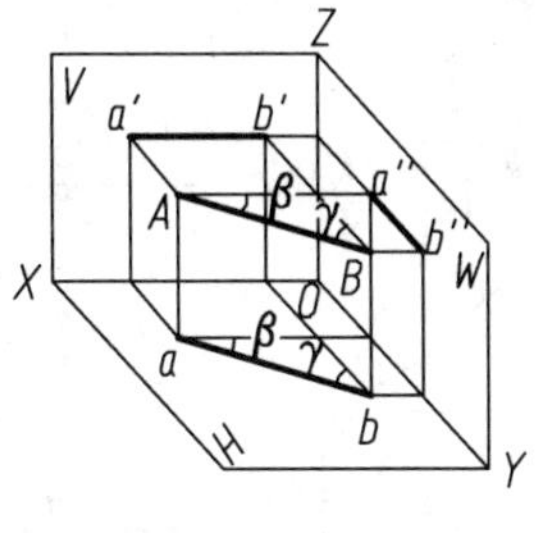	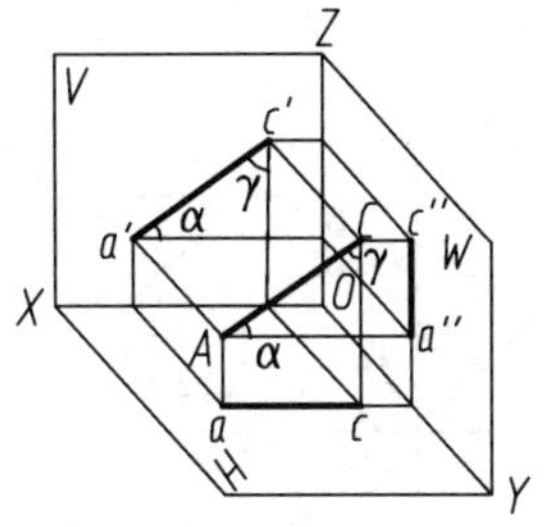	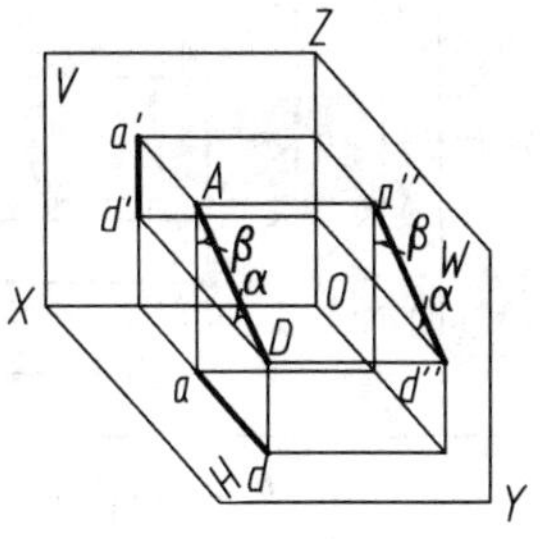
投影图	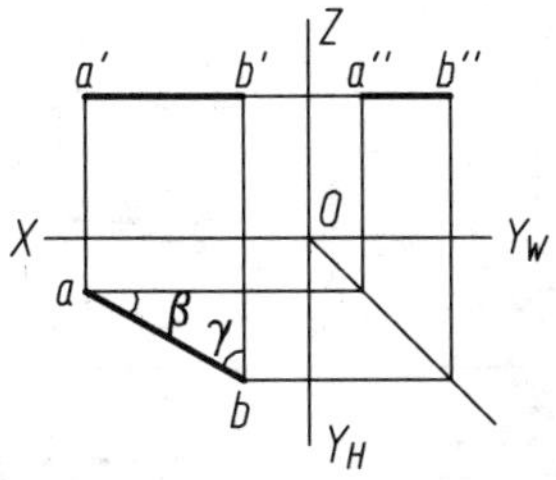	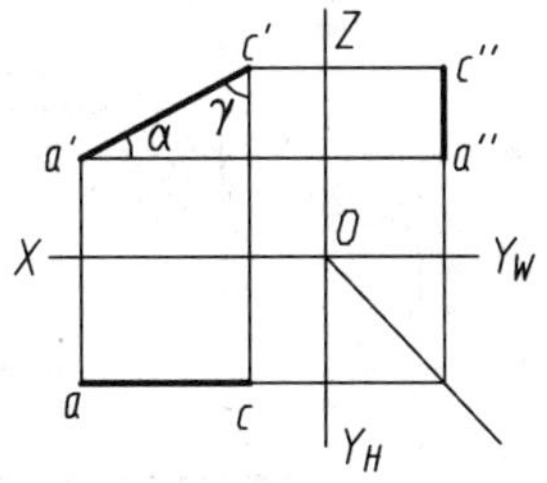	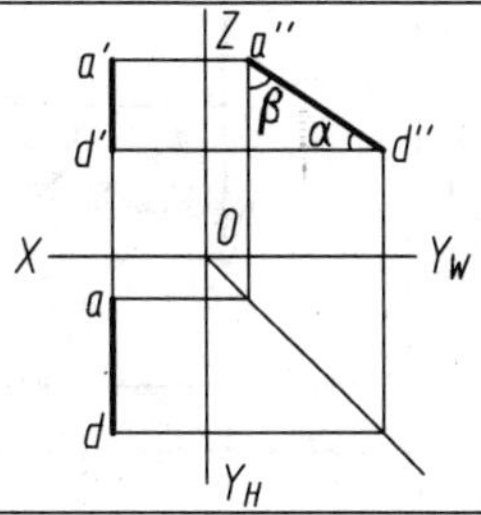
在形体投影图中的位置	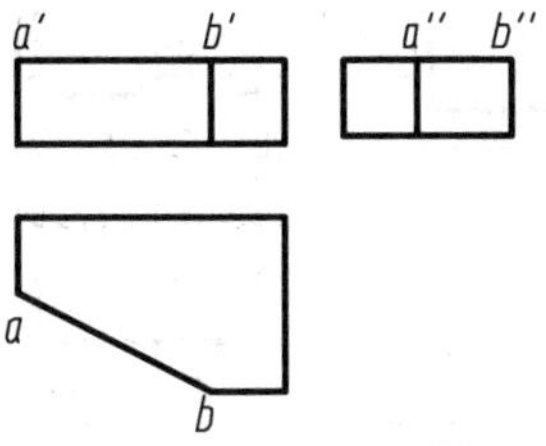	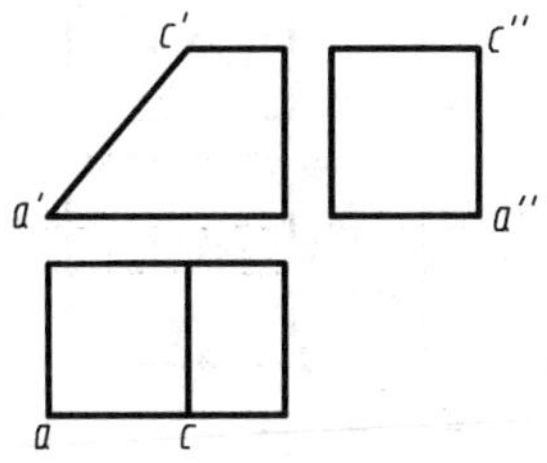	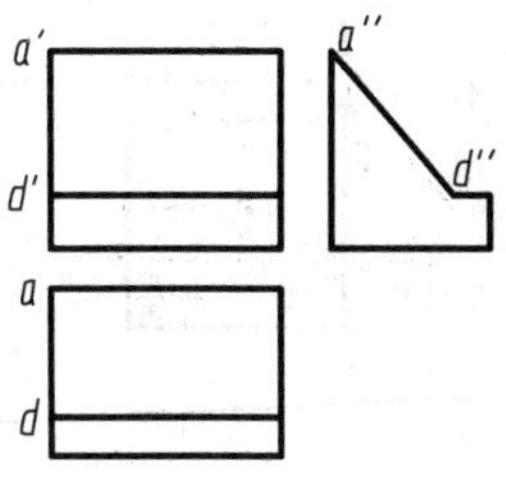
在形体立体图中的位置	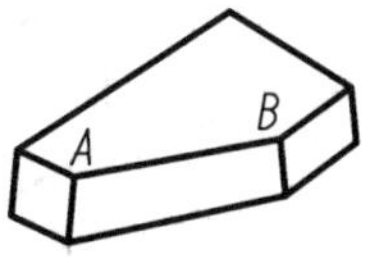	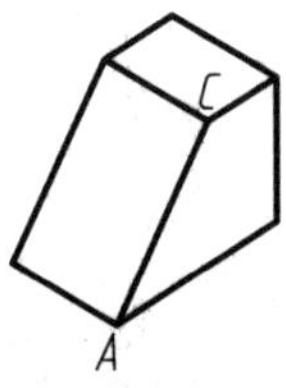	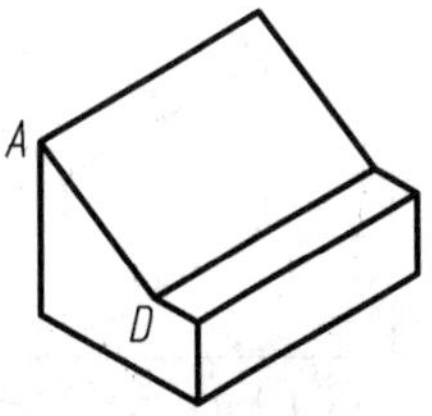
投影规律	（1）ab 与投影轴倾斜，$ab=AB$，反映倾角 β、γ 的大小； （2）$a'b'//OX$，$a''b''//OY_W$	（1）$a'c'$ 与投影轴倾斜，$a'c'=AC$，反映倾角 α、γ 的大小； （2）$a c//OX$，$a''c''//OZ$	（1）$a'd'$ 与投影轴倾斜，$a'd'=AD$，反映倾角 α、β 的大小； （2）$ad//OX$，$a'd'//OZ$

三种投影面平行线具有的投影特性：直线在它所平行的投影面上的投影反映实长，其他两面投影平行于相应的投影轴，反映直线实长的投影与投影轴的夹角等于直线对相应投影面的倾角。

2. 投影面垂直线

投影面垂直线的投影及其特性见表 1-2-2。

表 1-2-2　投影面垂直线的投影及其特性

名　称	铅垂线（$AB \perp H$ 面）	正垂线（$AC \perp V$ 面）	侧垂线（$AD \perp W$ 面）
立体图	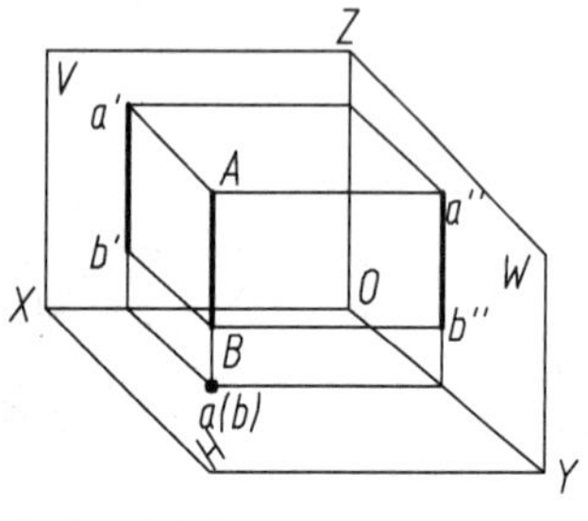	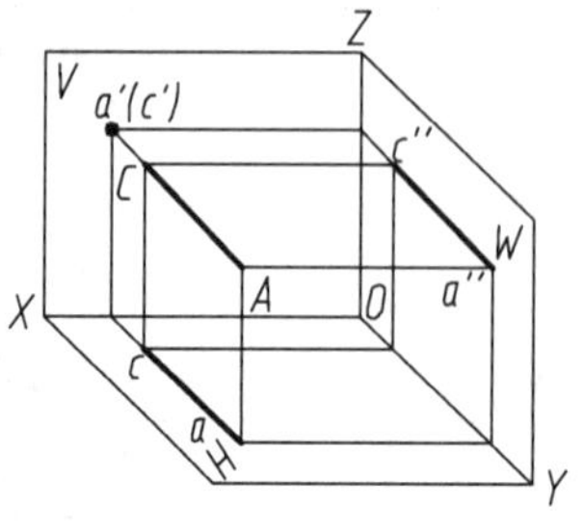	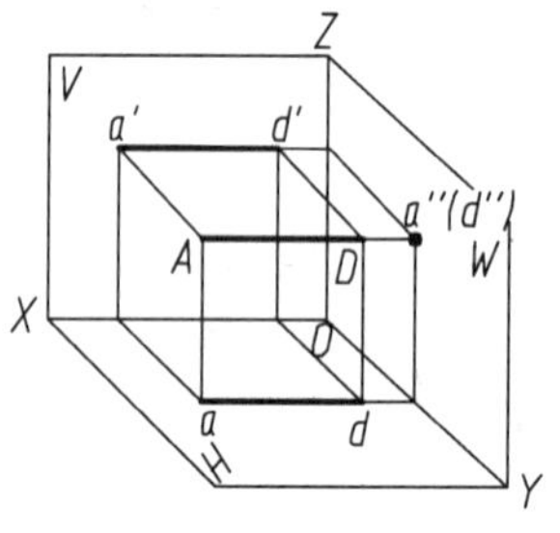
投影图	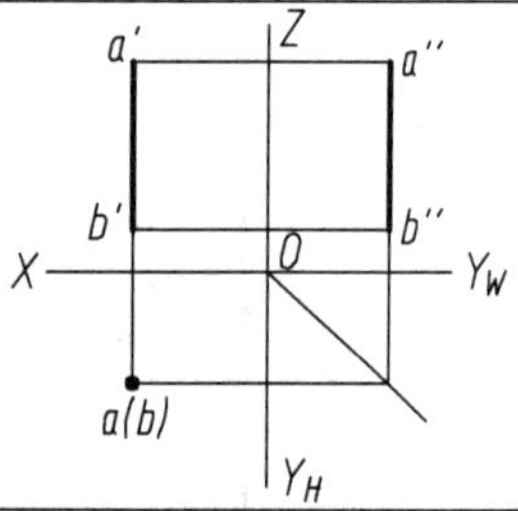	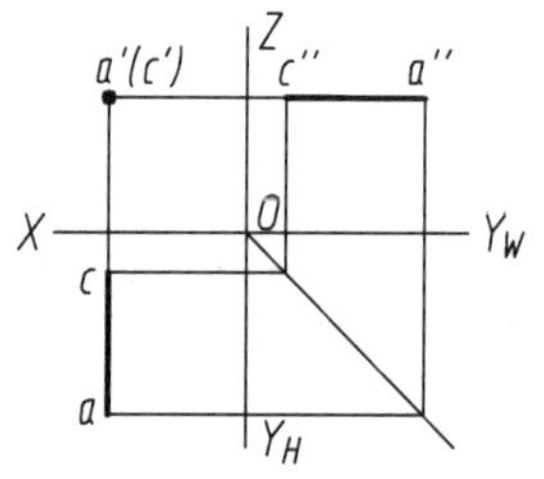	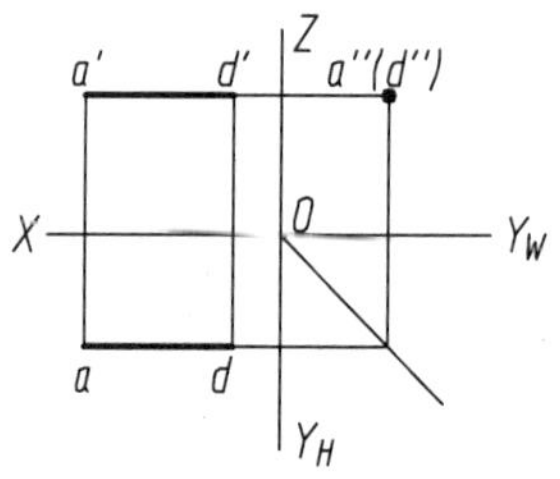
在形体投影图中的位置	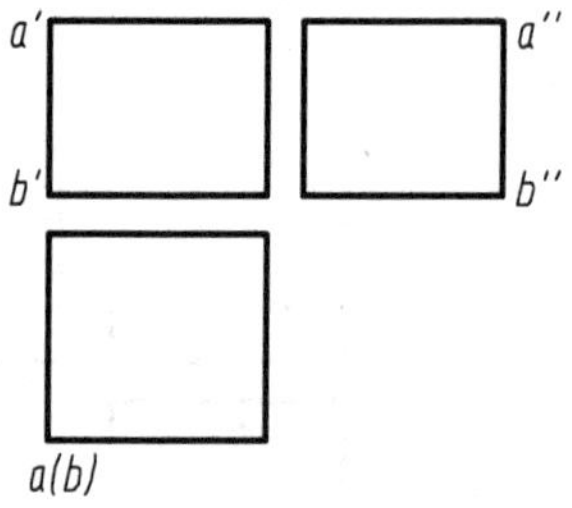	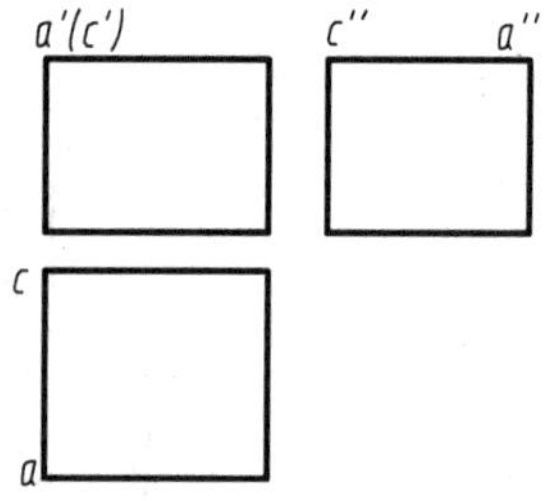	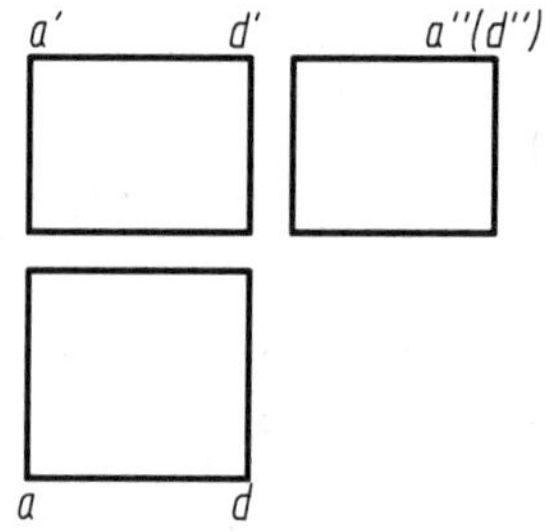
在形体立体图中的位置	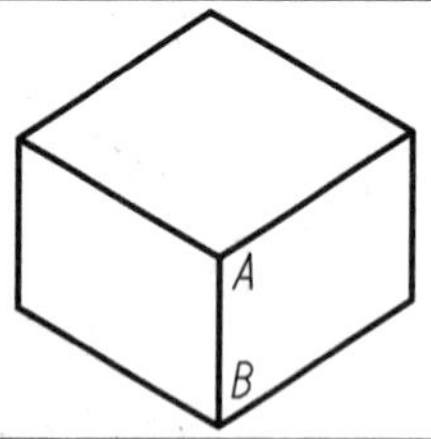	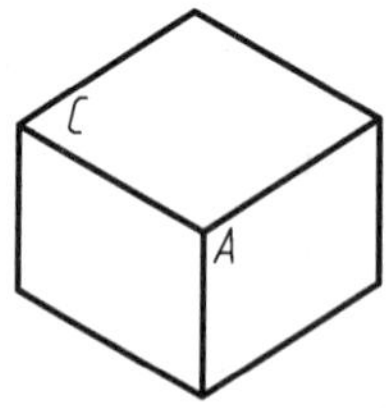	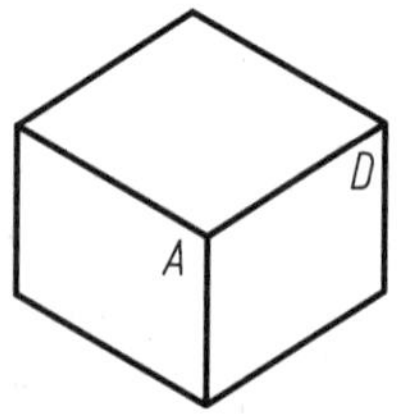
投影规律	（1）ab 积聚为一点； （2）$a'b' \perp OX$，$a''b'' \perp OY_W$； （3）$a'b' = a''b'' = AB$	（1）ac 积聚为一点； （2）$ac \perp OX$，$a''c'' \perp OZ$； （3）$ac = a''c'' = AC$	（1）$a''d''$ 积聚为一点； （2）$ad \perp OY_H$，$a'c' \perp OZ$； （3）$ad = a'b' = AB$

三种投影面垂直线具有的投影特性：直线在它所垂直的投影面上的投影积聚成一点，其他两面投影反映实长，且垂直于相应的投影轴。

3. 一般位置直线

如图 1-2-15（a）所示，三棱锥的棱线 SA 对三个投影面都倾斜，为一般位置直线。如图 1-2-15（b）所示为棱线 SA 的三面投影。

24

一般位置直线的投影特性：三个投影都与投影轴倾斜，三个投影均小于实长。

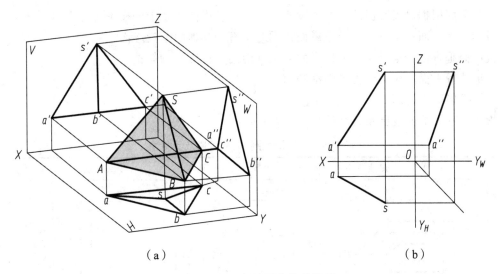

图 1-2-15　一般位置直线的投影

五、平面的投影

1. 平面的表示方法

平面可用几何要素表示，如图 1-2-16 所示；也可用迹线表示（平面与投影面的交线称为平面的迹线），如图 1-2-17 所示。

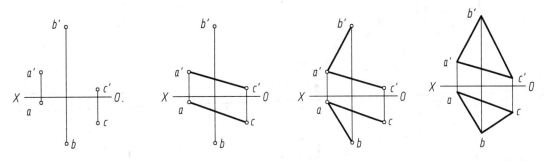

（a）不在同一直线上的三点　（b）一直线和线外一点　（c）相交两直线和平行两直线　（d）任意平面图形

图 1-2-16　用几何元素表示平面

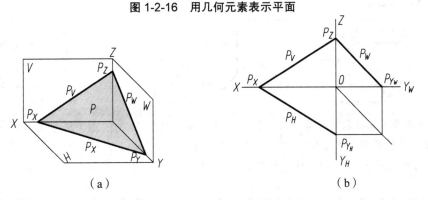

图 1-2-17　用迹线表示平面

2. 平面的投影

空间平面根据对投影面的相对位置不同,在三投影面体系中的投影可分为以下三类:

投影面平行面:平行于一个投影面,同时垂直于其他两个投影面;

投影面垂直面:垂直于一个投影面,与其他两个投影面倾斜;

一般位置平面:对三个投影面都倾斜。

(1)投影面平行面。

投影面平行面的投影及其特性见表1-2-3。

表1-2-3 投影面平行面的投影及其特性

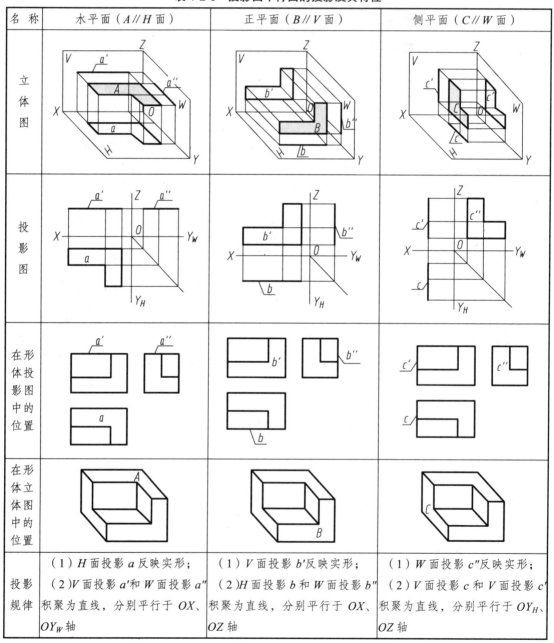

名 称	水平面(A∥H面)	正平面(B∥V面)	侧平面(C∥W面)
立体图			
投影图			
在形体投影图中的位置			
在形体立体图中的位置			
投影规律	(1)H面投影a反映实形; (2)V面投影a'和W面投影a"积聚为直线,分别平行于OX、OY_W轴	(1)V面投影b'反映实形; (2)H面投影b和W面投影b"积聚为直线,分别平行于OX、OZ轴	(1)W面投影c"反映实形; (2)V面投影c和V面投影c'积聚为直线,分别平行于OY_H、OZ轴

三种投影面平行面具有的投影特性：平面在所平行的投影面上的投影反映实形，其他两面投影均积聚成直线，且平行于相应的投影轴。

（2）投影面垂直面。

投影面垂直面的投影及其特性见表 1-2-4。

表 1-2-4 投影面垂直面的投影及其特性

名　称	铅垂面（$A \perp H$ 面）	正垂面（$B \perp V$ 面）	侧垂面（$C \perp W$ 面）
立体图	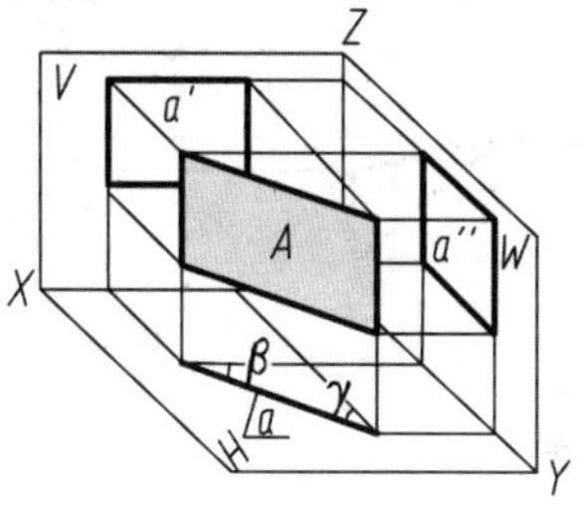	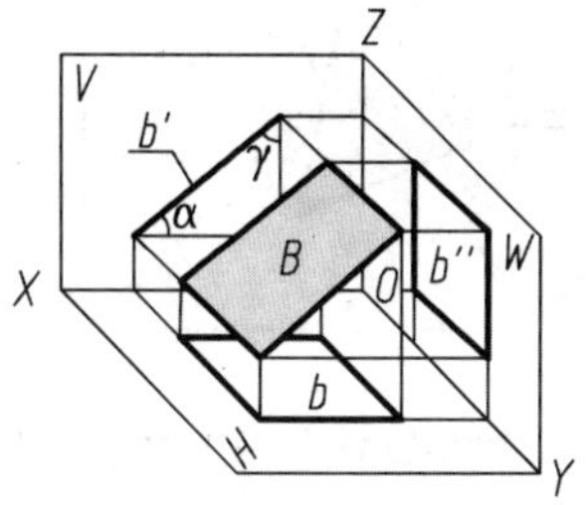	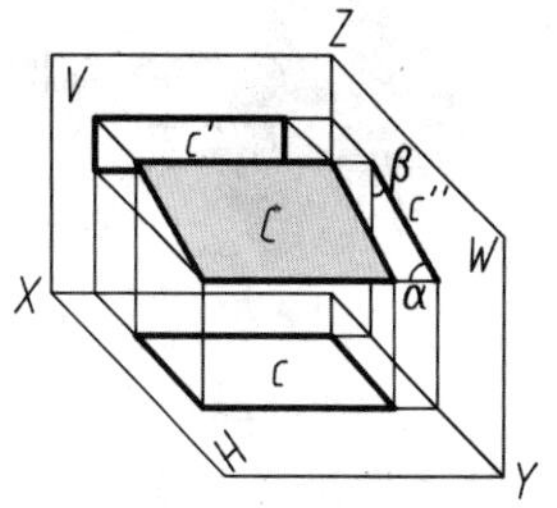
投影图	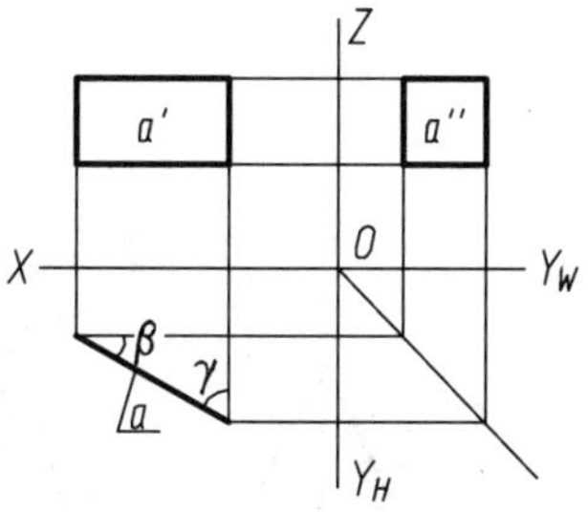	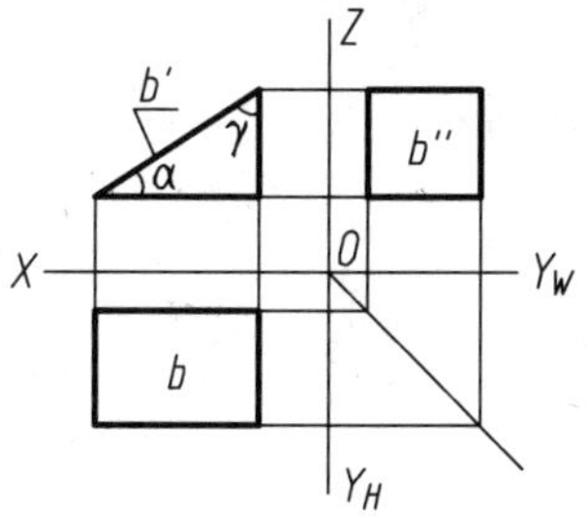	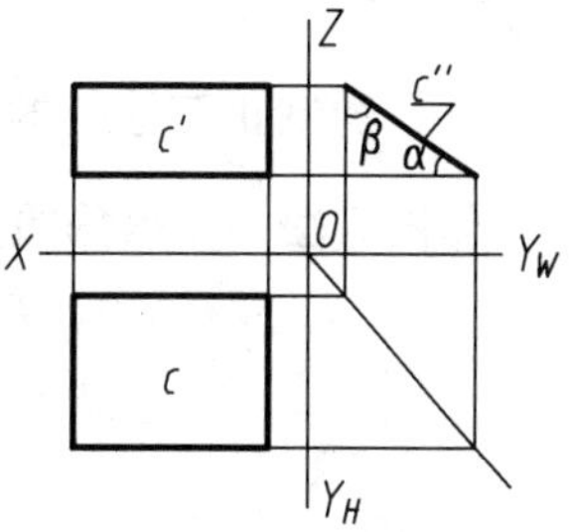
在形体投影图中的位置	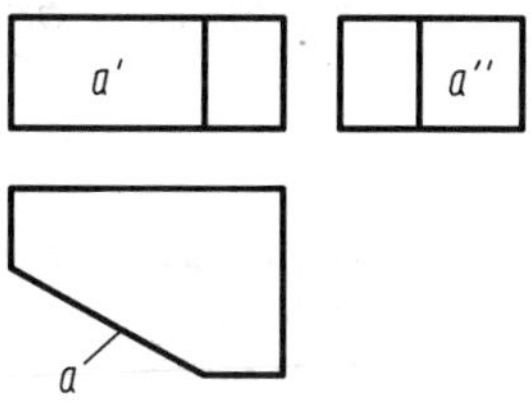	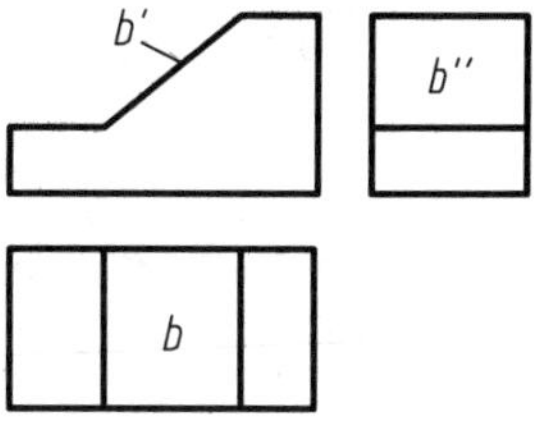	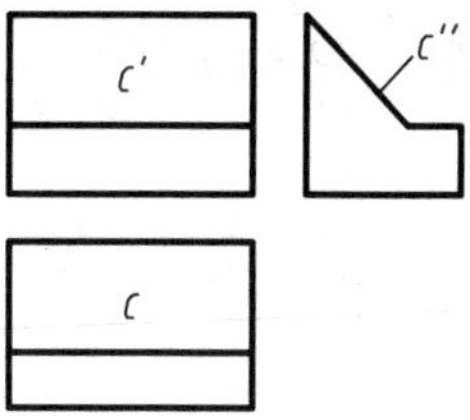
在形体立体图中的位置	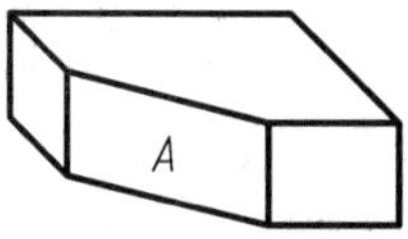	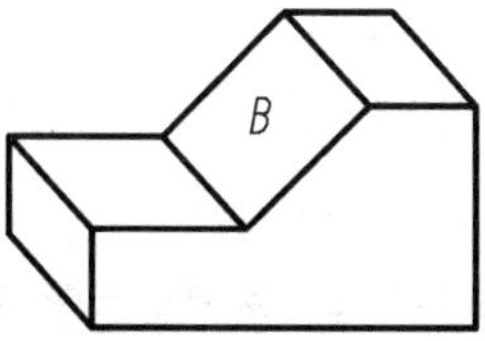	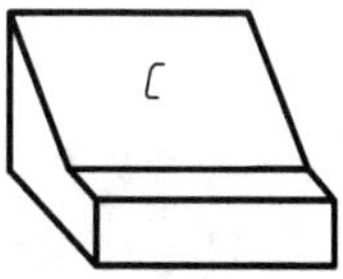
投影规律	（1）H 面投影 a 积聚为一条斜线且反映 β、γ 的大小； （2）V 面投影 a' 和 W 面投影 a'' 小于实形，是类似形	（1）V 面投影 b' 积聚为一条斜线且反映 α、γ 的大小； （2）H 面投影 b 和 W 面投影 b'' 小于实形，是类似形	（1）W 面投影 c'' 积聚为一条斜线且反映 α、β 的大小； （2）V 面投影 c 和 V 面投影 c' 小于实形，是类似形

三种投影面垂直面具有的投影特性：平面在所垂直的投影面的投影积聚成一条与投影轴倾斜的直线，与投影轴的夹角分别反映该平面与相应投影面的倾角，其他两个投影均为小于实形的类似形。

（3）一般位置平面。

如图 1-2-18 所示为一般位置平面 *SAB* 的立体图及其投影。一般位置平面的三面投影均为类似形。

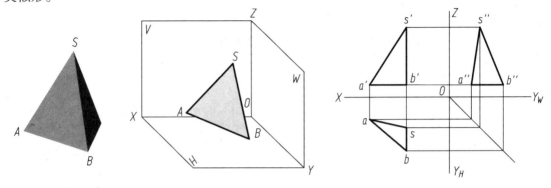

图 1-2-18　一般位置平面的投影

【任务实施】

一、绘制正三棱锥的三面投影

作图方法与步骤如图 1-2-19 所示。

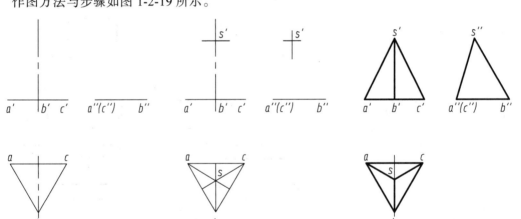

（a）画对称中心线和底平面　　（b）根据正三棱锥的高度确定　　（c）作底平面各点与锥顶同面
　　的三个投影图　　　　　　　　　　锥顶的投影　　　　　　　　投影的连线，描深，完成全图

图 1-2-19　绘制正三棱锥的三面投影

二、识读正三棱锥的三面投影

1. 正三棱锥各棱线及底边的识读

（1）如图 1-2-20（a）所示，因棱线 *SA* 的三面投影 *sa*、*s'a'*、*s"a"* 均倾斜于投影轴，所以 *SA* 为一般位置直线，且三个投影都不反映实长。

（2）如图 1-2-20（b）所示，因棱线 *SB* 的投影 *sb* 与 *s'b'* 分别平行于 OY_H 和 OZ，所以 *SB* 为侧平线，其侧面投影反映实长。

（3）如图 1-2-20（c）所示，因底边 *AB* 的投影 *a'b'* 与 *a"b"* 分别平行于 OX 和 OY_W，所以

AB 为水平线，其水平投影反映实长。

（4）如图 1-2-20（d）所示，因底边 AC 的侧面投影 a''（c''）为重影点，所以 AC 为侧垂线，其侧面投影积聚为一点。

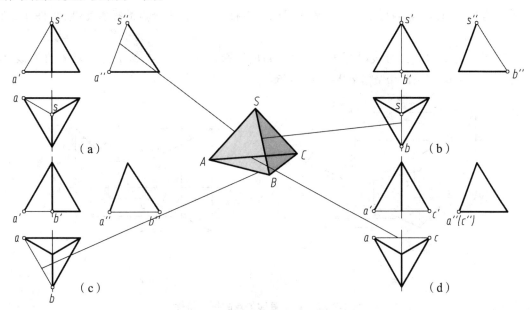

图 1-2-20　正三棱锥各棱线及底边的识读

2. 正三棱锥各表面的识读

如图 1-2-20 所示为正三棱锥，它由底面（$\triangle ABC$ 为正三角形）和三个棱面（$\triangle SAB$、$\triangle SBC$、$\triangle SAC$）组成。三条棱线汇交于一点，即锥顶 S。

（1）正三棱锥在主视图上的投影有 2 个全等三角形，为一般位置平面，分别是左、右两个棱面 $\triangle SAB$ 和 $\triangle SBC$ 的投影，且为类似形，其重合投影 $\triangle SAC$ 为侧垂面，侧面投影积聚成一条直线，如图 1-2-21（a）所示。

（2）正三棱锥在俯视图上的投影有 3 个三角形，均为类似形，其底面 $\triangle ABC$ 的重合投影为水平面，水平投影反映实形，如图 1-2-21（b）所示。

（3）正三棱锥在左视图上的投影是 1 个三角形，棱面 $\triangle SAB$ 及 $\triangle SBC$ 的重合投影为全等三角形，均为一般位置平面，如图 1-2-21（c）所示。

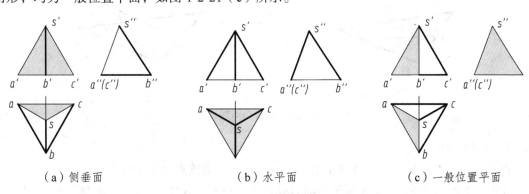

（a）侧垂面　　　　　　　　（b）水平面　　　　　　　　（c）一般位置平面

图 1-2-21　正三棱锥各表面的识读

【知识拓展】

一、属于直线的点的投影

（1）点属于直线，点的投影必属于该直线的同面投影，并且符合点的投影特性，如图 1-2-22 所示。

（2）点属于直线，点分线段之比等于其各自的投影比。如图 1-2-22 所示，点 C 在直线 AB 上，则 $ac：cb=a'c'：c'b'=a''c''：c''b''=AC：CB$。

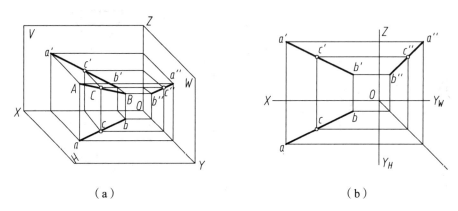

（a） （b）

图 1-2-22 属于直线的点的投影特性

二、属于平面的直线和点

1. 属于平面的直线

（1）直线经过属于平面的两个点，如图 1-2-23（a）所示。

（2）直线经过属于平面的一点，且平行于属于该平面的另一直线，如图 1-2-23（b）所示。

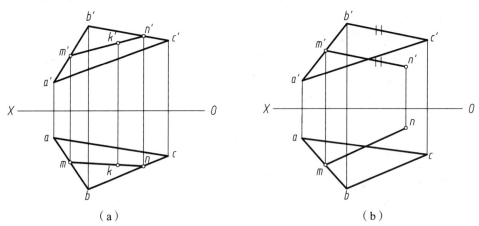

（a） （b）

图 1-2-23 在平面内取直线

2. 属于平面的点

点属于平面的条件是：若点属于平面的一条直线，则该点必属于该平面。

如图 1-2-23(a)所示，点 K 属于平面 ΔABC 内的一条直线 MN，则点 K 必属于平面 ΔABC。

图 1-2-24 为求平面 $\triangle ABC$ 上点 E 的作图过程，读者可自行分析。

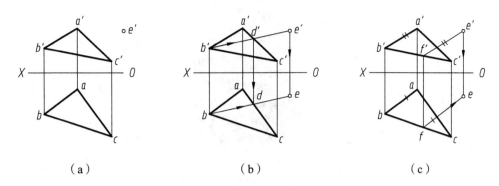

（a）　　　　　　　　　　（b）　　　　　　　　　　（c）

图 1-2-24　求平面上点的投影

三、正三棱锥表面取点

若点属于特殊位置平面，则求其投影时要利用平面投影的积聚性；若点属于一般位置平面，则要利用点属于平面的条件求得其投影。如图 1-2-25 所示，已知 M、N 点的正面投影，求其水平投影。读者可自行分析。

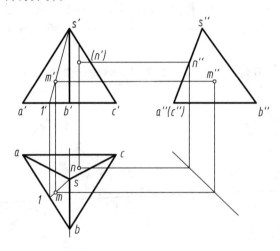

图 1-2-25　正三棱锥表面取点

子任务二　绘制与识读正五棱柱的三面投影

【任务描述】

绘制与识读如图 1-2-26 所示的正五棱柱的三面投影。

【任务分析】

本实例是在研究点、线、面投影的基础上进一步学习正五棱柱投影的作图方法，通过对正五棱柱各面的分析，绘制出正五棱柱的三面投影图；反之，根据正五棱柱的投影特征，能判断出立体的空间形状，为后续学习各种平面立体的投影作图打下坚实的基础。

图 1-2-26　正五棱柱立体图

【相关知识】

一、基本体的概念

由若干个平面或曲面围成的形体称为立体。棱柱、棱锥、棱台、圆柱、圆锥、圆球、圆环等立体称为基本几何体，简称基本体。

在生产实际中，零件的形状均不相同，但都是由一些柱、锥、球等基本几何体经切割、相交、叠加等方式组合而成的，如图 1-2-27 所示的阀体、手柄及常用机械零件都是由各种基本体组成的。

基本体按其表面形状不同，可分为平面立体和曲面立体两大类。

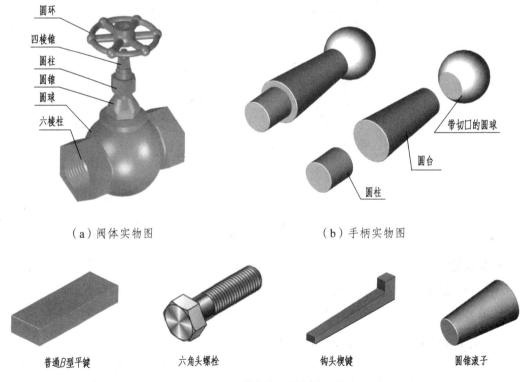

（a）阀体实物图　　　　　　　　　　　（b）手柄实物图

图 1-2-27　基本体及其组成零件

二、平面立体概述

由平面围成的基本体称为平面立体，常见的有棱柱、棱锥、棱台。

1. 棱柱的形成

棱柱是由相互平行且相等的多边形顶面、底面和若干个矩形的侧棱面围成的立体。棱线互相平行且垂直于底平面的棱柱称为直棱柱，底平面为正多边形的直棱柱称为正棱柱，如图1-2-28所示为正六棱柱。

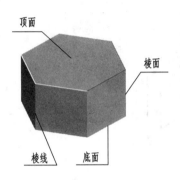

图1-2-28　正棱柱

2. 常见棱柱及其三面投影（见表1-2-5）

表1-2-5　常见棱柱及其三面投影

类　别	正三棱柱	四棱柱
图　例	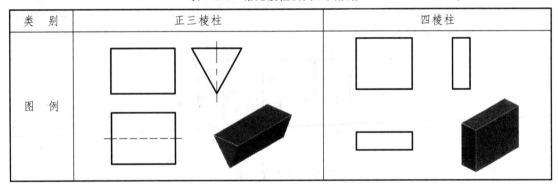	

【任务实施】

一、识读正五棱柱的三面投影

（1）如图1-2-29（a）所示，正五棱柱的水平投影反映其形状特征（正五边形）。因正五棱柱的顶面和底面是两个全等且互相平行的正五边形（均为水平面），故其水平投影反映实形，其他两面投影积聚为直线。

（2）正五棱柱的后面、侧面投影均为矩形线框。正五棱柱的各棱面为矩形，后棱面为正平面，在正面上反映实形，其他两面投影积聚为直线。其余棱面分别为铅垂面，在正面、侧面上均具有类似形，在水平面上积聚为直线。

（3）因为棱线垂直于底面（五条棱线均为铅垂线），所以在其水平面上的投影均积聚为点，而其正面、侧面投影分别为直线。

33

二、绘制正五棱柱的三面投影

1. 绘制平面立体三视图

绘出所有棱线（或表面）的投影，并根据它们可见与否，分别采用粗实线或细实线表示。

2. 作图方法与步骤

正五棱柱三面投影的作图步骤如图 1-2-29 所示。

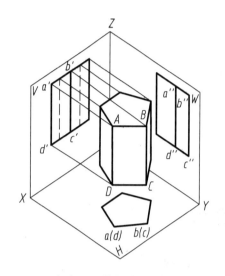

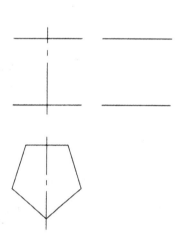

（a）正五棱柱的三面投影　　　　　　（b）作对称中心线及上、下正五边形三面投影

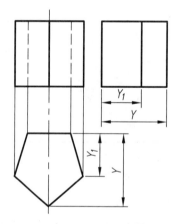

（c）作五角（铅垂线）侧棱在 V 面、W 面上的投影，描深，完成投影图

图 1-2-29　正五棱柱三面投影的作图步骤

【知识拓展】

一、正五棱柱表面取点

如图 1-2-30 所示，已知点 M 属于正五棱柱表面，并知点 M 的正面投影 m'，求作其他两面投影 m 和 m"。

34

（1）因点 M 在左侧棱面 $ABCD$ 上，该棱面为铅垂面，所以点 M 的水平投影 m 必在该棱面积聚的水平投影上。

（2）点 M 的侧面投影 m'' 根据其水平投影 m 和正面投影 m'，由"高平齐、宽相等"的投影对应关系求出。

（3）判断点 M 投影的可见性：由于该左侧棱面的侧面投影可见，故 m'' 也可见。

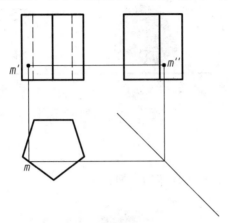

图 1-2-30　正五棱柱表面取点

二、常见棱锥的立体图及三面投影

其他棱锥的投影与三棱锥类似，绘图时一般将棱锥的底面置于投影面平行面的位置，同时尽可能将更多的平面置于特殊位置，分别画出各平面的投影，常见棱锥的立体图及三面投影见表 1-2-6。

表 1-2-6　常见棱锥的立体图及三面投影

类　别	正四棱锥	正六棱锥
图　例		

三、常见棱台的立体图及三面投影

用平行于棱锥底面的平面截切棱锥即成棱台。绘图时，一般将棱台相互平行的两个底面平行于某一投影面，同时尽可能地将更多的表面置于特殊位置，分别画出各平面的三面投影。常见棱台的立体图及三面投影见表 1-2-7。

表 1-2-7　常见棱台的立体图及三面投影

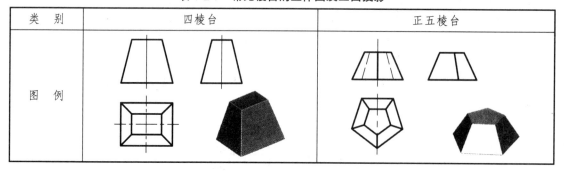

类　别	四棱台		正五棱台	
图　例				

子任务三　识读与绘制圆柱体的三面投影

【任务描述】

识读与绘制如图 1-2-31 所示圆柱体的三面投影。

图 1-2-31　圆柱体立体图

【任务分析】

本实例是在学习平面立体的基础上，通过对圆柱体的形成、分析和投影的识读，绘制出圆柱体的三面投影；反之，根据圆柱体的投影特征，能判断出该立体的空间形状，从而为学习其他曲面立体的投影提供理论知识。

【相关知识】

一、曲面立体

由曲面或由平面和曲面围成的基本体称为曲面立体。零部件上常用的曲面立体多为回转体，常见的回转体有圆柱、圆锥、圆球、圆环等。如图 1-2-32 所示为柱塞泵中的部分零件，其基本形体均为圆柱体。

二、圆　柱

圆柱的形成：如图 1-2-33 所示，一条直线 AA_1（母线）绕与其平行的直线 OO_1（轴线）旋转一周形成圆柱面，圆柱面和顶面、底面两个平面围成的立体称为圆柱体，简称圆柱。圆柱面上任意一条平行于轴线的直线称为圆柱表面的素线。

图 1-2-32　基本体为圆柱体的零件

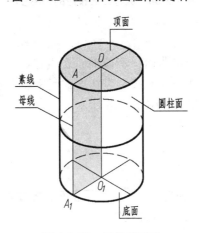

图 1-2-33　圆柱的形成

【任务实施】

一、识读圆柱的三面投影

（1）如图 1-2-34（a）所示，圆柱体的水平投影为圆。这个圆既反映了圆柱体顶面和底面的实形，也是整个圆柱的水平投影（铅垂曲面）。

（2）正面投影为矩形。矩形的上下两边为圆柱体的顶面和底面的投影，左右两边为圆柱面最左、最右的两条素线（即对 V 面的转向轮廓线）的投影，这两条素线将圆柱面分成前半个柱面（可见）和后半个柱面（不可见）。

（3）侧面投影虽然和正面投影相同，但其左右两条边的含义不同，这两条线表示柱面上最前、最后两条素线的投影（即圆柱面对 W 面的转向轮廓线）。

若立体的水平投影是圆，正面投影和侧面投影为全等的矩形，则该三面投影所表示的立体为轴线垂直于水平投影面的圆柱，如图 1-2-34（c）所示。

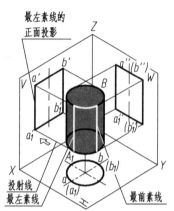
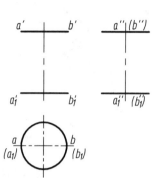
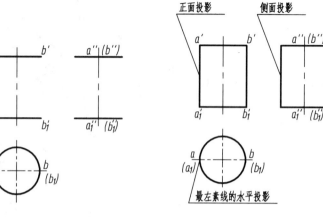

（a）圆柱体及三面投影　　　（b）绘制圆的中心线、圆柱的轴线　（c）绘制 AA_1、BB_1 的 V 面投影 $a'a_1'$、
　　　　　　　　　　　　　　　　和顶面、底面的投影　　　　　　　$b'b_1'$ 及最前、最后素线的 W 面投影

图 1-2-34　圆柱三面投影的作图步骤

二、绘制圆柱的三面投影

由于曲面立体的表面多是光滑曲面，不像平面立体有着明显的棱线，因此，绘制曲面立体的投影时要将回转曲面的形成规律和投影表达方式紧密联系起来，从而掌握曲面立体的投影特点。圆柱三面投影的作图步骤如图 1-2-34 所示。

【知识拓展】

一、圆柱表面上取点

如图 1-2-35 所示，已知点 M 和点 N 属于圆柱表面，并知点 M 在 V 面的投影 m' 及点 N 在 W 面的投影 n''，求点 M 和点 N 的另两面投影。

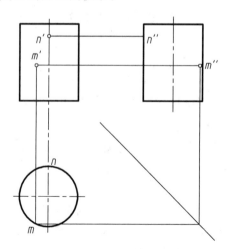

图 1-2-35　属于圆柱表面的点的投影

（1）由给定的 m' 的位置和可见性，可以判定点 M 位于左前 1/4 圆柱面上，利用圆柱面在 H 面的投影的积聚性，按"长对正"的投影关系求出积聚于圆周的 m。

（2）分别由 m 及 m'，按"高平齐、宽相等"的投影对应关系求出 m''，m'' 为可见。

（3）求点 N 的投影作图过程读者可参考以上过程自行分析。

二、圆 锥

1. 圆锥的形成

圆锥是由一条与轴线斜交的直母线绕轴线回转一周而围成的立体，锥面上任意位置的直母线称为圆锥表面的素线，如图 1-2-36 所示。

图 1-2-36 圆锥的形成

2. 圆锥的三面投影

（1）识读。

如图 1-2-37（a）所示，圆锥底面是水平面，则水平投影为圆，圆锥面水平投影重影在圆锥底面上；其正面投影和侧面投影为等腰三角形，其两腰分别为圆锥表面上的最左、最右、最前、最后素线，是圆锥表面在正面投影和侧面投影上可见性的分界线。

（2）作图方法与步骤。

圆锥三面投影的作图方法与步骤如图 1-2-37 所示。

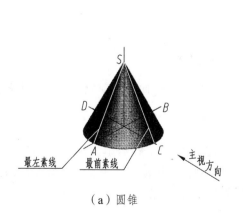

（a）圆锥

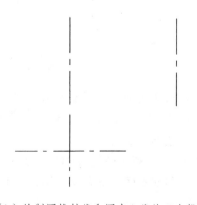

（b）绘制圆锥轴线和圆中心线的三个投影

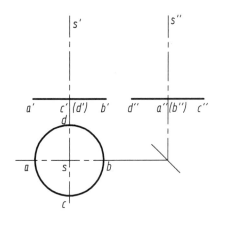

（c）绘制底平面的三个投影和锥顶的投影

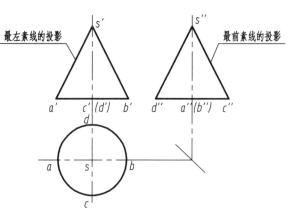

（d）绘制 SA 和 SB 的 V 面投影 s'a'和 s'b'及 SC 和
SD 的 W 面投影 s"c"和 s"d"

图 1-2-37　圆锥三面投影的作图步骤

3. 求属于圆锥表面的点的投影

若点位于底平面，则可利用其投影有积聚性的特点求得点的投影；若点位于圆锥面，则利用辅助素线法或辅助圆法求得点的投影。

如图 1-2-38 所示，已知点 M 属于圆锥表面，并知点 M 的正面投影 m'，求点 M 的其他两面投影。

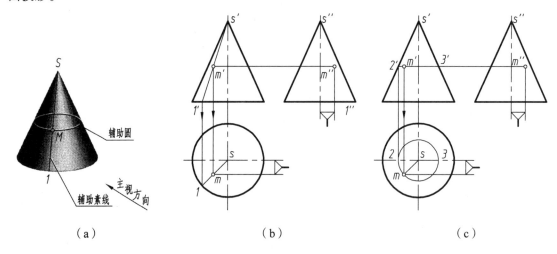

（a）　　　　　　　　（b）　　　　　　　　（c）

图 1-2-38　求属于圆锥表面的点的投影

根据点 M 正面投影的位置和可见性，可判断出点 M 在圆锥面的左前侧，可用辅助素线法或辅助圆法求点 M 的水平投影和侧面投影。

（1）辅助素线法。

如图 1-2-38（a）所示，过锥顶 S 和点 M 作一条辅助素线 S1，在图 1-2-38（b）中连接 s'm'，并延长到与底平面的正面投影相交于 1'，求得 s1 和 s"1"；再根据点属于直线的判断依据，按"长对正"由 m'求出 m，按"高平齐"或"宽相等"由 m'、m 求出 m"。

（2）辅助圆法。

如图 1-2-38（a）所示，过点 *M* 作一个平行于底平面的圆，在投影图中求出该圆的正面投影和水平投影，如图 1-2-38（c）所示。因点 *M* 在圆锥的左前面上，所以三个投影都可见。

三、圆 台

用平行于圆锥底面的平面截切圆锥，底面和截面之间的部分称为圆台。如图 1-2-39 所示为不同方向放置的圆台及其三面投影。

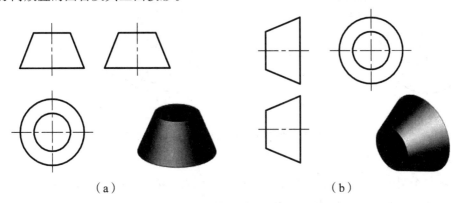

（a）　　　　　　　　　　　　　（b）

图 1-2-39　不同方向放置的圆台及其三面投影

四、圆 球

1. 圆球的形成

圆球是由一个半圆母线绕其直径回转一周而围成的立体，如图 1-2-40（a）所示。在母线上任一点的运动轨迹均是一个圆，点在母线上的位置不同，其圆的直径也不同，球面上的这些圆称为维圆，如图 1-2-40（b）所示。

2. 识读和绘制圆球的三面投影

（1）识读。

如图 1-2-40（b）所示，圆球从三个投射方向看都是与圆球等直径的圆，其三面投影均为大小相等的圆（分别表示不同位置的转向轮廓线），读者可自行分析。

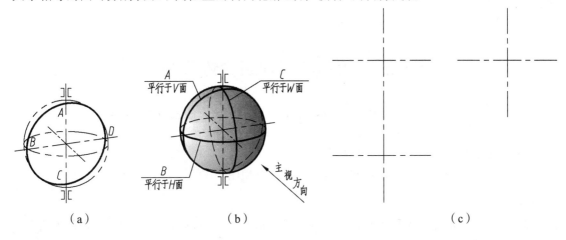

（a）　　　　　　　　　　　（b）　　　　　　　　　　　（c）

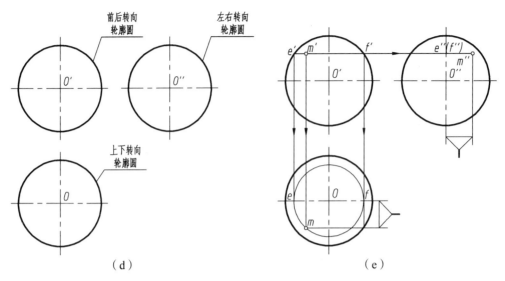

前后转向轮廓圆

左右转向轮廓圆

上下转向轮廓圆

（d）　　　　　　　　　（e）

图 1-2-40　圆球的结构特征及投影作图步骤

（2）作图方法与步骤。

① 绘制三个圆的中心线，用以确定三面投影的位置，如图 1-2-40（c）所示。

② 绘制球的三面投影，如图 1-2-40（d）所示。

③ 各转向轮廓圆在其他两投影面的投影均与圆相应的中心线重合，不必画出。

3. 取属于圆球表面的点的投影

由圆球的投影特征可知，圆球表面的三个投影都没有积聚性，可利用辅助圆法求圆球表面的点的投影。

如图 1-2-40（e）所示，已知点 M 属于圆球表面，并知点 M 的正面投影 m'，求其他两面投影。

（1）根据 m' 的位置和可见性，可以判定点 M 位于前半球左上部分的表面。

（2）利用辅助圆法，过点 M 在球表面作一平行于 H 面的辅助圆（也可作平行于 V 面或 W 面的辅助圆），则该辅助圆在正面上的投影为过 m' 且平行于水平面的直线 e'f'，其水平投影为直径等于 e'f' 的圆，其侧面投影为与水平面平行的直线，则点 M 的其他两面投影必属于该辅助圆的同面投影。

（3）根据点 M 的位置特点，判断其三个投影都是可见的。

任务三　绘制与识读组合体三视图

子任务一　识读与绘制车床顶尖截切后的三视图

【任务描述】

识读与绘制如图 1-3-1 所示车床顶尖截切后的三视图。

【任务分析】

如图 1-3-1 所示为车床顶尖实物图，其几何形状为圆柱体和圆锥体。如图 1-3-2 所示为车床顶尖被一个正垂面 P 和一个水平面 Q 截切，圆柱体和圆锥体被平面切割后产生了截交线。本实例主要介绍车床顶尖被截切后其表面交线投影的画法。

图 1-3-1　车床顶尖实物图

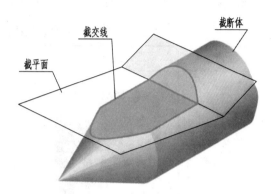

图 1-3-2　车床顶尖被平面截切

【相关知识】

一、截交线

1. 截交线的形成

基本体被平面截切，该平面称为截平面，截切后的立体称为截断体。截平面与基本体表面所产生的交线（即截平面的轮廓线）称为截交线，如图 1-3-3 所示。

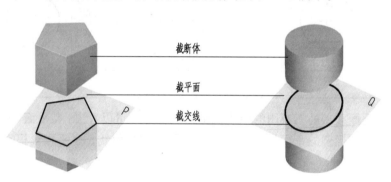

图 1-3-3　截交线的形成

2. 截交线的性质

（1）共有性：截交线是截平面与截断体表面共有的交线。

（2）封闭性：截交线是封闭的平面图形。

3. 求截交线的方法和步骤

根据截交线的性质求截交线的投影，即求出截平面与截断体表面全部共有点的投影，然后依次光滑连线，得到截交线的投影。

二、曲面立体（圆柱、圆锥）的截交线

曲面立体的截交线一般为一条封闭的平面曲线，也可能是由曲线和直线组成的平面图形，

特殊情况下为多边形，需根据具体情况确定作图方法。

1. 圆柱的截交线

截平面与圆柱轴线的位置不同，其截交线将有 3 种形状，见表 1-3-1。

表 1-3-1 截平面与圆柱轴线的相对位置不同时所得的三种截交线

截平面的位置	与轴线平行	与轴线垂直	与轴线倾斜
轴测图			
投影图			
截交线的形状	矩形	圆	椭圆

圆柱体被正垂面截切的三视图的识读：由图 1-3-4（a）可以看出，截平面与圆柱轴线倾斜，截交线为一椭圆，该椭圆的正面投影积聚为与 X 轴倾斜的斜线，水平投影积聚为圆，现需作出其侧面投影。

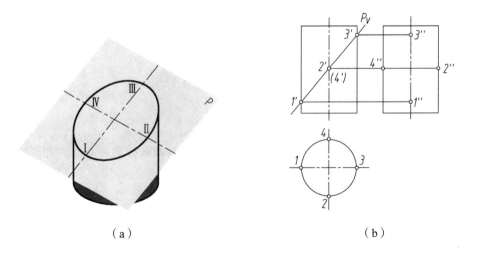

（a） （b）

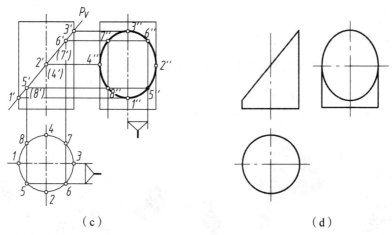

（c）   （d）

图 1-3-4　圆柱体被正垂面截切的三视图

作图方法与步骤如下：

（1）作截交线上特殊位置点的投影，即侧面投影上的最高、最低点和最前、最后点，即椭圆长、短轴上的四个端点的投影。其正面投影为 1′、2′、3′、(4′)，水平投影为 1、2、3、4，可得其侧面投影为 1″、2″、3″、4″，如图 1-3-4（b）所示。

（2）作截交线上一般位置点的投影。过圆周取对称点 5、6、7、8，作出其正面投影和侧面投影，如图 1-3-4（c）所示。一般位置点选择多少个应根据作图需要来确定。

（3）连线。依次光滑地连接各点，即得所求截交线的投影。擦去多余的图线，完成截断体的投影，如图 1-3-4（d）所示。

常见几种圆柱体被截切后的三视图及立体图如图 1-3-5 所示。

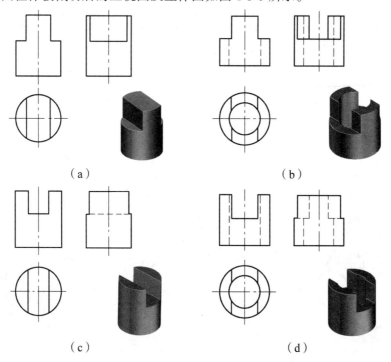

（a）   （b）

（c）   （d）

图 1-3-5　常见几种圆柱体被截切后的三视图及立体图

2. 圆锥的截交线

截平面与圆锥轴线位置不同，其截交线将有五种不同的形状，见表1-3-2。

表1-3-2　截平面与圆锥轴线的相对位置不同时所得的五种截交线

截平面的位置	与轴线垂直	过圆锥顶点	平行于任一素线	与轴线倾斜（任一素线）	与轴线平行
轴测图					
投影图					
截交线的形状	圆	等腰三角形	抛物线和直线	椭圆或双曲线和直线	双曲线和直线

当截交线为椭圆、抛物线、双曲线时，由于圆锥面的三个投影都没有积聚性，故求出属于截交线的多个点的投影时需要用辅助素线法或辅助平面法，如图1-3-6所示。

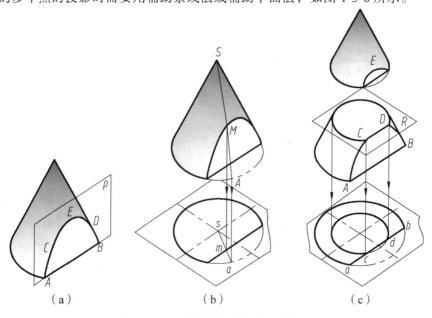

（a）　　　　　　　（b）　　　　　　　（c）

图1-3-6　圆锥截交线的两种作图方法

辅助素线法：如图 1-3-6（b）所示，属于截交线的任意点 M 可以看成是圆锥表面某一素线 SA 与截平面 P 的交点，故点 M 的三面投影分别在该素线的同面投影上。

辅助平面法：如图 1-3-6（c）所示，作垂直于圆锥轴线的辅助平面 R，辅助平面 R 与圆锥面的交线是圆，此圆与截平面交得的两点 C、D 就是截交线上的点，这两个点具有三面共点的特征，所以辅助平面法也叫三面共点法。

圆锥被正平面截切的三视图的识读：由图 1-3-6（a）可知，圆锥被平行于轴线的平面 P 截切，截交线为双曲线，由截交线所围成的截平面为正平面，其水平投影和侧面投影为直线，正面投影是由双曲线和直线围成的反映实形的平面图形，所以只需求出该截交线的正面投影即可。

作图方法与步骤如下：

（1）求截交线上特殊位置点的投影。根据截平面的水平投影和侧面投影，作截交线的最高点和两个最低点的正面投影 3′、1′、5′和水平投影 3、1、5 及侧面投影 3″、1″、（5″），如图 1-3-7（a）所示。

（2）求截交线上一般位置点的投影。利用辅助平面法作一个与圆锥轴线垂直的辅助平面 Q，该辅助平面的三面投影如图 1-3-7（b）所示。Q 平面的水平投影与 P 平面的水平投影相交于 2 和 4，即为所求的共有点的水平投影，即可得正面投影 2′、4′和侧面投影 2″、（4″）。

（3）连线。将正面投影 1′、2′、3′、4′、5′依次光滑连接成曲线，即为所求截交线的正面投影，如图 1-3-7（c）所示。

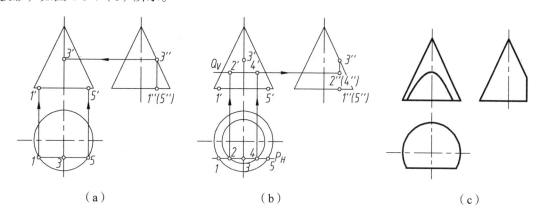

| （a） | （b） | （c） |

图 1-3-7　圆锥被正平面截切的三视图

【任务实施】

识读和绘制如图 1-3-8（f）所示顶尖被截切的水平投影。

一、识　读

（1）如图 1-3-8（a）所示，立体是由圆锥以及大小两圆柱同轴线组合成的组合回转体，且轴线垂直于 W 面，其中大小圆柱面的侧面投影有积聚性，而圆锥的投影无积聚性。

（2）顶尖被水平面截切：截切圆锥表面得交线为双曲线，截切小圆柱、大圆柱表面得交线分别为平行于轴线的直素线。该截平面的正面投影和侧面投影积聚成一直线，H 面投影反映实形。

（3）顶尖被正垂面截切：截切大圆柱面的交线为椭圆的一部分，同时水平面与正垂面之间的交线为正垂线。

二、作图方法与步骤

（1）作水平面与圆锥表面截交线的投影。根据正面投影 1′、（2′）、3′ 和侧面投影 1″、2″、3″，可求出水平投影 1、2、3，如图 1-3-8（b）所示。

（2）作水平面与小圆柱表面截交线的投影。过 2、3 分别作圆柱体轴线的平行线 22、33，如图 1-3-8（c）所示。

（3）作水平面与大圆柱表面截交线的投影。水平面截大圆柱体的表面交线为两段侧垂线，侧面投影积聚在 4″、5″ 两点处，由正面投影和侧面投影可得 44、55，如图 1-3-8（c）所示。

（4）作正垂面与大圆柱表面截交线的投影。截交线的正面投影积聚为直线，侧面投影重合在圆周上，由正面投影（4′）、5′、6′、（7′）、8′ 和侧面投影 4″、5″、6″、7″、8″，可求得水平投影 4、5、6、7、8，如图 1-3-8（d）所示。

（5）作水平面与正垂面交线的投影。连接 4、5，描深、补全原来基本体的投影完成全图，如图 1-3-8（e）所示。

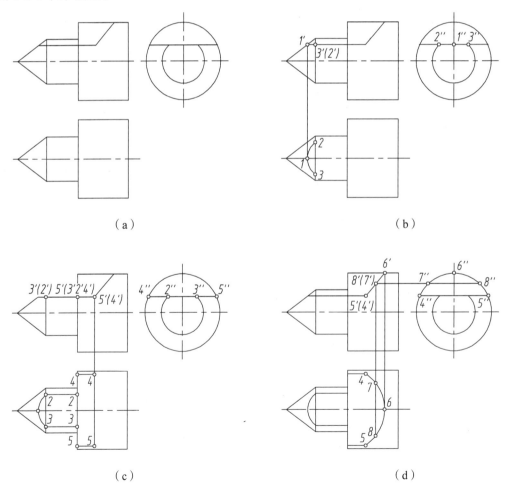

（a）　　　　　　　　　　　　　　　（b）

（c）　　　　　　　　　　　　　　　（d）

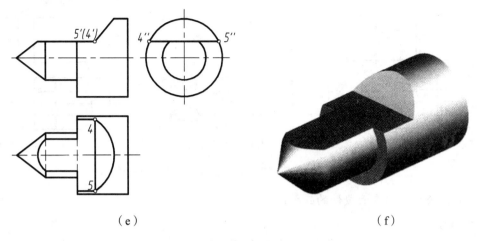

（e）　　　　　　　　　　　　　　　　　（f）

图 1-3-8　顶尖被截切的水平投影的画法

【知识拓展】

一、平面立体的截交线

平面立体的截交线是一个平面多边形，此多边形的各个顶点就是截平面与平面立体各棱线的交点，多边形的每一条边是截平面与平面立体各棱面的交线，所以求平面立体截交线的投影，实质上就是求属于平面的点、线的投影。

1. 四棱柱被截切的三视图的识读和绘制

四棱柱被截切的三视图的识读和作图方法与步骤如图 1-3-9 所示。

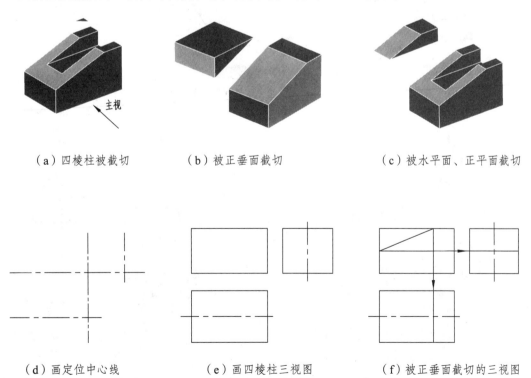

（a）四棱柱被截切　　　　（b）被正垂面截切　　　　（c）被水平面、正平面截切

（d）画定位中心线　　　　（e）画四棱柱三视图　　　　（f）被正垂面截切的三视图

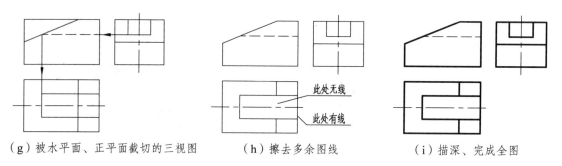

（g）被水平面、正平面截切的三视图　　　　（h）擦去多余图线　　　　（i）描深、完成全图

此处无线

此处有线

图 1-3-9　四棱柱被截切的三视图的识读与画法

2. 正六棱锥被正垂面截切的三视图

（1）识读。

如图 1-3-10（a）所示，截平面 P 为正垂面，其正面投影有积聚性。需作出截交线的水平投影和侧面投影，其投影为边数相等且不反映实形的多边形。

（2）作图方法与步骤。

作图方法与步骤如图 1-3-10 所示。

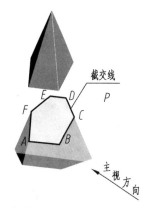

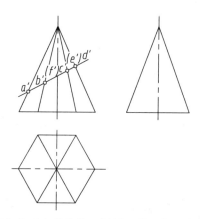

（a）正垂面截切正六棱锥　　　　（b）作正六棱锥的三视图，利用截平面的积聚性
　　　　　　　　　　　　　　　　　　　投影找出截交线各顶点的正面投影

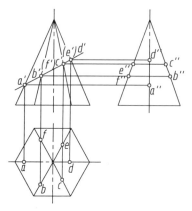

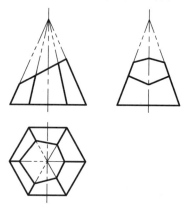

（c）根据属于直线的点的投影特性作出　　　　（d）依次连接各顶点的同面投影，即为截交线的投影
　　各顶点的水平投影及侧面投影

图 1-3-10　正六棱柱被正垂面截切的三视图的识读与画法

二、曲面立体（圆球）的截交线

1. 圆球被平面截切的三视图

圆球被平面截切时，在任何情况下其截交线都是一个圆。当截平面通过球心时，其圆的直径最大，等于圆球的直径；截平面离球心越远，其圆的直径就越小。如图 1-3-11 所示为用水平面和侧平面截切圆球时的投影图。

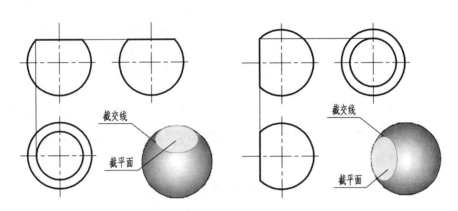

图 1-3-11　圆球被平面截切的三视图

2. 半圆球切口截交线的三视图

（1）识读。

如图 1-3-12（a）所示，该形体的原始形状为 1/2 圆球，被两个左右对称的侧平面及一个水平面截切。其侧面投影反映实形，侧平面的水平投影为直线，水平面的水平投影为圆弧线（反映实形），它们的正面投影积聚为直线。

（2）作图方法与步骤。

作图方法与步骤如图 1-3-12 所示。

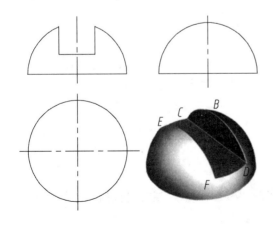

（a）作半圆球切口原始形状的投影

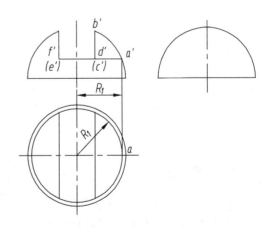

（b）按各截平面的投影特征作截平面的水平投影

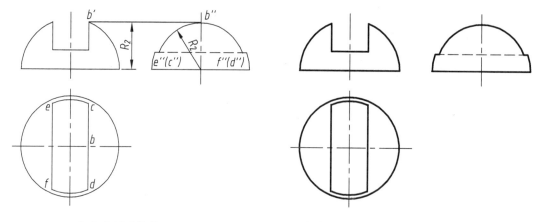

（c）作侧面投影　　　　　　　　　（d）擦去多余的图线，描深，完成全图

图 1-3-12　半圆球切口截交线的三视图的识读与画法

子任务二　识读与绘制三通管三视图

【任务描述】

识读与绘制如图 1-3-13 所示三通管的三视图。

图 1-3-13　三通管立体图

【任务分析】

如图 1-3-13 所示为在生产中经常使用的三通管立体图，由图可以看出，带孔两圆柱垂直相交，其交线称为相贯线。一般为曲线。机件上常见的相贯线多数是由两回转体相交而成的。本实例主要介绍两回转体相贯线的性质及画法。

【相关知识】

一、相贯线的概念

两个立体相交，其表面的交线称为相贯线，如图 1-3-13 所示。相贯线包括立体的外表面与外表面相交、外表面与内表面相交以及内表面与内表面相交。

二、相贯线的性质

（1）封闭性：相贯线一般为封闭的空间曲线，特殊情况下是封闭的平面曲线。

（2）共有性：相贯线是相交两基本体表面共有的线，相贯线上所有的点都是两基本体表面上的共有点。

三、求相贯线的方法和步骤

一般情况下，当相贯线为封闭的空间曲线时，求相贯线的常用方法是积聚性法和辅助平面法；特殊情况下，当相贯线为封闭的平面曲线时，可由投影作图直接得出。

因为相贯线是相交两基本体表面的共有线，所以它既属于一个基本体的表面，又属于另一个基本体的表面。如果基本体的投影有积聚性，则相贯线的投影一定积聚于该基本体有积聚性的投影上。

【任务实施】

识读和绘制如图 1-3-13 所示三通管三面投影（省略上、左右端法兰）。

一、识 读

如图 1-3-14（a）所示，因小圆筒轴线垂直于水平投影面，故其水平投影积聚于小圆筒的水平投影上（相贯线的共有性）；因大圆筒轴线垂直于侧立投影面，故相贯线的侧面投影积聚在两圆筒相交的圆弧上。相贯线的正面投影待求。

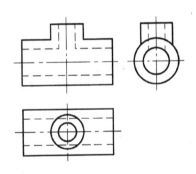

（a）作大圆筒及小圆筒的三视图

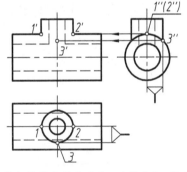

（b）作相贯线上的特殊点 1（最左）、点 2（最右）、点 3（最前）的三面投影

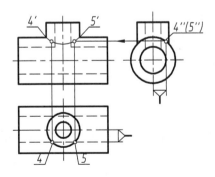

（c）作相贯线上一般点 4 和点 5 的三面投影，并画出两圆筒的相贯线

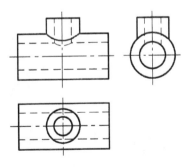

（d）作两内孔的相贯线，完成全图

图 1-3-14 三通管三视图的识读与画法

二、作图方法与步骤

三通管三视图的作图方法与步骤如图 1-3-14 所示。

在没有特殊要求的情况下，可以利用图 1-3-15 所示的简化画法画出两圆柱直径不等、轴线正交时相贯线的投影图形。

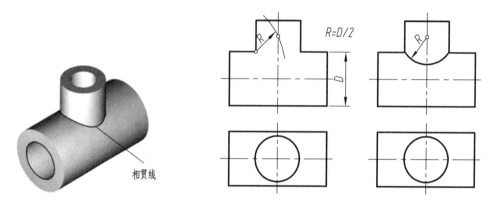

图 1-3-15　求相贯线投影的简化画法

【知识拓展】

一、用辅助平面法作圆柱与圆台相交的相贯线

辅助平面法：如图 1-3-16 所示，在两基本体相交的部分，用辅助平面分别截切两基本体得出两组截交线，这两组截交线的交点即为相贯线上的点。这些点既属于两基本体表面，又属于辅助平面。这种利用三面共点的原理，用一系列共有点的投影方法求出属于相贯线的点的方法称为辅助平面法。

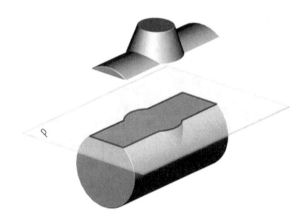

图 1-3-16　用辅助平面法求相贯线投影的作图原理

1. 识　读

根据给定的图形找出相贯线的已知投影，如图 1-3-17（a）所示。因圆柱轴线垂直于侧立投影面，相贯线的侧面投影积聚在圆台与圆柱相交的一段圆弧上。由于圆台和圆柱在水平投影面和正立投影面上的投影均没有积聚性，所以相贯线的正面投影和水平投影待求。

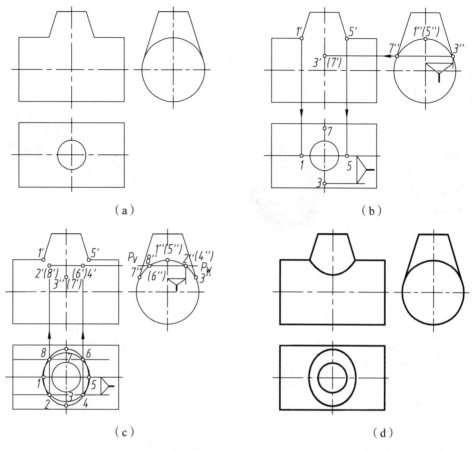

图 1-3-17　利用辅助平面法求相贯线投影的作图步骤

2. 作图方法与步骤

（1）求相贯线特殊位置点的正面投影和水平投影。图 1-3-17（b）中的 1″、（5″）和 3″、7″点既是相贯线上的最高、最低点，也是相交两立体表面上的最左、最右点和最前、最后点。

（2）作相贯线的一般位置点的正面投影和水平投影。在最高、最低点之间作一水平辅助平面 P，如图 1-3-17（c）所示，该辅助平面与圆台的交线为圆，与圆柱的交线为两平行线，在 H 面上它们的交点 2、4、6、8 即为相贯线的一般位置点，并依次求出它们的正面投影 2′、4′、（6′）、（8′）。

（3）根据已分析出的相贯线的可见性和对称性，将所求出的点用曲线板依次光滑连接。如图 1-3-17（d）所示，相贯线的正面投影因前后对称而重合为一条曲线；相贯线的水平投影前后、左右均对称，因相贯线位于上半个圆柱面，故其水平投影均可见。

二、相贯线的特殊情况

（1）两曲面立体同轴相交时，相贯线为垂直于轴线的平面圆，如图 1-3-18 所示。

（2）两外径相等、相贯线为平面曲线（椭圆）、内径不等的圆柱轴线垂直相交时，相贯线为空间曲线，如图 1-3-19 所示。

（3）常见相贯线的画法如图 1-3-20 所示。

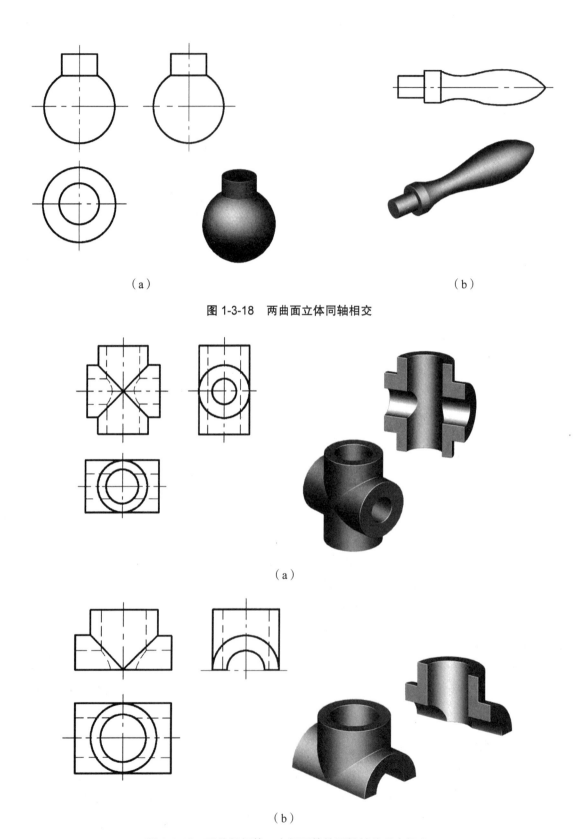

（a）

图 1-3-18　两曲面立体同轴相交

（b）

（a）

（b）

图 1-3-19　两外径相等、内径不等的圆柱轴线垂直相交

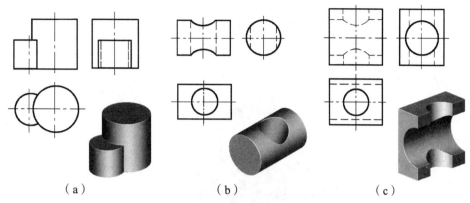

（a）　　　　　　　　（b）　　　　　　　　（c）

图 1-3-20　常见相贯线的画法

三、圆柱相贯线的变化趋势

轴线垂直相交的圆柱是零件中最常见的，它们的相贯线有三种基本形式。

如图 1-3-21 所示，圆柱正交的相贯线随着两圆柱直径大小的相对变化，其相贯线的形式、弯曲方向随之变化。当两圆柱的直径不等时，相贯线在正面投影中总是朝向大圆柱的轴线弯曲；当两圆柱的直径相等时，相贯线则变成两个平面曲线（椭圆），从前往后看，是投影成两条相交直线。相贯线的水平投影则重影在圆周上。

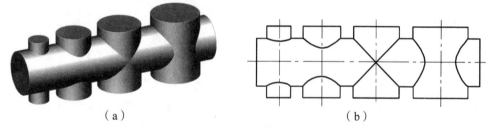

（a）　　　　　　　　　　　　　　（b）

图 1-3-21　圆柱正交的相贯线

四、常见圆柱体相贯后的三视图及立体图（见图 1-3-22）

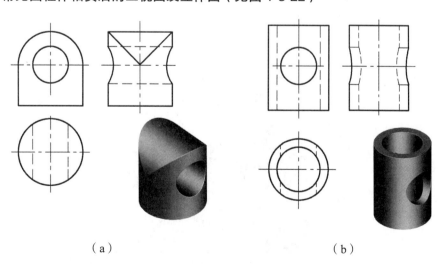

（a）　　　　　　　　　　　　　　（b）

图 1-3-22　常见圆柱体相贯后的三视图及立体图

子任务三　绘制轴承座三视图

【任务描述】

绘制如图 1-3-23 所示轴承座的三视图。

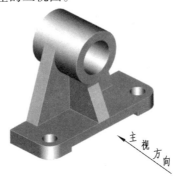

图 1-3-23　轴承座立体图

【任务分析】

如图 1-3-23 所示为轴承座立体图，它是由两个以上基本几何体组合而成的整体，即组合体。轴承座三视图的绘制能够将画图、识图、标注尺寸的方法加以总结、归纳，将前面所学知识有效地归拢并加以综合运用，以便在之后学习绘制零件图时加以灵活运用。

【相关知识】

一、形体分析法

为了正确而迅速地绘制和读懂组合体的三视图，通常在画图、标注尺寸和读组合体三视图的过程中，假想把组合体分解成若干个组成部分，分析清楚各组成部分的结构形状、相对位置、组合形式以及表面连接方式。这种把复杂形体分解成若干个简单形体的分析方法称为形体分析法，它是研究组合体的画图、标注尺寸、读图的基本方法。如图 1-3-24 所示，该轴承座的组合形式为综合型，用形体分析法可以看出，轴承座由底板、支撑板、肋板和圆筒组成。支撑板与圆筒外表面相切，肋板与圆筒相贯。

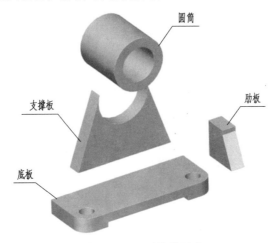

图 1-3-24　形体分析法

二、组合体的组合形式及表面连接方式

从组合体的整体来分析，各组成部分之间都有一定的相对位置关系，各形体之间的表面也存在着一定的连接关系，如图 1-3-25 所示。

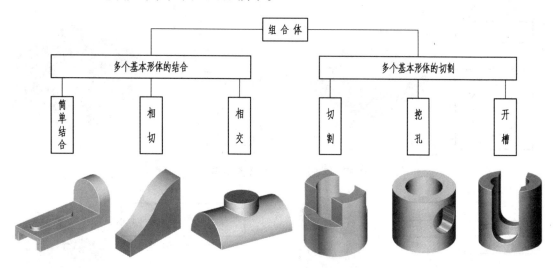

图 1-3-25　组合体的组合形式

1. 叠加型

按照形体表面结合的方式不同，叠加型又可分为堆积、相切和相交等类型。

（1）堆积。

两形体之间以平面相接触称为堆积，如图 1-3-26 所示。这种形式的组合体分界线为直线或平面曲线，画这类组合形式的视图实际上是画两个基本形体的投影。

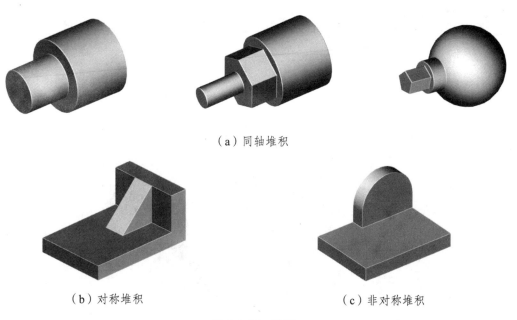

（a）同轴堆积

（b）对称堆积　　　　　　　　　（c）非对称堆积

图 1-3-26　堆积

需要注意区分分界线的情况：当两个形体表面不平齐堆积和切割时，中间应该画分界线，如图 1-3-27 所示；当两个形体表面平齐堆积和切割时，中间不应该画分界线，如图 1-3-28 所示。

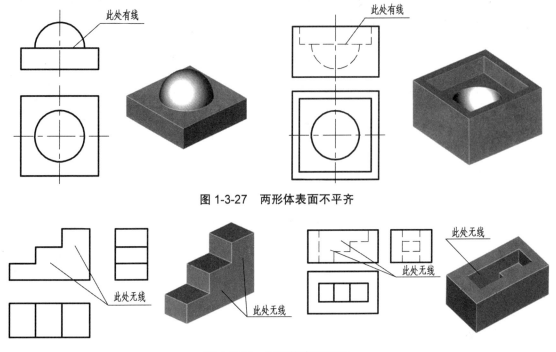

图 1-3-27　两形体表面不平齐

图 1-3-28　两形体表面平齐

（2）相切。

相切是指两个形体的表面（平面与曲面或曲面与曲面）光滑连接。因相切处为光滑过渡，不存在轮廓线，故在投影图上不画线，如图 1-3-29 所示。

（3）相交。

相交是指两形体的表面非光滑连接，接触处产生了交线，如图 1-3-30 所示。

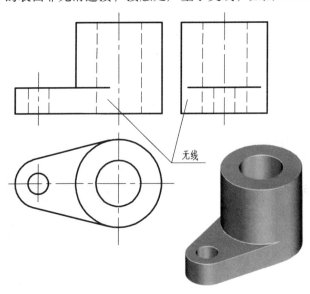

图 1-3-29　两形体表面相切

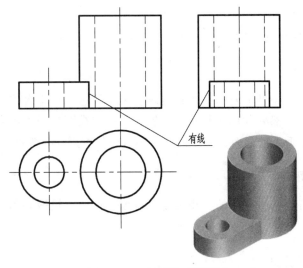

图 1-3-30　两形体表面相交

2. 切割型

从基本形体上切割掉一些基本形体所得的形体称为切割体，如图 1-3-31 所示。

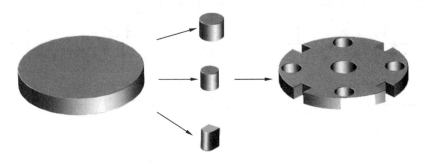

图 1-3-31　切割体

3. 综合型

由基本形体既叠加又切割或穿孔而形成的形体称为综合体，如图 1-3-32 所示。

图 1-3-32　综合体

【任务实施】

绘制轴承座三视图的方法和步骤如图 1-3-33 所示。

一、选择主视图

在三视图中，主视图是最主要的，通常要求主视图能够表达组合体的主要结构和形状特征，即尽可能地把各组成部分的形状及相对位置关系在主视图中表示出来，并使组合体的主要表面、轴线等平行或垂直投影面，还要使组合体视图的细虚线越少越好。

二、确定比例和图幅

视图确定后，便可根据组合体的大小及复杂程度，按照《机械制图》国家标准的规定选择适当的画图比例和图幅。

三、绘制轴承座三视图

绘图方法与步骤如下：

（1）布置三视图位置并画出图形定位线，如图 1-3-33（a）所示。

（2）画底板三视图。先画底板三面投影，再画底板下的槽和底板上的两个小孔的三面投影。不可见的轮廓线画成细虚线，如图 1-3-33（b）所示。

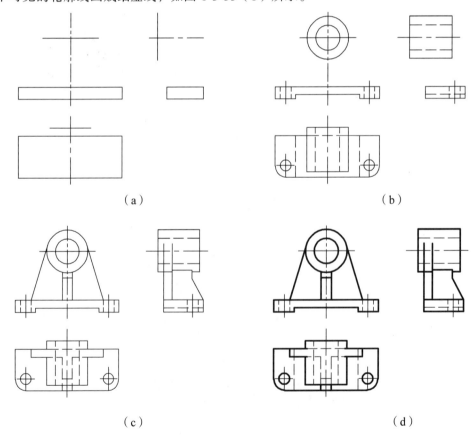

（a）　　　　　　　　　　　　　　（b）

（c）　　　　　　　　　　　　　　（d）

图 1-3-33　绘制轴承座三视图

（3）画圆筒三视图。先画主视图上的两个圆，再画左视图和俯视图上的投影，如图 1-3-33（b）所示。

（4）画支撑板和肋板三视图。圆筒外表面与支撑板的侧面相切在俯、左视图上，相切处不画线。圆筒与肋板相交时，在左视图上绘制截交线，如图 1-3-33（c）所示。

（5）检查、描深（按照要求画粗实线、细虚线和细点画线），完成全图，如图 1-3-33（d）所示。

【知识拓展】

一、平面切割体的尺寸注法

平面立体被截切后的尺寸注法，应先标注基本体的长、宽、高三个方向的尺寸，再标注切口的大小和位置尺寸，如图 1-3-34 所示。

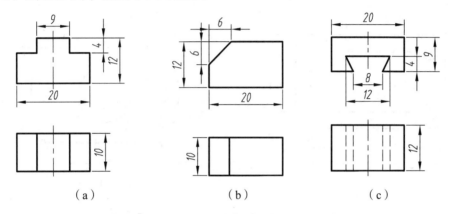

（a）　　　　　　　　（b）　　　　　　　　（c）

图 1-3-34　平面立体被截切后的尺寸标注方法

二、曲面切割体的尺寸注法

如图 1-3-35 所示，首先标注出没有被截切时形体的尺寸，然后再标注出切口的形状尺寸。对于不对称的切口，还要标注出确定切口位置的尺寸，如图 1-3-35（c）、（e）所示。注意：不能标注截交线和相贯线的尺寸。

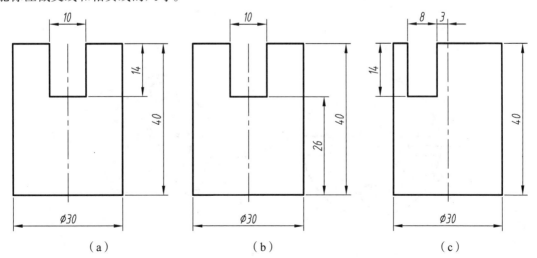

（a）　　　　　　　　（b）　　　　　　　　（c）

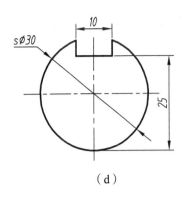

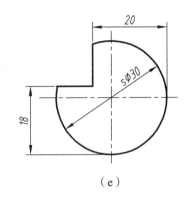

（d）　　　　　　　　　　　　　（e）

图 1-3-35　曲面立体被截切后的尺寸标注

三、常见结构的尺寸注法（见图 1-3-36）

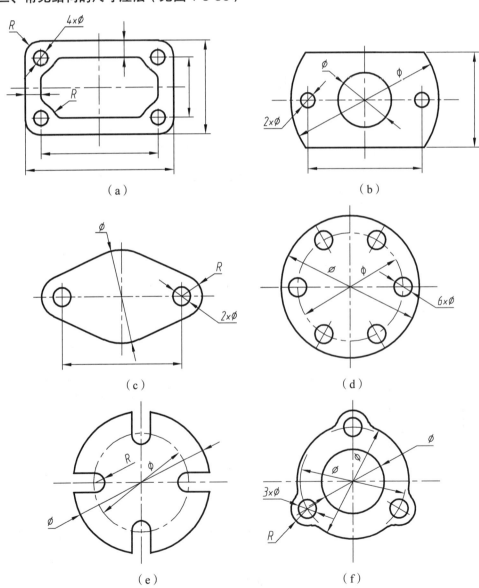

（a）　　　　　　　　　　　　（b）

（c）　　　　　　　　　　　　（d）

（e）　　　　　　　　　　　　（f）

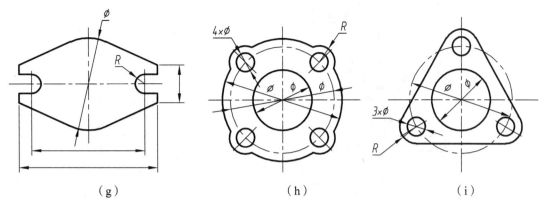

（g） （h） （i）

图 1-3-36　常见结构的尺寸注法

四、轴承座的尺寸标注

1. 选择轴承座的尺寸基准

在标注尺寸时，首先选定长、宽、高三个方向的尺寸基准，通常选择形体的对称面、底面、重要端面、回转体轴线等作为尺寸基准。如图 1-3-37（b）所示，轴承座以左右对称面作为长度方向的尺寸基准，以底板的后面作为宽度方向的尺寸基准，以底板的底面作为高度方向的尺寸基准。

2. 尺寸标注

标注尺寸必须正确、完整、清晰、合理。

（1）尺寸完整。

在形体上需要标注的尺寸有定形尺寸、定位尺寸和总体尺寸。要达到完整的要求，就需要分析物体的结构形状，明确各组成部分之间的相对位置，然后一部分一部分地注出定形尺寸和定位尺寸。

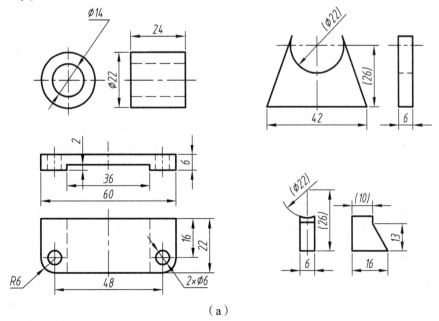

（a）

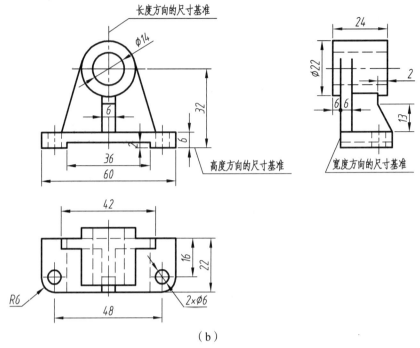

图 1-3-37 轴承座的尺寸标注

① 定形尺寸，即确定组合体各基本形体大小（长、宽、高）的尺寸。如图 1-3-37（a）所示，圆筒应标注外径 $\phi22$、孔径 $\phi14$ 和长度 24，即圆筒的定形尺寸。其他定形尺寸读者可自行分析。

② 定位尺寸，即确定形体各基本形体间的相对位置尺寸。如图 1-3-37（b）所示，主视图中，圆筒与底板的相对高度需标注轴线距底面的高度 32；俯视图中，底板上两圆柱孔的中心距 48 和两孔中心距其宽度方向尺寸基准的距离 16 均为定位尺寸。

③ 总体尺寸，即组合体外形的总长、总宽、总高尺寸。如图 1-3-37（b）所示，轴承座的总长为 60，即底板的长；总宽为 28，即由底板的宽 22 加上圆筒伸出支撑板的长度 6 确定；总高为 43，即圆筒轴线高 32 加上圆筒外径 22 的一半（一般情况下不标注总高尺寸）。

（2）尺寸清晰。

① 各基本形体的定形、定位尺寸不要分散，尽量集中标注在一个或两个视图上。如图 1-3-37（a）中底板上两圆孔的定形尺寸 $2\times\phi6$ 和定位尺寸 48、16 集中标注在俯视图上，这样便于看图。

② 尺寸应注在表达形体特征最明显的视图上，并尽量避免标注在细虚线上。如图 1-3-37（b）所示，外径尺寸 $\phi22$ 标注在左视图上是为了表达它的形体特征，而孔径尺寸 $\phi14$ 标注在主视图上是为了避免在细虚线上标注尺寸。

（3）布局整齐。

同心圆柱或圆孔的直径尺寸最好标注在非圆视图上，如图 1-3-37（a）所示。尽量将尺寸标注在视图外面，以免尺寸线、数字和轮廓线相交。与两视图有关的尺寸最好标注在两视图之间，以便于看图。

3. 轴承座尺寸标注的步骤

（1）形体分析：分析轴承座由哪些基本形体组成，初步考虑各基本形体的定形尺寸，如

66

图 1-3-37（a）所示。

（2）选择基准：选定轴承座长、宽、高三个方向的主要尺寸基准，如图 1-3-37（b）所示。

（3）标注定形和定位尺寸：逐个标注基本形体的定形尺寸和定位尺寸，如图 1-3-37（b）所示。

（4）标注轴承座的总体尺寸，如图 1-3-37（b）所示。

（5）检查、调整尺寸，完成尺寸标注，如图 1-3-37（b）所示。

子任务四 识读压板三视图

【任务描述】

识读如图 1-3-38 所示压板的三视图。

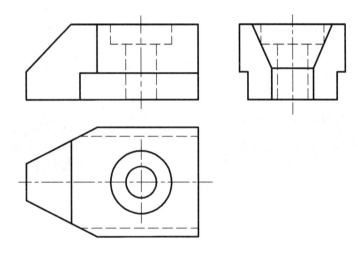

图 1-3-38 压板的三视图

【任务分析】

绘图和读图是学习机械制图的两个主要任务，绘图是运用正投影法把空间物体表示在平面图形上，即由物体到图形；而读图是根据平面图形想象出空间组合体的结构和形状，即由图形到物体，所以读图是绘图的逆过程。组合体的读图就是在看懂组合体视图的基础上，想象出组合体各组成部分的结构形状及相对位置的过程。本实例主要通过识读压板三视图，如图 1-3-38 所示，介绍读图的基本要领和方法，培养学生的空间想象能力，达到逐步提高读图能力的目的。

【相关知识】

一、读图要领

在组合体的三视图中，主视图是最能反映物体的形状和位置特征的视图，但一个视图往往不能完全确定物体的形状和位置，必须按投影对应关系与其他视图配合对照，才能完整、确切地反映物体的形状结构和位置。

1. 几个视图联系起来看

当一个视图或两个视图分别相同时，其表达的形体可能是不同的，如图 1-3-39、图 1-3-40 所示。

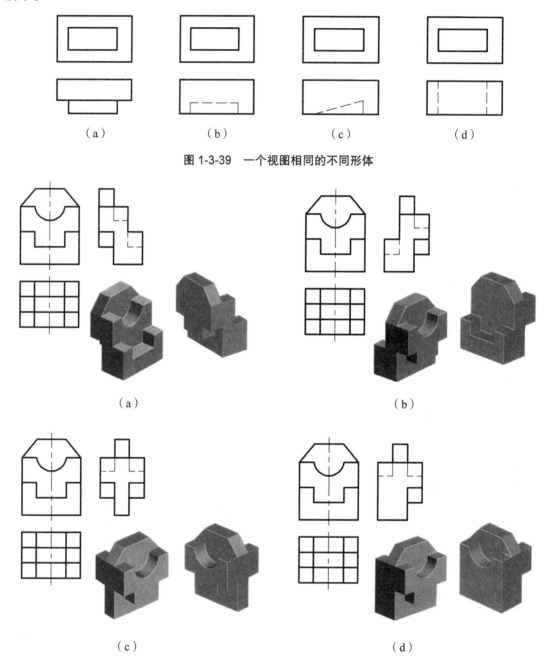

（a）　　　　　（b）　　　　　（c）　　　　　（d）

图 1-3-39　一个视图相同的不同形体

（a）　　　　　　　　　　　　　（b）

（c）　　　　　　　　　　　　　（d）

图 1-3-40　两个视图相同的不同形体

2. 注意抓住特征视图

（1）形状特征视图。

如图 1-3-41 所示，五个形体的主视图完全相同，但从俯视图中可以看出五个形体的实际形状截然不同，其俯视图就是表达这些物体形状特征明显的视图。

如图 1-3-42 所示，两个形体的俯视图完全相同，但从主视图中可以看出两个形体的实际形状截然不同，其主视图即为表达物体形状特征明显的视图。

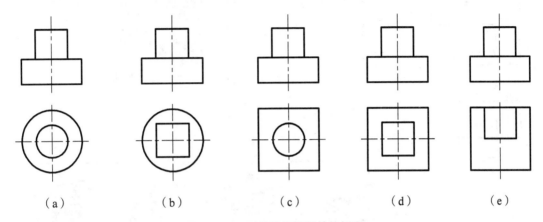

（a） （b） （c） （d） （e）

图 1-3-41 形状特征明显的俯视图

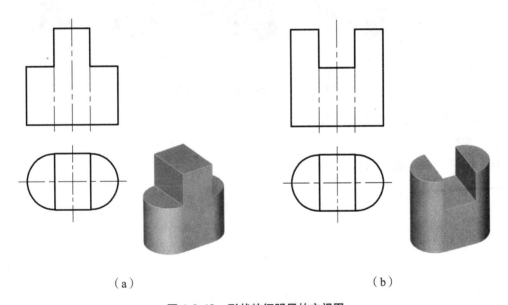

（a） （b）

图 1-3-42 形状特征明显的主视图

（2）位置特征视图。

如图 1-3-43（a）、（b）所示的物体，如果只有主、俯视图则无法辨别其形体各个组成部分的相对位置。由于各组成部分的位置无法确定，因此该形体至少有图 1-3-43（c）所示的 4 种可能。而当与左视图配合起来看时，就很容易想清楚各形体之间的相对位置关系了，此时的左视图就是表达该形体各组成部分之间相对位置特征明显的视图。

特别要注意，组合体各组成部分的特征视图往往在不同的视图上。从上面的分析可见，读图时必须抓住每个组成部分的特征视图，这是十分重要的。

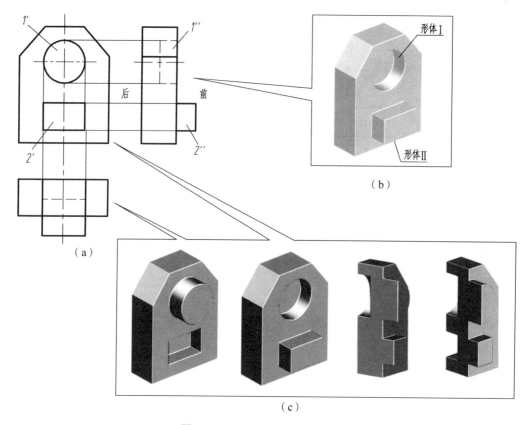

（b）

（a）

（c）

图 1-3-43　位置特征明显的视图

3. 读懂视图中图线、线框的含义

（1）视图中图线的含义。

图 1-3-44 中各图表达的含义不同。

（2）视图中线框的含义。

视图中的一个封闭线框一般情况下表示一个面的投影，线框套线框通常是两个面凸凹不平或者是有通槽，如图 1-3-39 所示。两个线框相邻，表示两个面高低不平或相交，如图 1-3-45 所示。

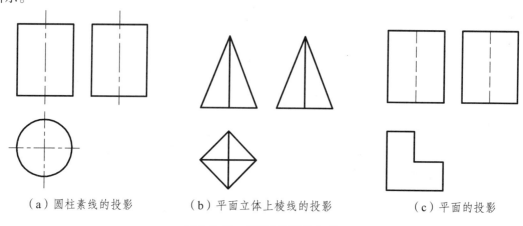

（a）圆柱素线的投影　　　　（b）平面立体上棱线的投影　　　　（c）平面的投影

图 1-3-44　视图中图线的含义

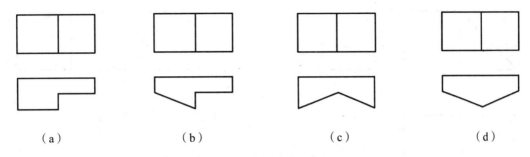

（a）　　　　　　（b）　　　　　　（c）　　　　　　（d）

图 1-3-45　视图中线框的含义

4. 读图要记基本体

由于组合体是由若干个基本体组成的，所以看组合体的视图时，要时刻记住基本体投影的特征。

（1）基本体被截切后的三视图如图 1-3-46 和图 1-3-47 所示，读者可自行分析其投影特征。

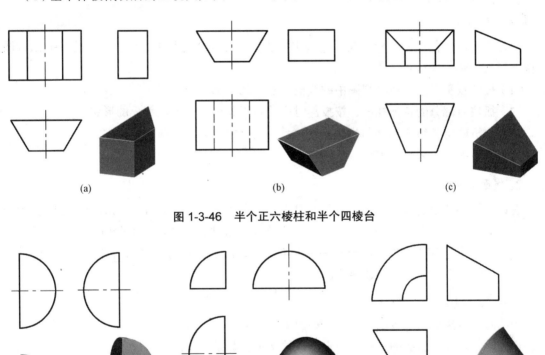

（a）　　　　　　　　（b）　　　　　　　　（c）

图 1-3-46　半个正六棱柱和半个四棱台

（a）　　　　　　　　（b）　　　　　　　　（c）

图 1-3-47　四分之一圆球和圆台

（2）基本体组合后的三视图：如图 1-3-48（a）所示，单从主视图和俯视图看，可以认为是棱锥和棱柱的叠加组合，但读左视图后可以确定其为由四分之一圆锥和四分之一圆柱叠加而成的组合体；如图 1-3-48（b）所示，左视图同图 1-3-48（a），而主视图和俯视图却有很大差别，它是由四分之一圆球和四分之一圆柱叠加而成的组合体。

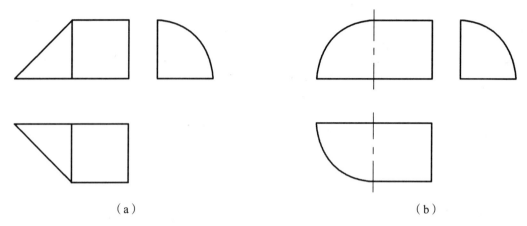

（a）　　　　　　　　　　　　　（b）

图 1-3-48　由基本体的投影特征看图

二、读图的基本方法

1. 形体分析法

形体分析法既是画图、标注尺寸的基本方法，也是读图的基本方法。运用这种方法读图应按下面几个步骤进行：

（1）按照投影对应关系将视图中的线框分解为几个部分。

（2）抓住每部分的特征视图，按投影对应关系想象出每个组成部分的形状。

（3）分析确定各组成部分的相对位置关系、组合形式以及表面的连接方式。

（4）最后综合起来想象整体形状。

2. 线面分析法

有许多切割式组合体有时无法运用形体分析法将其分解成若干个组成部分，这时读图需要采用线面分析法。所谓线面分析法，就是运用投影规律把物体的表面分解为线、面等几何要素，通过分析这些要素的空间形状和位置来想象物体各表面的形状和相对位置，并借助立体概念想象物体形状，以达到读懂视图的目的。

【任务实施】

用线面分析法识读压板的三视图，如图 1-3-49（a）所示。

识读时，首先由压板的三视图确定压板的基本轮廓是长方体。

一、抓住线段对应投影

所谓抓住线段，是指抓住平面投影成积聚性的线段，按投影对应关系找出其他两投影面上的投影，从而判断出该截切面的形状和位置。

（1）从图 1-3-49（b）主视图中的斜线 p' 出发，按"长对正、高平齐"的对应关系对应出边数相等的两个类似形 p 及 p''，可知 P 面为正垂面。

（2）从图 1-3-49（c）俯视图中的斜线 q 出发，按"长对正、宽相等"的对应关系对应出边数相等的两个类似形 q'' 及 q'，可知 Q 面为铅垂面。

（3）从图 1-3-49（d）、图 1-3-49（e）可知，R 面为正平面，S 面为水平面。

二、综合起来想象整体

通过上面的分析，可以根据压板各表面的形状与空间位置综合想象出整体形状，如图1-3-49（f）所示。

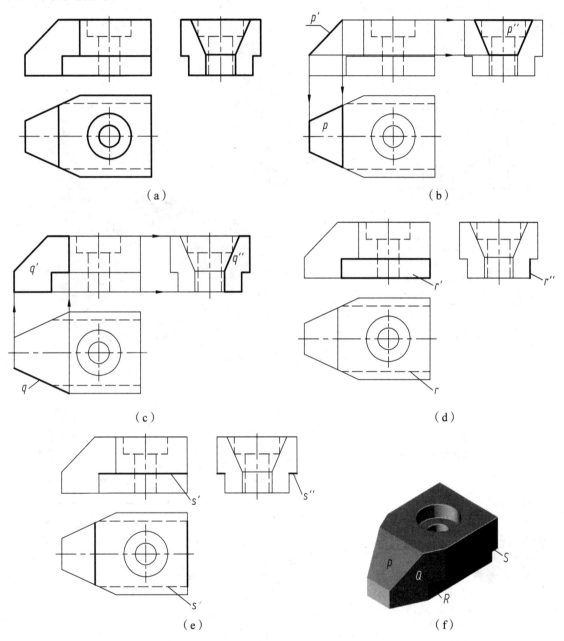

图 1-3-49　压板三视图及其读图方法

【知识拓展】

一、根据形体的主、俯视图［见图 1-3-50（a）］补画其左视图

（1）按照投影对应关系将图形中的线框分解成三个部分，如图 1-3-50（a）所示。

（2）从特征线框出发想象各组成部分的形状。由线框 1′对应 1 想象出底板Ⅰ的形状；由线框 2′对应 2 想象出竖板Ⅱ的形状；由线框 3′对应 3 想象出拱形板Ⅲ的形状，如图 1-3-50（b）所示。

（3）由主、俯视图看该形体的三个部分，是叠加式组合体，其位置关系是：左右对称，形体Ⅱ、Ⅲ在形体Ⅰ的上面，形体Ⅲ在形体Ⅱ的前面，如图 1-3-51（a）所示。

作图方法与步骤如图 1-3-51（b）所示。

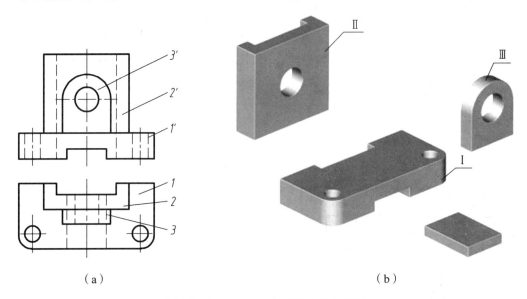

（a）　　　　　　　　　　　　　　　　（b）

图 1-3-50　已知主、俯视图求作左视图

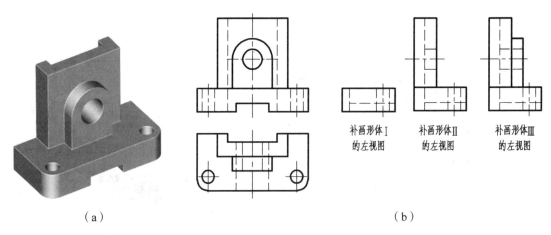

（a）　　　　　　　　　　　　　　　　（b）

图 1-3-51　形体及作图过程

二、识读三视图［见图 1-3-52（a）］并补画视图中所缺的图线

补缺线是培养识图能力的另一种有效方法，一般是先读懂视图（用线面分析法和形体分析法），想象视图所表示的空间立体形状（可能是一解，也可能是多解），然后利用"长对正、高平齐、宽相等"的投影规律补画视图中所缺的图线。

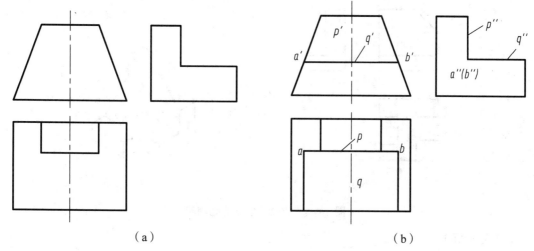

（a）   （b）

图 1-3-52　补画视图中所缺的图线

作图方法与步骤如下：

（1）分析视图想形体，可知该形体为一长方体切去如图 1-3-53 所示的Ⅰ、Ⅱ、Ⅲ部分后得到的组合体。

（2）根据"高平齐、长对正"补画出正面投影和水平投影所缺的图线，如图 1-3-52（b）所示，读者可自行分析。

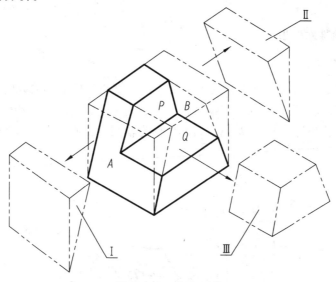

图 1-3-53　想象形体

任务四　绘制轴测图

子任务一　绘制平面立体的正等轴测图

【任务描述】

绘制如图 1-4-1 所示平面立体的正等轴测图。

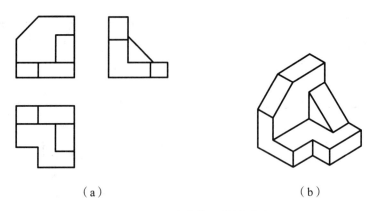

（a）   （b）

图 1-4-1　组合体的正等轴测图

【任务分析】

如图 1-4-1（a）所示为用正投影法绘制的组合体的三视图，其度量性好，能准确地表达物体的形状和位置关系，但缺乏立体感。而轴测图如图 1-4-1（b）所示，是用单面投影来表达物体空间结构形状的，且直观性强，是一种有实用价值的图示方法。由于轴测图的自身特点，在机械工程中常用其作为辅助图形来表达机器的外观效果和内部结构以及对产品拆装、使用和维修的说明等。本实例主要介绍平面立体的正等轴测图绘制。

【相关知识】

一、轴测图的基本知识

1. 轴测图的形成

将物体连同其参考直角坐标系，沿不平行于任一直角坐标平面的方向，用平行投影法将其向单一投影面 P 进行投影，同时将物体长、宽、高三个方向的形状特征都表达出来，这样的投影图称为轴测投影图。其中单一投影面 P 称为轴测投影面，直角坐标轴在轴测投影面上的投影叫轴测轴，如图 1-4-2 所示。

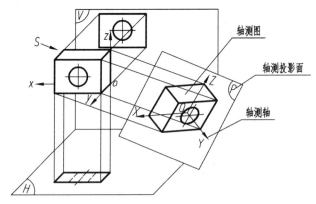

图 1-4-2　轴测图的形成

2. 轴间角

轴测图中相邻两轴测轴之间的夹角称为轴间角，如 $\angle XOY$、$\angle YOZ$、$\angle ZOX$。

3. 轴向伸缩系数

沿轴测轴方向，线段的投影长度与其在直角坐标轴上的真实长度的比值，称为轴向伸缩系数。OX、OY、OZ 轴上的轴向伸缩系数分别用 p、q、r 表示。

4. 轴测图的投影特性

（1）物体上平行于直角坐标轴的线段，在轴测投影图中也平行于相应的轴测轴，如图 1-4-3 所示。

（2）物体上互相平行的线段（如图 1-4-3 中的 AD∥BC），在轴测投影图中仍然互相平行。

（3）物体上平行于轴测投影面的平面，其轴测投影反映实形；而不平行于轴测投影面的平面，其轴测投影为类似形。

（4）不平行于坐标轴的线段不可直接量取，可先画出其两个端点，然后连线。如图 1-4-3（a）所示，线段 a'b'、(c'd') 在轴测图中不可直接量取，只能依据该线段两个端点的坐标，先确定点 A、B、C、D 再连线，其作图过程如图 1-4-3（b）、（c）所示。

（5）轴测图中一般只画出可见部分的轮廓线，必要时可用细虚线画出其不可见部分的轮廓线。

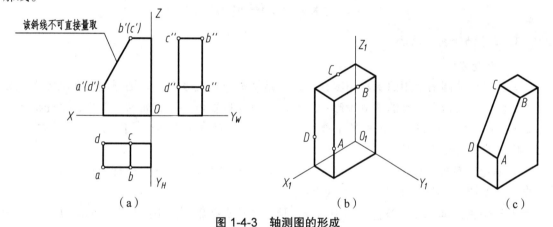

图 1-4-3　轴测图的形成

5. 轴测图的分类

轴测图分为正轴测图和斜轴测图两大类。当投影方向垂直于轴测投影面 P，且物体的三个参考坐标平面均倾斜于轴测投影面 P 时，形成的轴测图称为正轴测图；当投影方向倾斜于轴测投影面 P 时，且物体的一个参考坐标平面平行于轴测投影面 P 时，形成的轴测图称为斜轴测图。正轴测图由正投影法得来，而斜轴测图则由斜投影法得来。

正（斜）轴测图按其三个轴向伸缩系数是否相等分为等测、二等测和不等测三种。等测的三个轴向伸缩系数相等，即 $p=q=r$；二等测只有两个轴向伸缩系数相等，即 $p=q\neq r$ 或 $q=r\neq p$ 或 $r=p\neq q$；不等测的三个轴向伸缩系数各不相等，即 $p\neq q\neq r$。正等轴测图（简称正等测）和斜二等轴测图（简称斜二测）为工程上最常用的轴测图。

二、正等轴测图

1. 正等轴测图的形成

使物体的三直角坐标轴与轴测投影面的倾角相等，用正投影法将物体连同其坐标轴一起投射到轴测投影面上，所得的轴测图称为正等轴测图，简称正等测。

2. 正等测的轴间角和轴向伸缩系数

正等测的轴间角$\angle XOY=\angle YOZ=\angle ZOX=120°$，如图 1-4-4 所示。由于物体的三直角坐标轴与轴测投影面的倾角均为 35.3°，因此，正等轴测图的轴向伸缩系数也相同，即 $p=q=r\approx0.82$。为了作图、测量和计算都方便，常把正等轴测图的轴向伸缩系数简化成 1，这样在作图时，凡是与轴测轴平行的线段，可按其实际长度量取，不必进行换算。

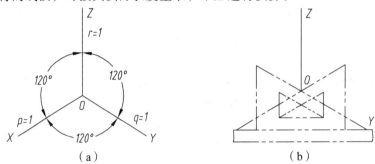

图 1-4-4　正等测的轴间角和轴向伸缩系数

3. 正等轴测图的画法

（1）坐标法。

坐标法是轴测图常用的基本作图方法，它是根据坐标关系，绘制轴测轴，在轴测图上先画出物体特征表面上各点的轴测投影，然后由各点连接物体特征表面的轮廓线，来完成正等轴测图的作图。下图以正六棱柱的正等轴测图的绘制为例详述坐标法的作图步骤及方法。

作图方法与步骤如下：

① 确定出直角坐标系，如图 1-4-5（a）所示。选顶面中心点作为坐标原点，顶面的两对称线作为 X 轴、Y 轴，Z 轴在其中心线上。

② 绘制轴测轴 OX、OY，根据正六棱柱顶面各顶点在轴测图中的投影，如图 1-4-5（b）所示，连接 a、b、c、d、e、f、a，画出顶面正六边形的正等轴测图，如图 1-4-5（c）所示。

③ 画轴测轴 OZ，过 a、b、c、f 向下作 OZ 轴的平行线，并在各平行线上截取棱柱的高，依次连接各点，画出正六边形底面的各条可见边，如图 1-4-5（d）所示。

④ 擦去多余图线，加深图线，完成作图，如图 1-4-5（e）所示。

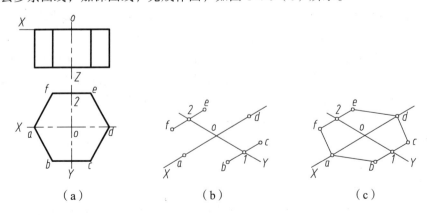

（a）　　　　　　　　（b）　　　　　　　　（c）

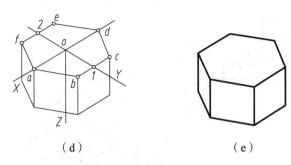

（d）   （e）

图 1-4-5   正六棱柱的正等测画法

（2）叠加法。

绘制叠加型组合体［见图 1-4-6（a）］的轴测图通常采用叠加法。作图时，先将组合体分解成若干基本形体，然后按其相对位置逐个画出各基本形体的轴测图，进而完成整体的轴测图。

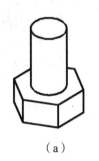      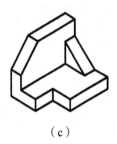

（a）   （b）   （c）

图 1-4-6   组合体的正等轴测图

（3）切割法。

绘制切割型组合体［见图 1-4-6（b）］的轴测图通常采用切割法。作图时，先画出完整形体的轴测图，再按其结构特点逐个切去多余的部分，最后完成切割后的轴测图。对于综合型组合体［见图 1-4-6（c）］则采用叠加法与切割法共同完成其轴测图的绘制。

【任务实施】

识读和绘制如图 1-4-1 所示组合体的正等轴测图。

一、识   读

由图 1-4-1 分析可知，组合体可看作由一截面为 L 形的柱体，经由左上方和左下方两次切割，再叠加一个三棱柱而成。

二、作图方法与步骤

（1）在主、左视图上设置直角坐标轴，如图 1-4-7（a）所示。

（2）绘制轴测轴 OX、OY、OZ，画出截面为 L 形的柱体，如图 1-4-7（c）所示。

（3）用切割法画出左上方切口的轴测投影，如图 1-4-7（d）所示。

（4）用切割法画出左下方切口的轴测投影，如图 1-4-7（e）所示。

（5）用叠加法画出三棱柱的轴测投影，如图 1-4-7（f）所示。

（6）擦除多余图线，并加深图线，完成作图，如图 1-4-7（b）所示。

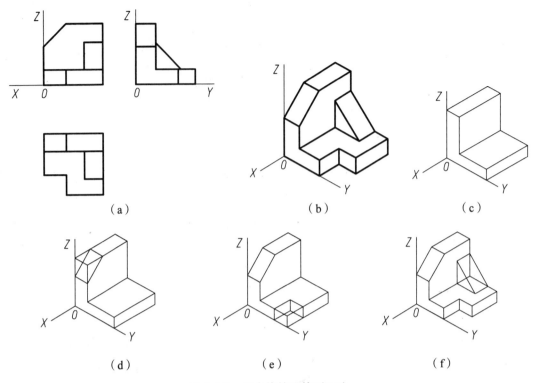

（a） （b） （c）

（d） （e） （f）

图 1-4-7　组合体的正等测画法

子任务二　绘制支架的正等轴测图

【任务描述】

绘制如图 1-4-8 所示支架的正等轴测图。

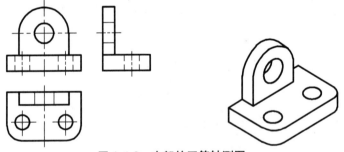

图 1-4-8　支架的正等轴测图

【任务分析】

如图 1-4-8 所示为支架的正等轴测图，分析知支架上包含数个圆孔及圆角，本实例主要介绍回转体的正等轴测图的绘制方法。

【相关知识】

一、平面圆的正等轴测图画法

在正等轴测图中，平面圆变为椭圆。在作图时，通常采用近似画法。

如下以平行于 H 面的圆为例详述其正等轴测图的画法及步骤：

① 确定直角坐标轴，并作圆外切四边形，如图 1-4-9（a）所示。

② 作轴测轴 O_1X_1、O_1Y_1，作平面圆外切四边形的轴测投影菱形，如图 1-4-9（b）所示。

③ 分别以图 1-4-9（c）中点 A、B 为圆心，以 AC 为半径在 CD 间画大圆弧，以 BE 为半径在 EF 间画大圆弧，如图 1-4-9（c）所示。

④ AC 和 AD 交长轴于 I、II 两点，分别以 I、II 两点为圆心，ID、IIC 为半径画两小圆弧，在 C、F、D、E 处与大圆弧相切，即完成平面圆的正等轴测图，如图 1-4-9（d）所示。

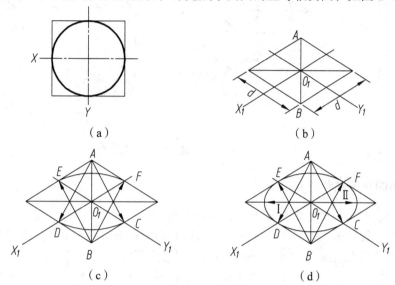

（a）　　　　　　　　（b）

（c）　　　　　　　　（d）

图 1-4-9　平面圆的正等轴测图的画图过程

由上述平面圆的正等轴测图的画图过程可知，平行于坐标面的圆的正等轴测图都应该是椭圆。如图 1-4-10 所示，平行于侧面（YOZ）的椭圆长轴垂直于 OX 轴，平行于正面（XOZ）的椭圆长轴垂直于 OY 轴，平行于水平面（XOY）的椭圆长轴垂直于 OZ 轴。

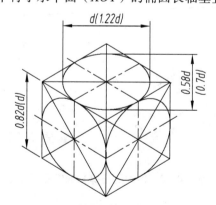

图 1-4-10　三种位置平面圆及圆柱的正等轴测图

二、圆柱的正等轴测图画法

如图 1-4-11（a）所示为圆柱的两视图。圆柱正等轴测图的画图过程如下：

① 画轴测轴，确定上下底圆的中心，两圆上下间隔距离为圆柱的高 H，按照图 1-4-9 所示

过程绘制上下底椭圆,如图 1-4-11(b)所示。

　　② 作两个椭圆的公切线,如图 1-4-11(c)所示。

　　③ 加深图线,完成作图,如图 1-4-11(d)所示。

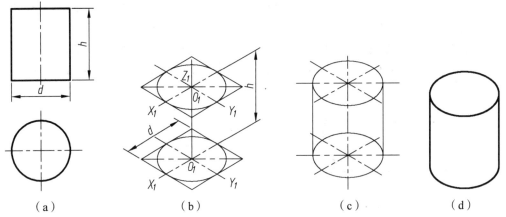

（a）　　　　　　　　　（b）　　　　　　　　　（c）　　　　　　　　　（d）

图 1-4-11　圆柱正等轴测图的画图过程

三、圆角的正等轴测图画法

圆角的正等轴测图的画图过程如图 1-4-12 所示。

　　① 首先在正投影图上确定出圆角半径 R 的圆心和切点的位置,如图 1-4-12(a)所示。

　　② 再画出平板上表面的正等轴测图,在对应边上量取 R,得切点,过切点作边线的垂线,以两垂线的交点为圆心,以 R 为半径画圆弧,连接两切点,所得即为平面上圆角的正等轴测图,如图 1-4-12(b)所示。

　　③ 将上表面各圆角圆心沿 Z 轴方向向下移动高度 h,完成平板下表面各圆角的正等轴测图,并作两表面圆角的公切线,即完成圆角的正等轴测图,如图 1-4-12(c)所示。

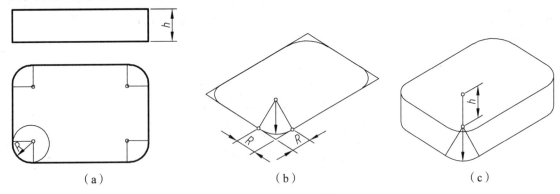

（a）　　　　　　　　　　（b）　　　　　　　　　　（c）

图 1-4-12　圆角的正等轴测图画图过程

【任务实施】

识读和绘制如图 1-4-8 所示支架的正等轴测图。

一、识　读

由图 1-4-8 分析可知,该支架包含底板和竖板两部分。其中底板上有两圆角及两圆孔,竖板上半部分是半圆头，并开有一通孔。

二、作图方法与步骤

（1）确定坐标原点及坐标轴，如图 1-4-13（a）所示。

（2）绘制底板及竖板的正等轴测图，如图 1-4-13（b）所示。

（3）绘制竖板圆角及圆孔的正等轴测图，如图 1-4-13（c）所示。

（4）绘制底板圆孔的正等轴测图，如图 1-4-13（d）所示。

（5）绘制底板圆角的正等轴测图，如图 1-4-13（e）所示。

（6）擦去多余图线，并加深图线，完成作图，如图 1-4-13（f）所示。

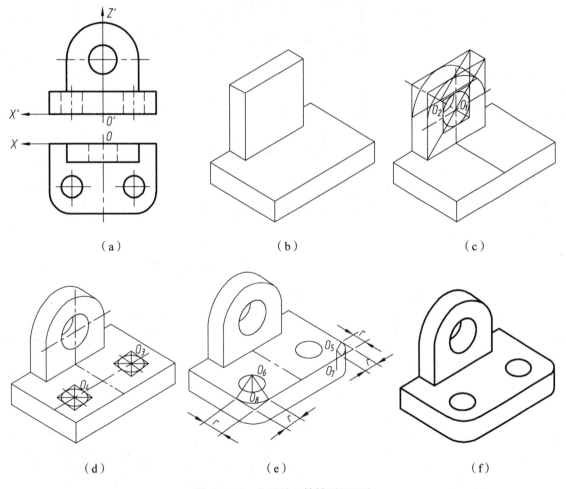

（a）　　　　　　　　　（b）　　　　　　　　　（c）

（d）　　　　　　　　　（e）　　　　　　　　　（f）

图 1-4-13　支架的正等轴测图画法

【知识拓展】

一、斜二轴测图

1. 斜二轴测图的形成

当物体上的两个坐标轴 OX、OZ 与轴测投影面平行，而投射方向与轴测投影面倾斜时，所得的轴测图称为斜二轴测图。

2. 斜二轴测图的轴间角和轴向伸缩系数

在斜二轴测图中，由于 *XOZ* 坐标面平行于轴测投影面 *P*，所以轴间角∠*XOZ*=90°，轴向伸缩系数 $p=r=1$。轴测轴 *OY* 的方向和轴向伸缩系数 *q* 随着投射方向的变化而变化。为了简化作图，选取轴间角∠*XOY* = ∠*YOZ*=135°，$q=0.5$，如图 1-4-14 所示。

物体上平行于 *XOZ* 坐标面的面在斜二轴测图中均能反映其实形。所以当物体上有较多的圆或圆弧平行于 *XOZ* 坐标面时，采用斜二测作图比较方便。

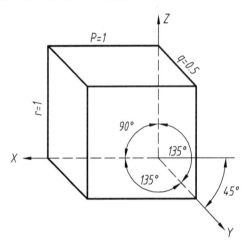

图 1-4-14　斜二测的轴间角和轴向伸缩系数

3. 斜二轴测图的画法

根据图 1-4-15（a）所示支座的两视图，绘制其斜二轴测图的步骤如下：

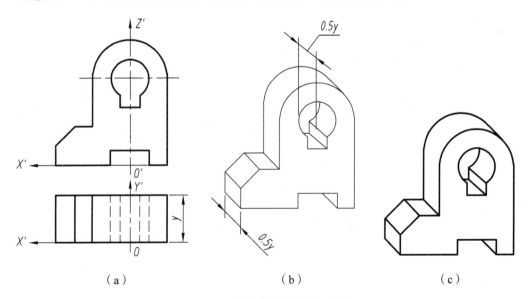

（a）　　　　　　　　　（b）　　　　　　　　　（c）

图 1-4-15　支座的斜二轴测图画法

（1）在两视图上设置直角坐标轴，如图 1-4-15（a）所示。

（2）由于支座的前后端面均平行于 *XOZ* 坐标面，所以在斜二测投影中均可反映实形。如图 1-4-15（b）所示，画出与主视图相同的图形，即完成支座前端面的斜二测投影。再由前端面沿轴测轴 *OY* 方向移动 0.5*y*，绘制可见图形，画出其他轮廓线和右侧圆弧的公切线，如图 1-4-15（b）所示。

（3）擦去多余图线并加深，完成作图，如图 1-4-15（c）所示。

任务五　用 AutoCAD 绘制 A4 图框

【任务描述】

绘制如图 1-5-1 所示的 A4 图框。

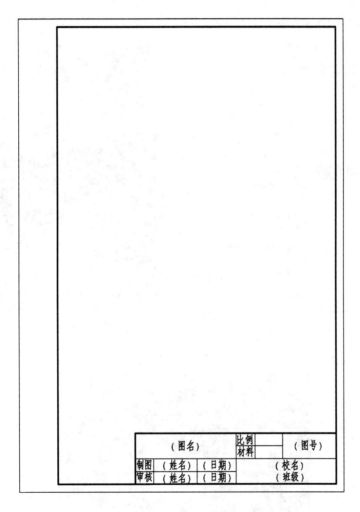

图 1-5-1　A4 图框

【任务分析】

启动 AutoCAD 2008，绘制如图 1-5-1 所示的 A4 图框，并将图形文件命名为"A4 图框"进行保存，然后关闭 AutoCAD 2008，最后按保存路径打开此图形文件。

【相关知识】

一、AutoCAD 的基础知识

AutoCAD 是美国 Autodesk 公司开发的通用计算机软件,CAD 英文全称为 Computer Aided Design,是当今设计领域应用最广泛的绘图工具之一,尤其是在二维图形绘制方面应用更为广泛。AutoCAD 自 1982 年诞生以来,经过不断的改进和完善,经历了十多次的版本升级,使其性能和功能都有较大的增强,同时保证了低版本的完全兼容。

1. AutoCAD 2008 的启动与退出

(1) AutoCAD 2008 软件的启动方法,最常用的有两种,一种是从菜单中启动,另一种是用快捷方式启动。

启动方法 1:如图 1-5-2 所示。

图 1-5-2 AutoCAD 2008 启动方法一

启动方法 2:如图 1-5-3 所示,直接双击桌面上的快捷方式。

图 1-5-3 AutoCAD 2008 启动方法二

（2）AutoCAD 2008 软件的退出方法很多，下面介绍常用的三种方法。

方法一：在命令行输入 quit 或 exit，按 Enter 键。

方法二：在菜单中单击【文件】→【退出】。

方法三：单击 AutoCAD 2008 工作界面标题栏右侧的⊠[关闭]。

2. AutoCAD 2008 的工作空间

AutoCAD 2008 提供了三种典型的工作空间，分别为 AutoCAD 经典、三维建模和二维草图与注释。单击"工作空间"工具栏的下拉按钮，将出现以上三种典型工作空间，一般情况下建议使用"AutoCAD 经典"工作空间，如图 1-5-4 所示。

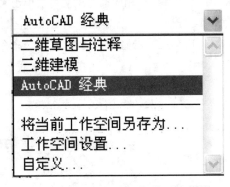

图 1-5-4 "工作空间"的下拉菜单

本书以"AutoCAD 经典"工作空间为例进行编写。工作空间主要由标题栏、菜单栏、工具栏、绘图区、光标、命令行、状态栏、坐标系图标等组成，如图 1-5-5 所示。

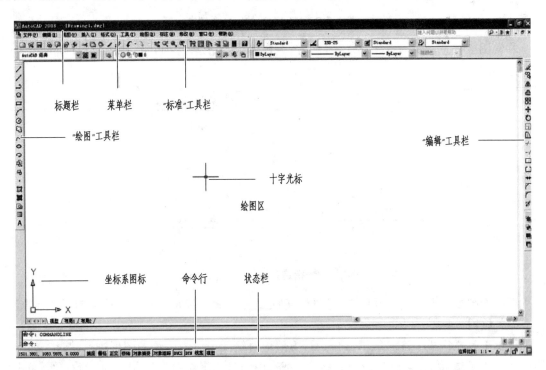

图 1-5-5 "AutoCAD 经典"工作空间

（1）标题栏。

AutoCAD 2008 标题栏在用户界面的最上面，用于显示 AutoCAD 2008 的程序图标、当前的文件名及文件路径。

（2）菜单栏。

菜单栏是 AutoCAD 2008 的主要菜单，集成了 AutoCAD 2008 各种工具和系统的环境设置及帮助功能。

（3）绘图工具栏。

绘图工具栏提供了调用 AutoCAD 2008 命令的各种快捷方式，它包含了许多绘图命令图标，把光标放在某一命令图标的上方，可显示相应命令的名称。单击某个命令图标，AutoCAD 2008 就会执行相应的绘图命令。所谓绘图命令，就是用户为让鼠标执行的绘图动作发出的一个指示。如想绘制一条直线，在绘图工具栏单击直线命令图标，命令行会提示"指定第一点"，如图 1-5-6 所示。

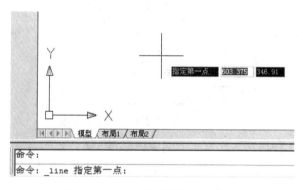

图 1-5-6　指定直线的第一个端点

在绘图区任意单击一点，移动光标，命令行提示"指定下一点"，如图 1-5-7 所示。

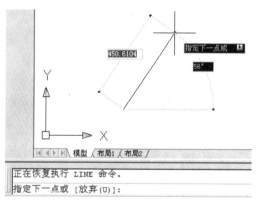

图 1-5-7　指定直线的另一个端点

再在绘图区单击一点，再单击"空格"确定，绘图命令完成，在绘图区绘制了一条直线。

（4）编辑工具栏。

编辑工具栏集成了许多编辑命令，可方便地对绘图窗口中所绘的图形进行编辑。如选中绘图区中的对象，单击删除命令图标，可把选中的对象删除；选中绘图区中的对象，单击复制命令图标，可把选中的对象进行复制。

（5）命令提示窗口。

用户输入命令后，AutoCAD 2008 提示信息都将在命令提示窗口显示，该窗口是用户与AutoCAD 2008 进行命令交互的窗口。所谓交互，也就是用户输入命令，告诉系统，想要执行的动作；系统给出提示信息，提示用户需要进行的操作。按 F2 可打开命令窗口，再次按 F2 可关闭此命令窗口。

（6）状态栏。

状态栏用于反映和改变当前的绘图状态，包括当前光标的坐标、正交开关状态、极坐标状态、自动捕捉状态、线宽显示状态以及当前的绘图空间状态等。按钮沉下为"开"的状态，否则为"关"的状态。打开各按钮的意义简要说明如下。

捕捉：打开此按钮，捕捉栅格各点，光标只能落在栅格点上，不能落在任意位置。打开此按钮，光标有跳跃的感觉，一般绘图过程中不使用此按钮。

栅格："栅格"模式和"捕捉"模式各自独立，但经常同时打开。一般绘图过程中不使用此按钮。

正交：打开此按钮，光标只能沿着竖直或水平方向移动，由"对象追踪"功能的进一步发展而来。绘图过程中一般不使用此按钮。

极轴：打开此按钮，绘图时会出现极轴引导线，此按钮常与对象追踪一起使用，可提高绘图效率。它与"正交"按钮只能开一个。

对象捕捉：捕捉绘图窗口中对象的特殊点，如端点、中点、交点、象限点等。

对象追踪：光标可以沿基于其他对象捕捉点的对齐路径进行追踪。要使用对象捕捉追踪，必须打开一个或多个对象捕捉。

DUCS：允许或禁止动态用户坐标系。

DYN：是否显示动态输入，如图 1-5-8 所示的绘制直线，在确定第一点后，移动光标，光标的相对坐标值自动显示（356.8661<32°）

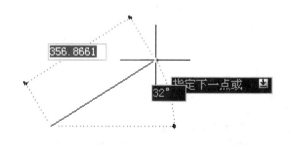

图 1-5-8　显示动态输入点

线宽：显示线宽，只有打开此按钮，绘图空间中的线宽区别才能显示出来。

模型：显示当前绘图状态为模型还是图纸状态，单击此按钮可进行图纸与模型空间的转换。一般都是在模型状态下绘图。

（7）绘图区。

绘图区是用户绘制图形的区域，在该区域绘制自己想要的图形。左下角是表示坐标系的图标，它表示绘图区的方位。"X""Y"分别指示 X 轴和 Y 轴的正方向。

当移动鼠标时，绘图区域的十字光标会跟着移动，与此同时窗口底部的状态栏将显示出光标点的坐标读数，此处坐标形式是直角坐标系 *X* 坐标 *Y* 坐标的形式。而在绘图时，绘图窗口还会显示光标的极坐标（距离<角度>）。

（8）打开、布置工具栏。

在标准工具栏上方单击右键，弹出光标菜单，前面有对号的表示此工具栏已打开，单击工具栏名称可关闭相应工具栏；前面无对号的表示此工具栏没打开，单击工具栏名称，可打开相应的工具栏。例如，在当前窗口没有对象捕捉工具栏，把光标移至标准工具栏上方，单击右键，如图 1-5-9 所示。

图 1-5-9　打开工具栏

再单击"对象捕捉"，可调出"对象捕捉"工具栏，如图 1-5-10 所示。

图 1-5-10　对象捕捉工具栏

移动光标到工具栏上方，如图 1-5-11 所示。按鼠标左键，可拖动相应工具栏，放到想要放的地方。

图 1-5-11　移动工具栏

3. AutoCAD 2008 的文件管理

（1）创建新的 AutoCAD 文件。

AutoCAD 2008 启动后，会自动新建一个文件名为 Drawing1.dwg 的文件。在绘图过程中如需新建文件，单击标准工具栏的"新建文件"命令图标，出现"选择样板"对话框，选择如图 1-5-12 所示的二维图形样板文件。

图 1-5-12 新建文件"选择样板"对话框

单击打开，新建一个文件。

（2）保存图形文件。

在绘图过程中，为了防止意外情况出现，如文件没有保存，所绘的图有全部丢失的情况，要注意保存。单击标准工具栏上的保存图标就可保存文件。若用户要保存的文件是第一次保存，会弹出"图形另存为"对话框，如图 1-5-13 所示。此时我们可以单击"保存于"的下拉菜单，找到要把文件保存的位置，同时可以把"文件名"中的"Drawing3.dwg"改为自己想要的文件名，如"A4 图框"等。若文件不是第一次保存，则不会有此对话框出现，但所绘的图形也会保存。

图 1-5-13 "图形另存为"对话框

单击标准工具栏"文件"下拉菜单的"另存为",可把文件换一个存放位置，也可把文件以另外一个文件名存在同一个位置。

（3）打开已有的图形文件。

在硬盘上看到 图标，可以双击把它打开，也可以单击鼠标右键，再选择打开。在 AutoCAD 2008 中打开文件，可单击标准工具栏的打开文件图标![icon]，然后选择要打开的文件就可把文件打开。

4. 图层的设置与管理

AutoCAD 2008 图层是透明的电子图纸，用户把各类型图形元素画在这些电子图纸上，AutoCAD 2008 将它们叠加在一起显示出来。

用 AutoCAD 2008 绘图时，图形元素是处于某个图层上的，缺省情况下，当前层是 0 层，若没有切换到其他图层，则所画图形在 0 层上。每个图层都有其相关联的颜色、线型、线宽等属性信息，用户可以对这些设定进行重新设定或修改。当在某一层上作图时，生成的图形元素的颜色、线型、线宽就与当前图层的设置完全相同。对象的颜色将有助于辨别图样中相似实体，而线型、线宽等属性表示不同类型的图形元素。如果图层划分合理且命名正确，那么图形信息会更清晰、有序，也会给以后的修改、观察及打印带来很大的便利。

绘制机械图样时，常根据图形元素的性质划分图层，一般创建如表 1-5-1 所示的图层。

表 1-5-1　图层设置一栏表

图层名称	颜　色	线　型	线宽/mm
粗实线	黑色	Continuous	0.5
细实线	绿色	Continuous	0.25
中心线	红色	Center	0.25
虚线	黄色	Dashed	0.25
尺寸标注	蓝色	Continuous	0.25

图层具体设置方法如下：

单击"图层特性管理器"命令图标![icon]（如果界面上没有此图标，在标准工具栏上单击右键，单击"图层"），出现如图 1-5-14 所示的界面。

图 1-5-14　图层特性管理器对话框

：此图标用来新建图层。新建图层后，用户可以对其重命名，如图 1-5-15 所示新建的粗实线层。

图 1-5-15　新建的"粗实线"图层

单击图层对应的颜色图标，可对图层颜色进行设置或更改；单击图层对应的线宽图标，可对图层线宽进行设置或更改；单击图层对应的线型图标，可对图层线型进行设置或更改，若没有需要的线型可点击"加载"，对线型进行加载。

✕：删除选中的图层。

✓：将选中的图层置为当前层。

由于 A4 图框中没有过多的线型，只建立粗实线层、细实线层与中心线层三个图层，如图 1-5-16 所示，单击"确定"按钮，图层设置完成。

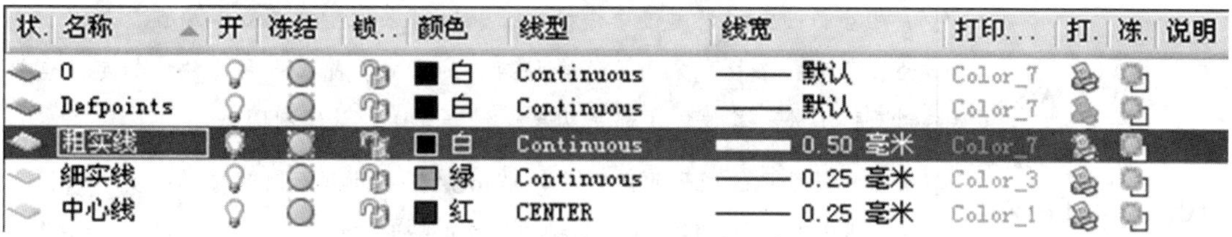

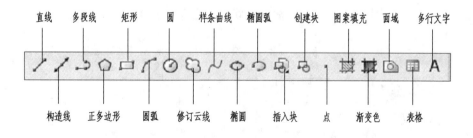

图 1-5-16　A4 图框的图层设置

二、常用工具栏

1."绘图"工具栏

任何图形都是由点、直线、圆等图形元素组成的。AutoCAD 中包含多种"绘图"命令，如图 1-5-17 所示。常见绘图命令功能详见表 1-5-2。

图 1-5-17　"绘图"工具栏

表 1-5-2　常用绘图命令功能

命　令	功　能
直线 ✏ （LINE 或 L）	使用该命令，可以创建一系列连续的直线段，每条线段都是可以单独进行编辑的对象。若需精确指定直线两端点的位置，用户可以使用坐标输入或指定相对距离数值输入，也可根据现有对象进行对象捕捉
正多边形 ⬠ （POLYGON 或 POL）	创建等边闭合的多段线，即正多边形。利用该命令可绘制边数 3～1024 的多边形。 　　方法 1：通过指定正多边形的中心点和外接圆的半径（从正多边形中心到各顶点的距离）或指定从正多边形中心到各边中点的距离（即内切圆的半径）来定义正多边形。 　　方法 2：通过指定第一条边的端点来定义正多边形。已知正多边形边长时用方法 2
矩形 ▭ （RECTANG 或 REC）	创建矩形。使用该命令可以指定矩形参数（如长度、宽度、旋转角度）并控制角的类型（圆角、倒角或直角）。生成矩形默认的方式是指定矩形的两个对角点
圆弧 ◜ （ARC 或 A）	可绘制圆弧，采用该命令绘制圆弧时可采用指定圆心、端点、起点、半径、角度、弦长和方向值等多种组合的形式。除第一种方法（指定三点绘制圆弧）外，其他方法都是从起点到端点逆时针绘制圆弧
圆 ◉ （CIRCLE 或 C）	圆是最常见的图形元素之一。AutoCAD 提供了六种画圆的方式。默认方法是指定圆心和半径。对于圆弧连接通常采用"相切、相切、半径"的方式
样条曲线 〰 （SPLINE 或 SPL）	经过指定点或指定点附近创建一条平滑的曲线。样条曲线常用于绘制波浪线
椭圆 ⬭ （ELLIPSE 或 EL）	创建椭圆或椭圆弧。椭圆的形状和大小由定义其长轴和短轴的三个点确定

2."修改"工具栏

"修改"工具栏如图 1-5-18 所示，常见"修改"命令功能详见表 1-5-3。

图 1-5-18　"修改"工具栏

表 1-5-3　常用修改命令功能

命　令	功　能
删除　（ERASE 或 E）	从图形中删除对象。对于临时被删除的对象可用 OOPS 或 UNDO 命令将其恢复
复制　（COPY 或 CO）	在指定方向上按指定距离复制对象。对象的大小和方向保持不变
镜像　（MIRROR 或 MI）	绕指定轴翻转对象创建对称的镜像图像
偏移　（OFFSET 或 O）	创建同心圆、平行线、平行曲线，适用于创建等距线
阵列　（ARRAY 或 AR）	可以在矩形或环形（圆形）阵列中创建对象的副本。对于矩形阵列，可以控制行和列的数目以及它们之间的距离。对于环形阵列，可以控制对象副本的数目并决定是否旋转副本。适用于创建多个定间距的对象，较复制更为快捷
移动　（MOVE 或 M）	在指定方向上按指定距离进行对象的移动。对象的大小和方向保持不变
旋转　（ROTATE 或 RO）	绕指定基点旋转图形中的对象。要确定旋转的角度，可输入角度值，使用光标进行拖动，或指定参考角度，便于与绝对角度对齐
缩放　（SCALE 或 SC）	放大或缩小选定对象，缩放后对象的比例保持不变。使用"拉长"可以更改对象的长度和圆弧的角度。使用"拉伸"命令可以拉伸与选择窗口或多边形交叉的对象
修剪　（TRIM 或 TR）	修剪对象以使其与其他对象的边相接。操作过程中，首先要选择剪切边，然后按 ENTER 键选择要修剪的对象
延伸　（EXTEND 或 EX）	使用该命令可以延伸对象，使其精确延伸至由其他对象定义的边界边，其操作方法与修剪命令相同
打断　（BREAK）	在两点之间打断选定对象。使用"合并"命令可以将相似的对象（共同的直线段、位于同一圆上的圆弧、首尾相连的多段线或样条曲线）合并为一个对象
倒角　（CHAMFER 或 CHA）	在两个对象（直线、多段线、射线、构造线、三维实体）之间创建倒角。操作时应先设置倒角距离，然后选择要添加倒角的对象，使用"多个"选项可以倒角多组对象而无须结束命令
圆角　（FILLET 或 F）	给对象加圆角。使用与对象相切并且具有指定半径的圆弧连接两个对象。操作时应先设置圆角半径，然后选择要添加圆角的对象。使用"多个"选项可以圆角多组对象而无须结束命令
分解　（EXPLODE）	可以将多段线、标注、图案填充或块参照等复合对象转变为单个元素

【任务实施】

一、作图方法与步骤

（1）在"图层"工具栏的下拉列表中选择"细实线"层，此图层就被置为当前层，如图 1-5-19 所示。

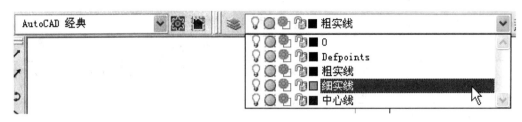

图 1-5-19　细实线层被置为当前层

（2）单击绘图工具栏上"矩形"命令 ▭（绘制图幅边框），命令行提示：

指定第一个角点或 [倒角（C）/标高（E）/圆角（F）/厚度（T）/宽度（W）]：

//在屏幕上单击一点

指定另一个角点或 [面积（A）/尺寸（D）/旋转（R）]：@210，297

//输入"@210，297"（输入矩形的长和宽），按回车键确定，命令行上的"@"表示相对坐标

在命令行输入"z"，按空格键，再输入"e"，按空格键，可使绘图区域中所有的图充满窗口显示。

（3）如图 1-5-19 所示相类似的方法，把粗实线层置为当前层。

（4）单击"绘图"工具栏上的"矩形"命令 ▭（绘制图框）。把鼠标放在标准工具栏上，右击，单击"对象捕捉"，调出"对象捕捉"工具栏，如图 1-5-20 所示。

图 1-5-20　对象捕捉工具栏

命令行提示：

"指定第一个角点或[倒角（C）/标高（E）/圆角（F）/厚度（T）/宽度（W）]："

//单击捕捉工具栏上"捕捉自"按钮 ▛

_from 基点：　　　　　　　　　　　//单击上面所绘矩形的左上角一点

<偏移>：@25，-5

//输入@25，-5，回车确定。图框左上角相对于图幅左上角的坐标

指定另一个角点或[面积（A）/尺寸（D）/旋转（R）]：@180，-287

//输入"@180，-287"，回车确定。图框右下角相对于图框左上角的坐标

图幅图框绘制完成，如图 1-5-21 所示。

（5）单击"绘图"工具栏上的"直线"命令 ✎，开启对象捕捉、极轴、对象追踪按钮（在状态栏上，单击此按钮，下沉为开启状态），当光标捕捉到图 1-5-22 中点 1 时，即点 1 处有方框出现时，竖直向上移动光标，进行追踪，如图 1-5-23 所示，在此状态下输入距离 32，回车确定，就绘出了直线的一个端点。竖直向左移动光标，进行追踪，如图 1-5-22 所示，输入距离 130，回车确定。竖直向下移动光标，进行追踪，捕捉到交点，如图 1-5-24 所示，单击鼠标左键，左手在键盘上按空格键或回车键确定。

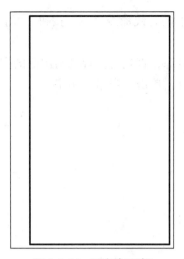

图 1-5-21　图幅与图框

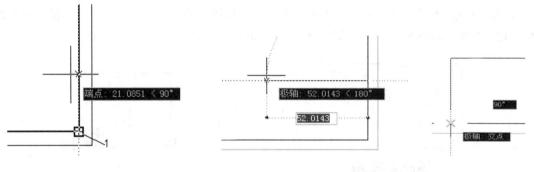

图 1-5-22　向上追踪　　　　　图 1-5-23　向左追踪　　　　　图 1-5-24　捕捉交点

（6）如图 1-5-19 所示相类似的方法，切换到细实线图层（绘制标题栏分隔线）。

（7）右键单击状态栏中的"对象捕捉"按钮→单击"设置"，出现如图 1-5-25 所示的"草图设置"→"对象捕捉"界面，把"中点"选上，单击"确定"按钮。

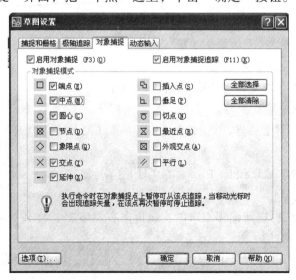

图 1-5-25　设置捕捉对象

（8）单击"绘图"工具栏上的直线命令"✓"按钮，捕捉标题栏左边线段的中点作为直线的起点，如图 1-5-26 所示。

（9）水平移动光标，进行追踪，直到与捕捉到与图框的交点，如图 1-5-27 所示，单击鼠标左键，绘制出直线的另一端点，单击"空格"确定。

图 1-5-26　捕捉中点　　　　　　　　　　　图 1-5-27　捕捉交点

（10）单击"绘图"工具栏上的直线命令"✓"按钮，从标题栏左下角开始追踪，输入距离为 12，如图 1-5-28 所示；向上追踪到交点，如图 1-5-29 所示，单击"空格"确定。

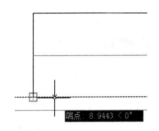
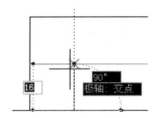

图 1-5-28　对象追踪（输入距离）　　　　　　图 1-5-29　对象追踪（捕捉交点）

（11）单击"修改"工具栏上的偏移命令"🏠"按钮（把图 1-5-29 中绘制的直线，向右偏移，作平行线）。

命令行提示：

指定偏移距离或[通过（T）/删除（E）/图层（L）]〈通过〉：28

//输入 28（偏移距离）回车确定

选择要偏移的对象，或 [退出（E）/放弃（U）]〈退出〉：

//选择图 1-5-29 中所绘直线

指定要偏移的那一侧上的点，或[退出（E）/多个（M）/放弃（U）]〈退出〉：

//单击直线右侧

选择要偏移的对象，或[退出（E）/放弃（U）]〈退出〉：

//ESC 退出，完成偏移

（12）用同样的方法再把新偏移出来的直线再向右偏移 25，绘出一条新的直线，结果如图 1-5-30 所示。

（13）单击"绘图"工具栏上的直线命令"✓"按钮，捕捉线段端点，单击鼠标左键，如图 1-5-31 所示。

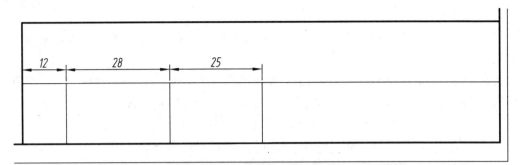

图 1-5-30　偏移复制后的直线

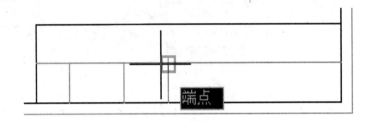

图 1-5-31　直线端点捕捉

（14）向上追踪到交点，单击鼠标左键，单击"空格"确定，如图 1-5-32 所示。

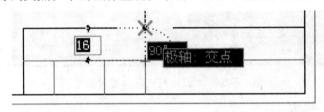

图 1-5-32　交点捕捉

（15）再用"修改"工具栏上的偏移命令"⬚"按钮，把刚绘制的线段向右偏移，绘制出新的线段。标题栏绘制结果如图 1-5-33 所示。

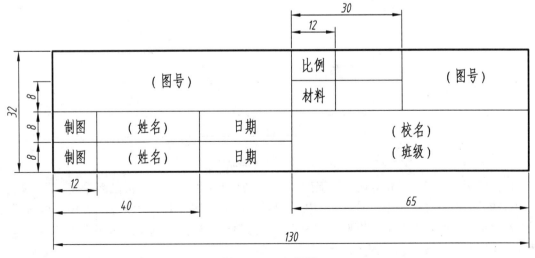

图 1-5-33　标题栏

（16）文字样式设置。

书写文字之前，需设置文字样式。需设置两种文字样式，分别用来书写汉字和数字。设置方法如下：

在"格式"菜单栏中选取"文字样式"菜单或单击"样式"工具栏中的 按钮，弹出"文字样式"对话框，在"SHX 字体（X）"下拉列表框中选择"gbenor.shx"（国标工程字），在"大字体（B）"下拉列表框中选择"gbcbig.shx"（简体中文字体），设置如图 1-5-34 所示，单击"应用"按钮，完成文字样式的设置，单击"关闭"按钮，退出对话框，完成文字样式的设置。

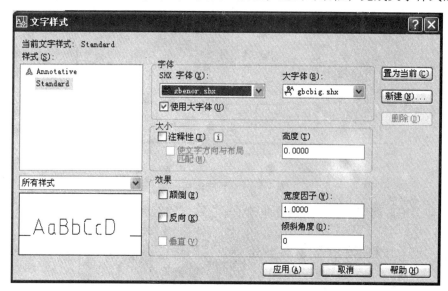

图 1-5-34 "文字样式"设置对话框

（17）向标题栏中添加文字。

① 文字样式设置好后，需要填充标题栏中的内容。单击绘图工具栏的"多行文字"图标 A，命令行提示指定第一个角点时，捕捉到如图 1-5-35 所示的端点，单击鼠标左键，为第一个角点。

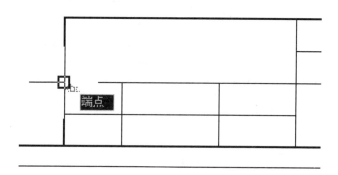

图 1-5-35 端点捕捉

命令行提示，指定对角点时，捕捉到如图 1-5-36 所示的中点，单击鼠标左键，为对角点。然后再选择"多行文字对正" A 为"正中"，如图 1-5-37 所示（填写的文字就在图 1-5-35 和图 1-5-36 指定的两个角点所形成矩形的正中间），看到光标移动至正中间，填写上文字后，单击确定，完成文字的输写，如图 1-5-38 所示。

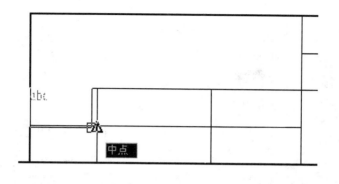

图 1-5-36　端点捕捉

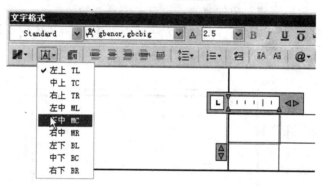

图 1-5-37　多行文字对正

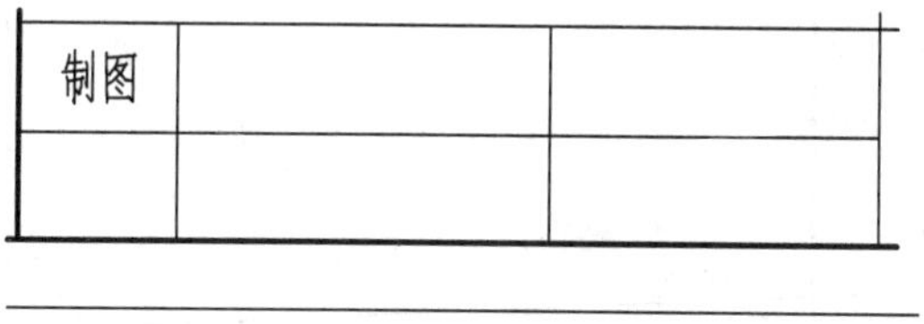

图 1-5-38　文字的填写

若此时发现字体大小不合适，可双击填写的文字，对它进行修改，如图 1-5-39 所示，选中所写的文字，改变字体大小为 5，单击"确定"，完成文字大小的修改。

图 1-5-39　字体大小修改

② 单击修改工具栏上的复制命令，命令行提示输入选择对象时，选择"制图"为复制对象，单击"空格"确定，指定如图 1-5-40 所示的点为复制的基点。

指定如图 1-5-41 所示的点为第二个点。

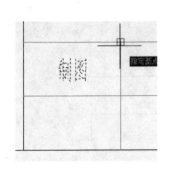
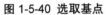

图 1-5-40 选取基点

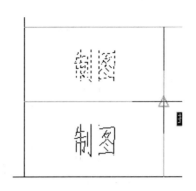

图 1-5-41　选取目标点

单击"空格"确定，完成对象的复制。再双击刚复制的"制图"，改为"审核"（"审核"的填写也可以用"多行文字"命令，但此种方法较为方便）。再依次填上其他文字，完成标题栏内容的填充，完成 A4 图框的绘制，如图 1-5-42 所示。

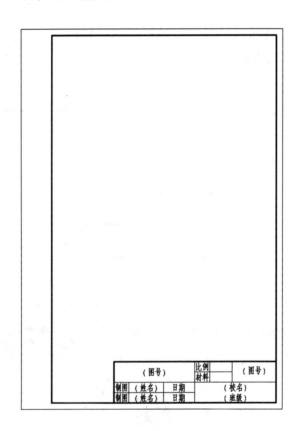

图 1-5-42　A4 图框

（18）标注样式的建立。

选择菜单"格式"→"标注样式"或样式工具栏上的标注样式命令，弹出标注样式管理器对话框，如图 1-5-43 所示。

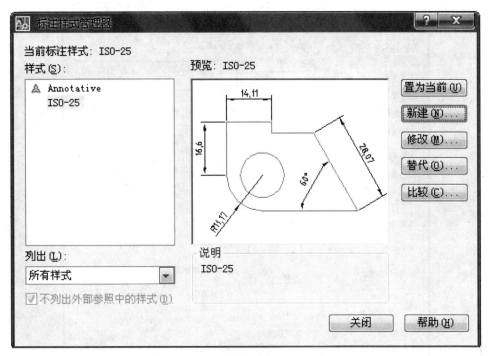

图 1-5-43   "标注样式管理器"对话框

单击"新建"按钮,弹出创建新标注样式对话框,如图 1-5-44 所示。

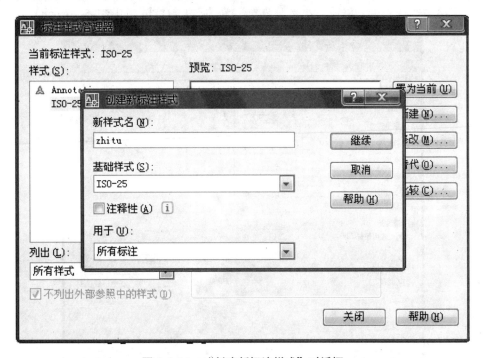

图 1-5-44   "创建新标注样式"对话框

单击"继续"按钮,对所定义的标注样式进行定义,在"文字"选项卡,将文字对齐方式修改为"ISO 标准",如图 1-5-45 所示。

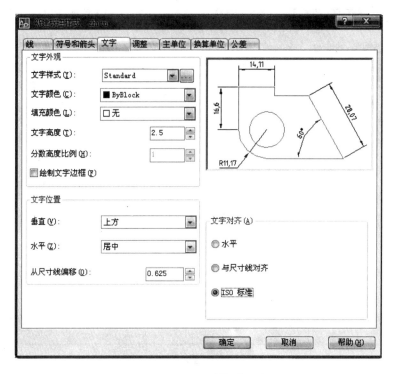

图 1-5-45　"文字"选项卡

在"主单位"选项卡，修改"小数分隔符"为"."（句点），如图 1-5-46 所示。

图 1-5-46　"主单位"选项卡

单击"确定"按钮，回到"标注样式管理器"对话框，多出了一个新的标注样式，如图 1-5-47 所示，"zhitu"为新建的标注样式。

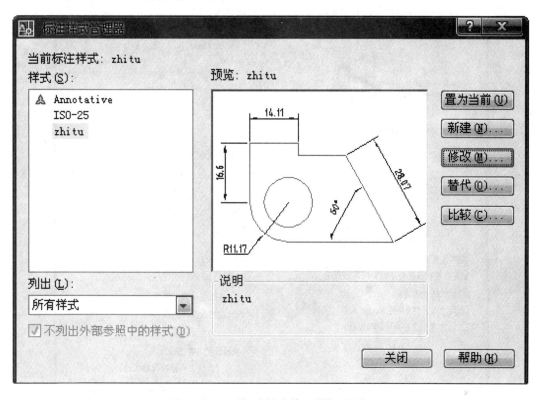

图 1-5-47 "标注样式管理器"对话框

选中新的标注样式"zhitu"，单击"新建"按钮，进行如图 1-5-48 所示的设置，设置为"用于"→"直径标注"。

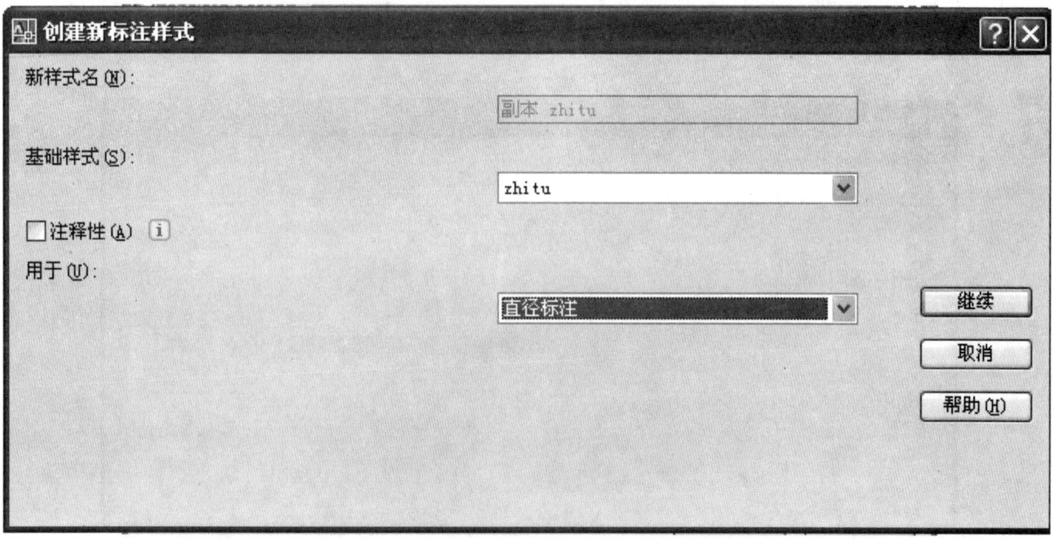

图 1-5-48 "创建新标注样式"对话框

单击"继续"按钮，选择"调整"选项卡，设置合适的直径标注样式，"调整"选项选中为"箭头"，如图 1-5-49 所示。

图 1-5-49 "调整"选项卡

单击"确定"按钮，回到"标注样式管理器"对话框，单击"新建"按钮，进行如图 1-5-50 所示的设置，设置为"用于"→"半径标注"。

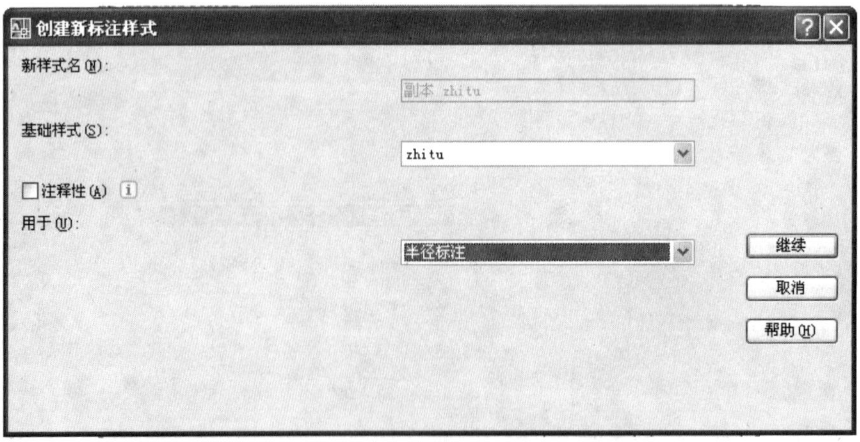

图 1-5-50 "创建新标注样式"对话框

单击"继续"按钮，选择"调整"选项卡，设置合适的半径标注样式，"调整"选项选中为"文字"，如图 1-5-51 所示。

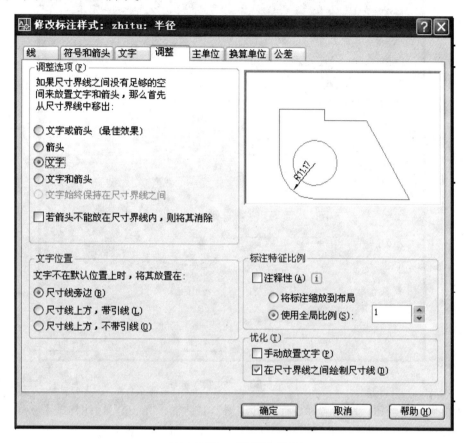

图 1-5-51　"调整"选项

单击"确定"按钮，回到"标注样式管理器"对话框，单击"新建"按钮，进行如图 1-5-52 所示的设置，设置为"用于"→"角度标注"。

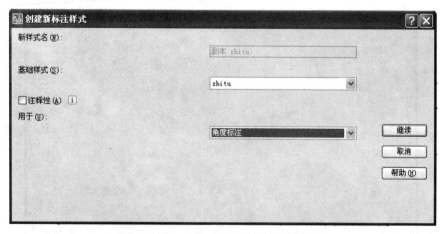

图 1-5-52　"创建新标注样式"对话框

单击"继续"按钮，选择"文字"选项卡，设置合适的角度标注样式。如图 1-5-53 所示，在文字位置区域，垂直属性设置为"外部"，文字对齐区域设置为"水平"。

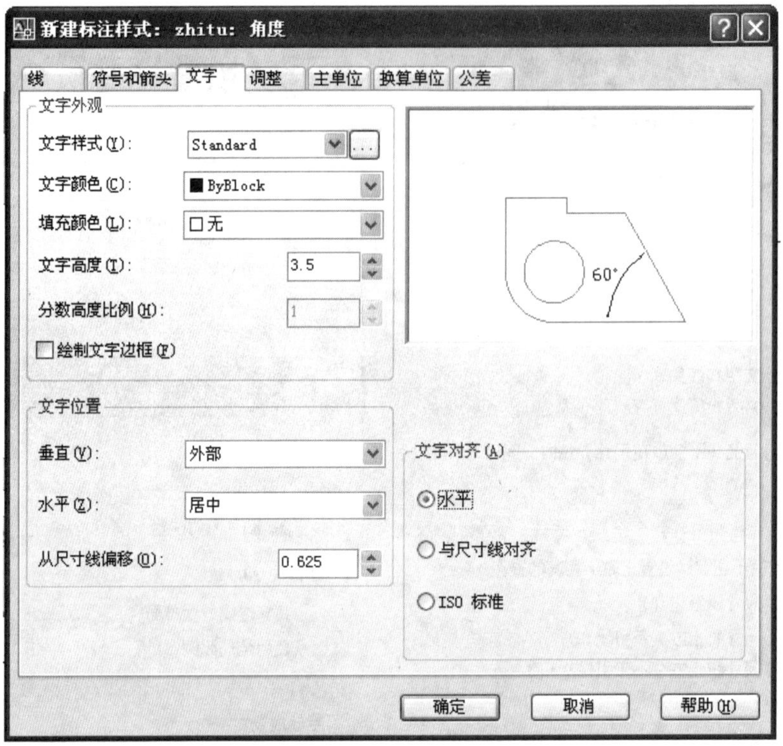

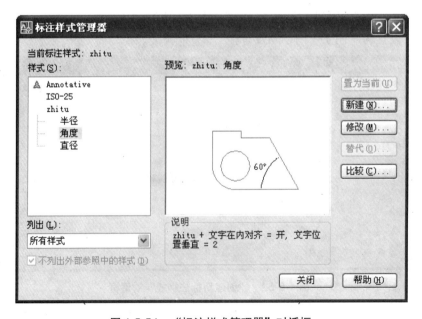

图 1-5-53　"文字"选项

单击"确定"按钮，回到"标注样式管理器"对话框，"zhitu"标注样式下多了三个子标注样式，如图 1-5-54 所示。单击"zhitu"，单击"置为当前"，使新建的标注样式为当前的标注样式。

图 1-5-54　"标注样式管理器"对话框

名为"A4图框"的文件保存在自己的硬盘上，以方便后面学习的使用。尺寸标注中各个选项卡的含义不再一一赘述，请读者自行学习。

任务六　用 AutoCAD 绘制平面图形

【任务描述】

绘制如图 1-6-1 所示的平面图形。

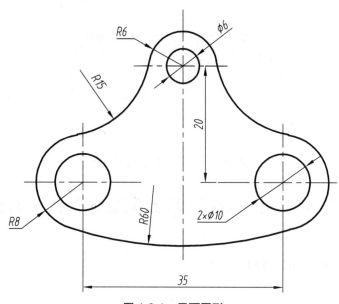

图 1-6-1　平面图形

【任务分析】

图 1-6-1 所示的平面图形由三组已知的同心圆和三段连接弧组成。绘图时应先画出基准线和已知线段，最后画连接线段。连接弧一般采用"相切、相切、半径"的方式画圆，然后剪去多余部分。

【任务实施】

绘图步骤如下：

（1）设置图层，选择"中心线"线层，单击"绘图"工具栏上的"直线"命令按钮 ✐，绘制位于图形中心偏上位置的中心线，如图 1-6-2（a）所示。

（2）单击"修改"工具栏上的"偏移"命令按钮 ⚏，将水平中心线向下偏移 20 mm，竖直中心线向左、右各偏移 17.5 mm，如图 1-6-2（a）所示。

（3）选择"粗实线"线层，单击"绘图"工具栏上的"圆"命令按钮 ⊘，捕捉中心线的交点为圆心，以"圆心、半径"方式绘制三组同心圆，如图 1-6-2（a）所示。

（4）单击"绘图"工具栏上的"圆"命令按钮 ⊘，以"相切、相切、半径"方式绘制已知圆的相切圆，如图 1-6-2（b）所示。或单击"修改"工具栏上的"圆角"命令按钮 ⌐，以半径方式绘制圆角，如图 1-6-2（c）所示，以下按照该方式继续绘制平面图形。

（5）单击"修改"工具栏上的"镜像"命令按钮 ⚎，将步骤（4）绘制的圆弧以平面图形对称中心线为镜像线进行镜像，如图 1-6-2（c）所示。

（6）单击"绘图"工具栏上的"圆"命令按钮 ◎，以"相切、相切、半径"方式绘制已知圆的相切圆，并单击"修改"工具栏上的"修剪"命令按钮 ⊬，选择 *R8* 圆弧所在的两圆为剪切边对圆进行修剪，如图 1-6-2（c）所示。

（7）单击"修改"工具栏上的"修剪"命令按钮⊬，选择三段连接弧为剪切边，修剪 3个已知圆，并对中心线进行修剪，完成作图，如图 1-6-2（d）所示。

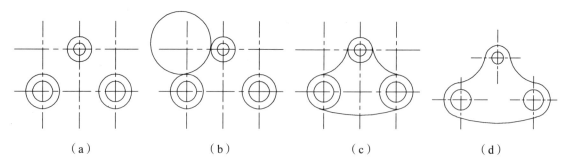

（a） （b） （c） （d）

图 1-6-2 平面图形的绘图步骤

任务七 用 Auto CAD 绘制切割体的三视图

【任务描述】

绘制如图 1-7-1 所示切割体的三视图。

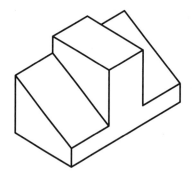

图 1-7-1 切割体的轴测图

【任务分析】

图 1-7-1 所示为一切割体的轴测图，分析知该切割体由一长方体经两次切割形成。绘图时应先绘制出完整基本体，再根据切割特征绘制剩余部分，完成作图（相关尺寸从轴测图上量取）。

【任务实施】

绘图步骤如下：

（1）设置图层，选择"中心线"线层，单击"绘图"工具栏上的"直线"命令按钮 ，绘制主视图、俯视图及左视图中心线，如图 1-7-2（a）所示。

（2）选择"粗实线"线层，单击"绘图"工具栏上的"直线"命令按钮 ，根据三视图的投影规律，绘制出长方体的三视图，如图 1-7-2（a）所示。

（3）单击"绘图"工具栏上的"直线"命令按钮 ✎，根据左侧切割特征进行绘制，之后单击"修改"工具栏上的"修剪"命令按钮 ⊬，修剪多余部分，如图 1-7-2（b）所示。

（4）单击"绘图"工具栏上的"直线"命令按钮 ✎，与主视图长对正绘制俯视图中左侧切割特征，如图 1-7-2（b）所示。

（5）单击"修改"工具栏上的"镜像"命令按钮 ⚠，将步骤（3）和步骤（4）绘制的图形以对称中心线为镜像线进行镜像，并进行修剪，如图 1-7-2（c）所示。

（6）单击"绘图"工具栏上的"直线"命令按钮 ✎，根据主视图与左视图高平齐的投影规律绘制左视图中的切割特征，完成作图，如图 1-7-2（c）所示。

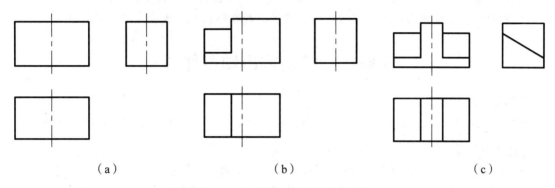

(a)　　　　　　　　　　(b)　　　　　　　　　　(c)

图 1-7-2　切割体三视图的绘图步骤

模块二 轴套类零件图的绘制与识读

【学习目标】

了解轴套类零件的结构特征；熟练掌握轴套类零件的视图表达方法；熟悉轴套类零件上常见结构的绘制、键槽的画法；掌握轴套类零件的尺寸标注及技术要求的标注方法。

任务一 绘制输出轴零件图

【任务描述】

读如图 2-1-1 所示输出轴零件图，看懂其结构形状、尺寸大小，能够抄画该零件图。

【任务分析】

要看懂图 2-1-1 所示输出轴的零件图，首先，要了解该零件在机器或部件中所起的作用，其次，要熟悉轴套类零件的结构特征、视图表达方法、尺寸标注及其工艺结构等相关知识。

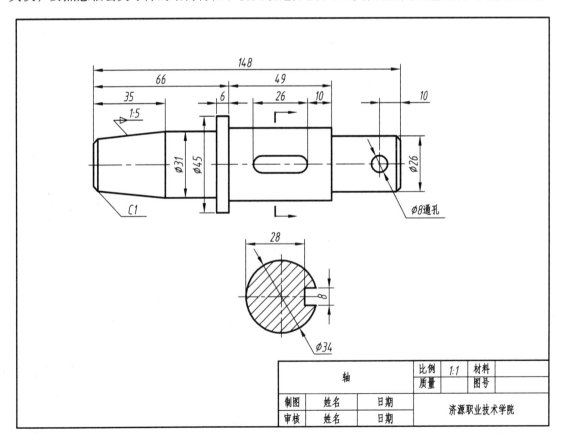

图 2-1-1 输出轴零件图

【相关知识】

一、轴套类零件的结构特点

机械零件根据其在机器中的用途、形状特征和加工方法，大体可以分为轴套类、盘盖类、叉架类、箱体类四大类。

轴套类零件结构形状通常比较简单，一般由大小不同的同轴回转体（如圆柱、圆锥）组成，具有轴向尺寸大于径向尺寸的特点。轴套类零件上常有键槽、销孔、退刀槽、砂轮越程槽、倒角、倒圆等结构。

轴主要用来支承传动零件（如带轮、齿轮等）和传递动力，套一般是装在轴上或机体孔中，用于定位、支承、导向或保护传动零件。常见的轴套类零件如图 2-1-2 所示。

图 2-1-2　常见轴套类零件

二、轴套类零件的视图选择

1. 主视图

轴套类零件主要在车床上加工，一般按加工位置将轴线水平安放来画主视图。这样既符合投射方向的形体特征性原则，也基本符合其加工位置原则。

2. 其他视图

（1）由于轴套类零件的主要结构形状是同轴回转体，在主视图上注出相应的直径符号"ϕ"即可表示清楚形体特征，故一般不必再选其他基本视图（结构复杂的轴除外）。

（2）如基本视图有尚未表达完整清楚的局部结构形状（如键槽、退刀槽、孔等），可另用断面图、局部视图和局部放大图等补充表达，这样，既清晰又便于标注尺寸。

三、断面图

在对输出轴进行视图表达的时候，根据轴类零件的结构特点，安排轴线水平放置作为主视图，但是在对键槽进行表达的时候，如果用左视图或右视图来表达，就有非常多的虚线出现，这给读图、标注尺寸造成非常大的困难，为了解决这一问题，引出一个断面图的概念。

1. 断面图的概念

假想用剖切平面将机件在某处切断，只画出切断面形状的投影并画上规定的剖面符号的图形，称为断面图，简称为断面，如图 2-1-3 所示。断面图适用于表达零件某部分的断面形状，例如，零件上的肋板、键槽及各种型材的断面形状等。

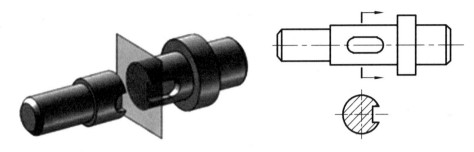

图 2-1-3 断面图的形成

2. 断面图分类

（1）移出断面图。

移出断面图是画在视图外的断面图，其轮廓线用粗实线绘制，如图 2-1-4 所示。移出断面图用粗短画表示剖切位置，箭头表示投射方向，拉丁字母表示移出断面图名称，断面图的剖面线应与表示同一机件的剖视图上的剖面线方向、间隔相一致。

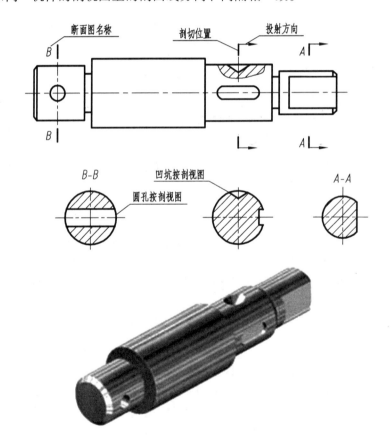

图 2-1-4 移出断面图

① 移出断面图的注意事项。

当剖切平面通过由回转面形成的孔或凹坑等结构的轴线时，这些结构应按剖视图画出，如图 2-1-5 所示。

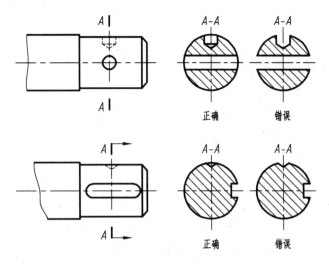

图 2-1-5　移出断面图的画法（一）

当剖切平面通过非圆孔，导致出现完全分离的断面时，则这些结构也应按剖视图画出，如图 2-1-6 所示。

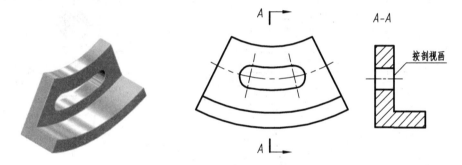

图 2-1-6　移出断面图的画法（二）

当移出断面图的图形对称时，也可画在视图的中断处，此时视图要用波浪线（或双折线）断开，如图 2-1-7 所示。

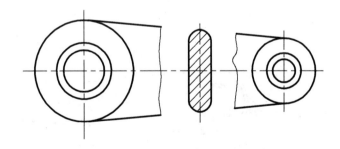

图 2-1-7　配置在视图中断处的移出断面图

绘制由两个或多个相交的剖切平面剖切机件所得的移出断面图时，图形的中间应断开，如图 2-1-8 所示。

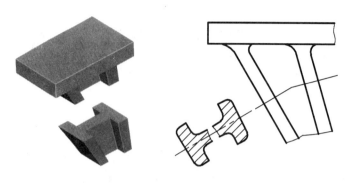

图 2-1-8　移出断面图的画法（三）

② 移出断面的配置与标注见表 2-1-1。

表 2-1-1　移出断面图的标注

断面形状	对称的移出断面	不对称的移出断面	
配置在剖切线或剖切符号延长线上	省略标注	省略字母	
不配置在剖切符号延长线上	省略箭头	按投影关系配置	省略箭头
		不按投影关系配置	需完整标注剖切符号和字母
配置在视图中断处的对称移出断面	省略标注		

（2）重合断面图。

剖切后将断面图形重叠画在视图轮廓线之内的断面图称为重合断面图。

重合断面图的轮廓线用细实线画出。当视图中轮廓线与重合断面图的图形重叠时，视图

116

中的轮廓线仍应连续画出，不可间断，如图 2-1-9（a）所示。对称的重合断面图不必标注，如图 2-1-9（b）所示；不对称的重合断面图需注出剖切符号和表示投射方向的箭头，如图 2-1-10（b）所示，在不致引起误解时可省略标注，如图 2-1-10（c）所示。

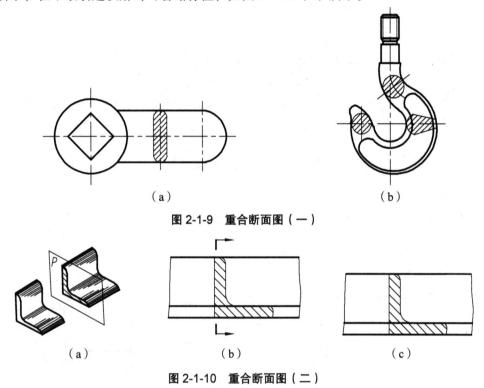

图 2-1-9　重合断面图（一）

（a）　　　　　　　　（b）　　　　　　　　（c）

图 2-1-10　重合断面图（二）

四、轴的结构工艺性

轴上常见的工艺结构有中心孔、倒角、倒圆、螺纹退刀槽、砂轮越程槽等。

1. 中心孔

中心孔（见表 2-1-2）是轴类工件加工时使用顶尖安装的定位基准面，通常作为工艺基准。零件加工中相关工序全部用中心孔定位安装，以达到基准统一，保证各个加工面之间的位置精度（如同轴度）。

表 2-1-2　中心孔的规定表示法

要　　求	表示法示例	说　　明
在完工的零件上要求保留中心孔	GB/T 4459.5-B2.5/8	采用 B 型中心孔 D=2.5 mm，D_1=8 mm
在完工的零件上可以保留中心孔	GB/T 4459.5-A4/8.5	采用 A 型中心孔 D=4 mm，D_1=8.5 mm
在完工的零件上不允许保留中心孔	GB/T 4459.5-A1.6/3.35	采用 A 型中心孔 D=1.6 mm，D_1=3.35 mm

2. 倒　角

轴和孔的端部等处应加工倒角，以去除切削零件时产生的毛刺、锐边，使操作安全，保护装配面便于装配，如图 2-1-11 所示。

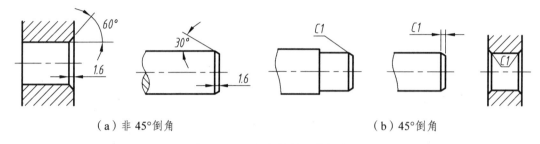

（a）非 45°倒角　　　　　　　　　　　　　（b）45°倒角

图 2-1-11　倒角结构及其标注

3. 倒　圆

在零件的台肩等转折处应加工倒圆(圆角)，以避免由于应力集中而产生裂纹，如图 2-1-12 所示。

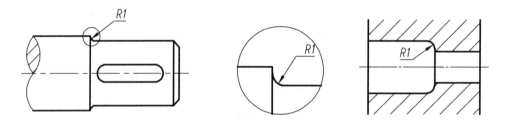

图 2-1-12　倒圆结构及其标注

4. 螺纹退刀槽和砂轮越程槽

在车削螺纹和磨削轴表面时，为便于退出刀具或使砂轮可以越过加工面，常在待加工面的末端预先制出退刀槽或砂轮越程槽，如图 2-1-13 所示。

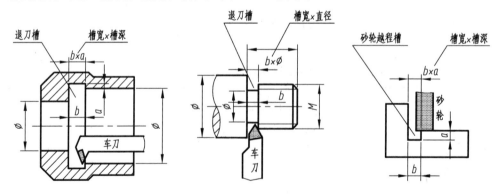

图 2-1-13　螺纹退刀槽和砂轮越程槽

螺纹退刀槽和砂轮越程槽的标注如图 2-1-13、2-1-14 所示，一般按"槽宽×槽深"或"槽宽×直径"的形式标注。

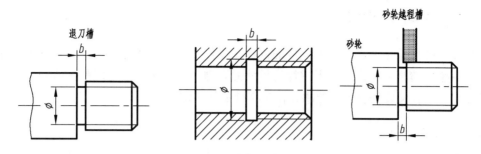

图 2-1-14　螺纹退刀槽和砂轮越程槽的标注

五、锥 度

锥度是指正圆锥体的底圆直径与其高度之比（对于圆台，则为底圆与顶圆直径差与其高度之比），并将此值化为 1∶n 的形式。标注锥度时，需在 1∶n 前加注锥度符号，如图 2-1-15 所示，符号的方向应与图形中大、小端方向一致，并对称地配置在基准线上，即基准线应从锥度符号中间穿过。

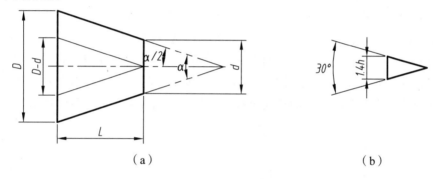

（a）　　　　　　　　　　　　　　　　（b）

图 2-1-15　锥度定义及符号

锥度的标注和作图方法如图 2-1-16 所示。其中图 2-1-16（b）所示为锥度 1∶5 的作法，具体如下：

（1）先作 AB＝5 个单位长，CD＝1 个单位长，$CA＝AD$＝0.5 个单位长；

（2）连接 C、B 和 D、B，即为 1∶5 的锥度线；

（3）过点 E、F 作 EG∥CB、FH∥DB，即为所求。

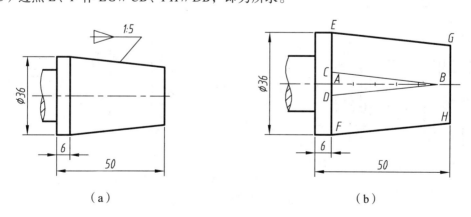

（a）　　　　　　　　　　　　　　　　（b）

图 2-1-16　锥度的标注和作图方法

六、轴套类零件的尺寸分析

零件图中的尺寸是加工和检验零件的依据。零件图中的尺寸标注，除了要做到前面所讲的正确、完整、清晰外，还必须考虑标注尺寸的合理性。标注尺寸合理是指所注尺寸既要满足设计使用要求，又要符合工艺要求，便于零件的加工测量。

1. 合理选择尺寸基准

零件图尺寸标注既要保证设计要求又要满足工艺要求，首先应当合理选择尺寸基准。所谓尺寸基准，就是指零件装配到机器上或在加工测量时，用以确定其位置的一些面、线或点。它可以是零件上对称平面、安装底平面、端面、零件的接合面、主要孔和轴的轴线等。

要合理标注尺寸，必须恰当地选择尺寸基准，即尺寸基准的选择应符合零件的设计要求并便于加工和测量。零件的底面、端面、对称面、主要的轴线、中心线等都可以作为基准。

根据基准作用的不同，一般将基准分为设计基准和工艺基准两类。

（1）设计基准和工艺基准。

根据机器的结构和设计要求，用以确定零件在机器中位置的一些面、线、点，称为设计基准。根据零件加工制造、测量和检验等工艺要求所选定的一些面、线、点，称为工艺基准。

如图 2-1-17（a）所示齿轮轴在箱体中的安装情况，确定轴向位置依据的是端面 A，确定径向位置依据的是轴线 B，所以设计基准是端面 A 和轴线 B。在加工齿轮轴时，大部分工序是采用中心孔定位，中心孔所体现的直线与机床主轴回转轴线重合，也是圆柱面的轴线，所以轴线 B 又为工艺基准。

（2）主要基准和辅助基准。

主要基准：每个零件都有长、宽、高三个方向的尺寸，每个方向至少有一个尺寸基准，且都有一个主要基准，即决定零件主要尺寸的基准，如图 2-1-17（b）所示。

辅助基准：为了便于加工和测量，通常还附加一些尺寸基准，这些除主要基准外另选的基准为辅助基准。辅助基准必须有尺寸与主要基准相联系。如图 2-1-17（b）所示的尺寸 30 和 90 都是联系尺寸。

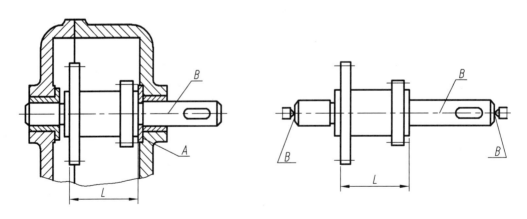

（a）设计基准与工艺基准

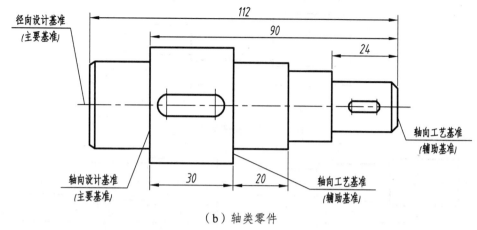

（b）轴类零件

图 2-1-17　零件的尺寸基准

2. 直接标注出重要尺寸

重要尺寸是指直接影响零件在机器中的工作性能和位置关系的尺寸，如零件之间的配合尺寸、重要的安装定位尺寸等。这类尺寸应从设计基准直接注出，可避免加工误差的积累，保证尺寸精度以满足装配要求。如图 2-1-18 中的尺寸 a 和 l 为重要尺寸，应从主要基准直接注出，以保证精度要求。

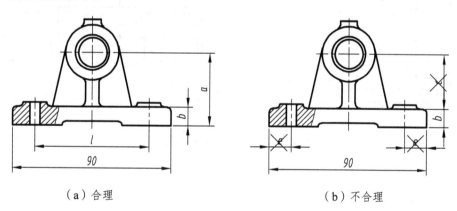

（a）合理　　　　　　　　　　　　　（b）不合理

图 2-1-18　重要尺寸从设计基准直接注出

3. 避免出现封闭的尺寸链

封闭的尺寸链是指尺寸线首尾相接，绕成一圈的一组尺寸。如图 2-1-19 所示阶梯轴的长度尺寸，若注成 2-1-19 所示的封闭尺寸链，保证了各段尺寸的精度，便不能保证总长的尺寸精度。因此，在标注零件尺寸时，可选择一段不重要的尺寸（如 C）空出来不注，如图 2-1-20（a）所示。这样，其他各段加工的误差都积累至这个不要求检验的尺寸上，而全长及主要轴段的尺寸则因此得到保证。如需标注开口环的尺寸时，可将其注成参考尺寸，如图 2-1-20（b）所示。

4. 符合加工顺序且便于测量

（1）考虑加工看图方便。不同加工方法所用尺寸分开标注，便于看图加工，如图 2-1-21 所示，是把车削与铣削所需要的尺寸分开标注。

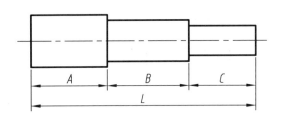

图 2-1-19　封闭的尺寸链

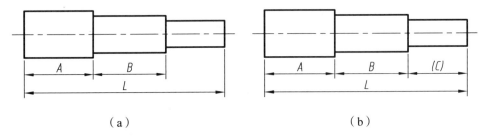

（a）　　　　　　　　　　（b）

图 2-1-20　开口环的确定

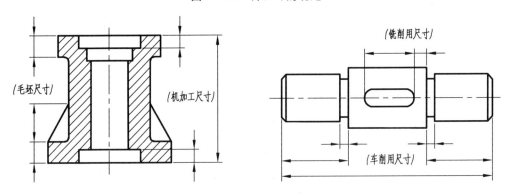

图 2-1-21　按加工方法标注尺寸

（2）考虑测量方便。尺寸标注有多种方案，但要注意所注尺寸是否便于测量，如图 2-1-22 所示的结构，两种不同标注方案中，不便于测量的标注方案是不合理的。

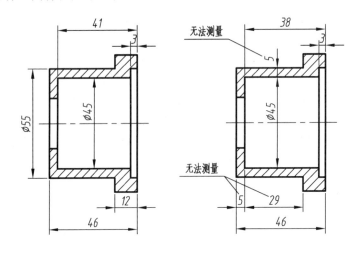

图 2-1-22　考虑尺寸测量方便

5. 零件上常见孔的尺寸注法

光孔、锪孔、沉孔和螺孔是零件图上常见的结构，它们的尺寸标注分为普通注法和旁注法，如表 2-1-3 所示。

表 2-1-3　零件上常见孔的尺寸注法

结构类型		简化注法	一般注法
螺孔	通孔	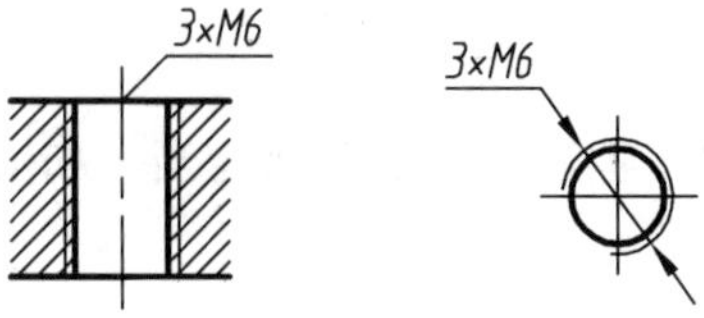 3×M6　　3×M6	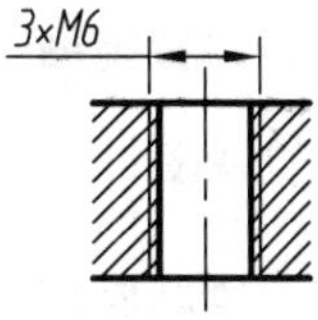 3×M6
	不通孔	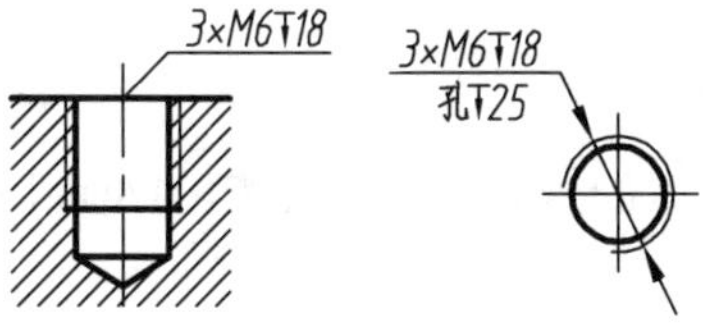 3×M6▼18　　3×M6▼18 孔▼25	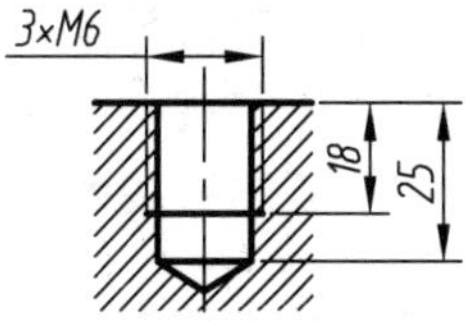 3×M6　18　25
光孔	圆柱孔	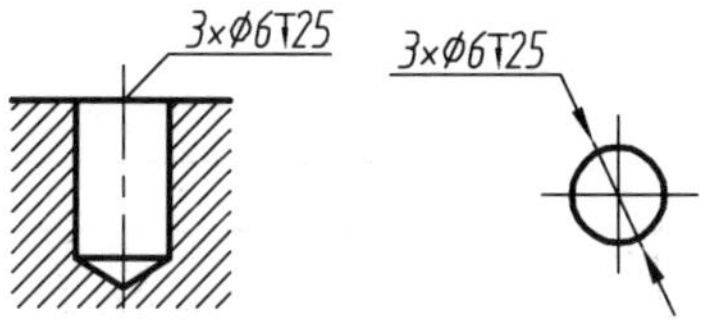 3×Ø6▼25　　3×Ø6▼25	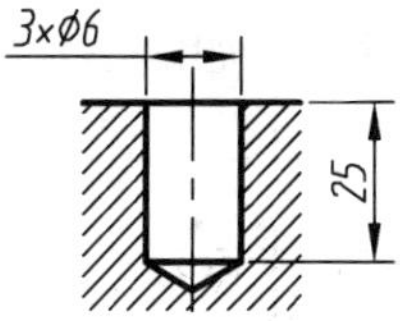 3×Ø6　25
	锥销孔	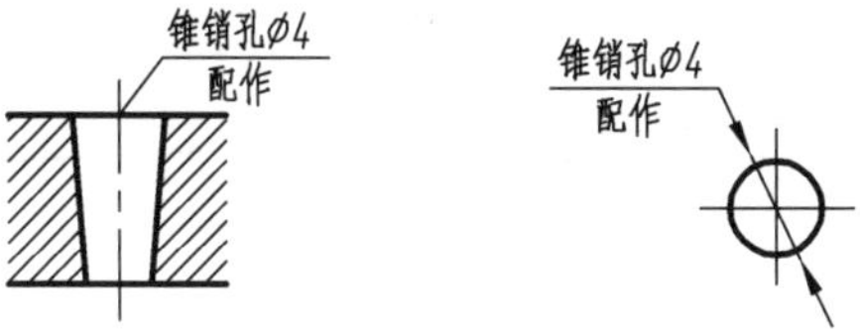 锥销孔Ø4 配作　　锥销孔Ø4 配作	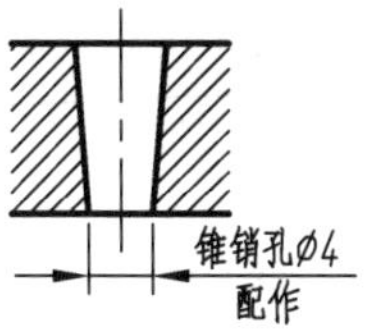 锥销孔Ø4 配作
沉孔	锥形沉孔	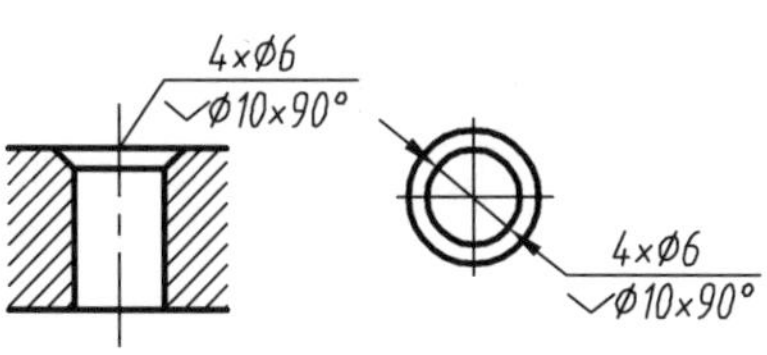 4×Ø6 ⌄Ø10×90°　　4×Ø6 ⌄Ø10×90°	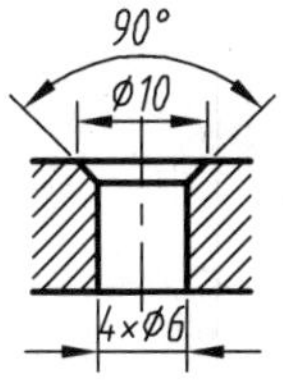 90° Ø10　4×Ø6
	柱形沉孔	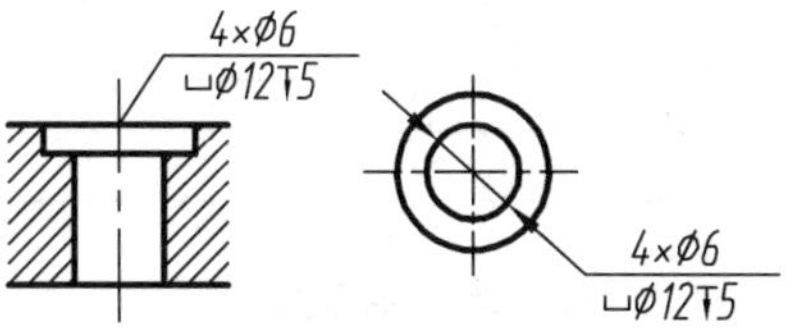 4×Ø6 ⊔Ø12▼5　　4×Ø6 ⊔Ø12▼5	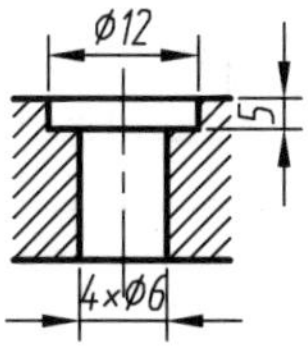 Ø12　5　4×Ø6

123

【任务实施】

一、选比例、定幅面

比例的选择直接影响到图纸的大小，根据图 2-1-1 所示轴零件的大小和复杂程度，选用 1 : 1 比例进行绘制。按所选的比例，估计两个视图所占空间面积，并在视图之间留出标注尺寸空间及画标题栏位置，确定选择 A4 标准图幅，并且图纸横放。

二、布置视图

布置视图，力求各视图布局均匀，各视图间隔距离恰当，如图 2-1-23 所示。

三、绘制底稿

画底稿时，应该使用 2H 的铅笔轻轻画出，具体作图步骤如图 2-1-24 所示。

（1）绘制阶梯轴，如图 2-1-24 所示；

（2）绘制键槽和孔；

（3）绘制键槽的断面图，选择合适的位置，绘制键槽的断面图，表达键槽的深度。

四、检查描深

纠正错误、补充遗漏、擦去多余的线段；按标准图线描深；标注尺寸等，填写技术要求和标题栏，如图 2-1-25 所示。

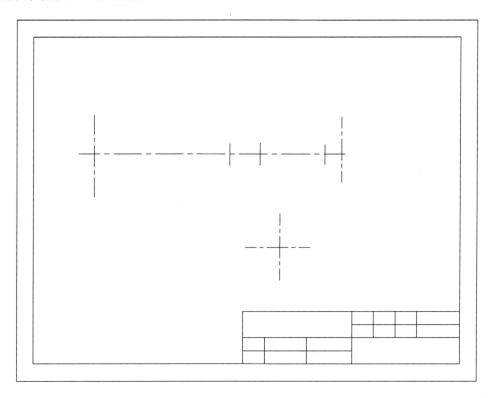

图 2-1-23　确定基准线

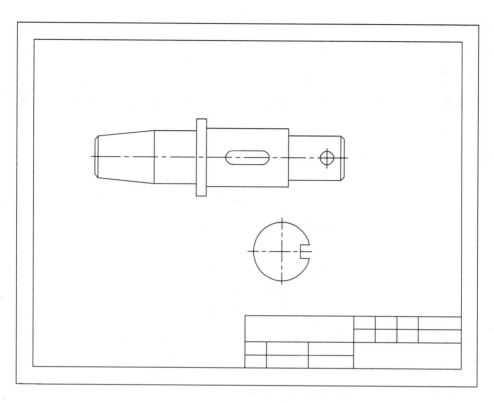

图 2-1-24　画底稿

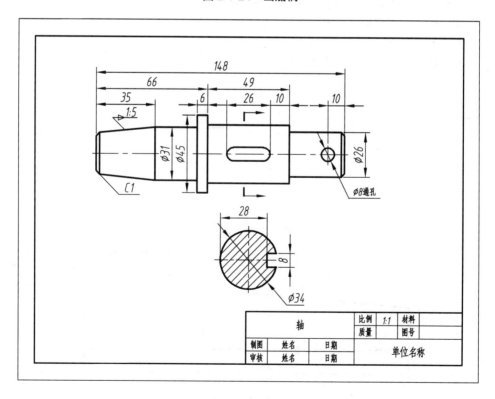

图 2-1-25　最后完工

【知识拓展】

斜度的画法如下:

1. 概　念

斜度是指一直线(或平面)对另一直线(或平面)的倾斜程度。它的特点是单向分布。

2. 计　算

斜度:高度差与长度之比,斜度 = H/L = 1:n,如图 2-1-26 所示。

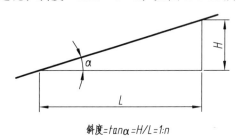

$$斜度 = tan\alpha = H/L = 1:n$$

图 2-1-26　斜度计算公式

注意:计算时,均把比例前项化为 1,在图中以 1:n 的形式标注。

3. 画　法

以图 2-1-27 为例讲解,具体作图过程如图 2-1-28 所示。

(1)根据图中的尺寸,画出已知的直线部分;

(2)先作 AB=12 个单位长,BC=1 个单位长;

(3)连接 A、C,即为 1:12 的斜度线;

(4)过点 D 作 DE∥AC,即为所求。

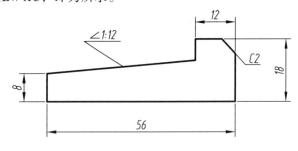

图 2-1-27　楔键

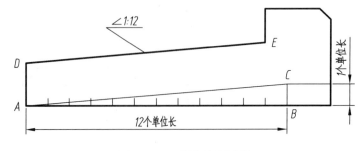

图 2-1-28　斜度绘图过程

任务二　识读减速器从动轴零件图

【任务描述】

识读图 2-2-1 所示减速器从动轴零件图，看懂其结构形状、尺寸大小及技术要求标注等。

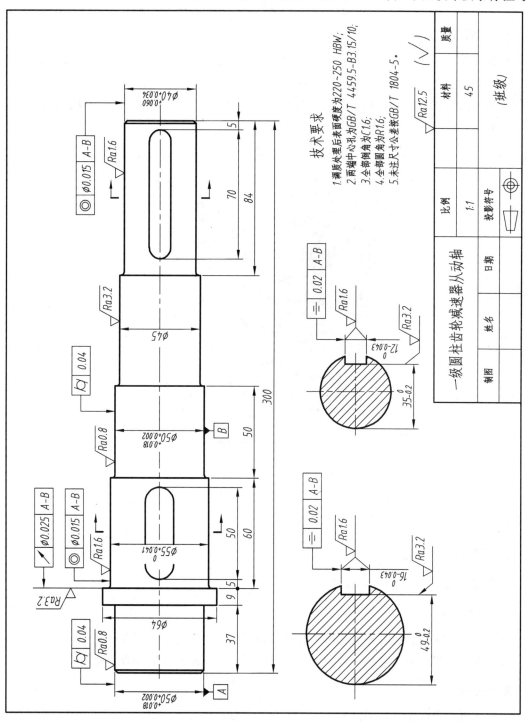

图 2-2-1　一级圆柱齿轮减速器从动轴零件图

【任务分析】

要想读懂该零件图，除结合前面所学的知识外，还应该了解识读零件图的步骤及零件图的技术要求等相关知识。

【相关知识】

一、零件图的作用

任何一台设备或部件都是由多个零件按照一定的装配关系和技术要求装配而成的。如图2-2-2 所示的齿轮泵是用于供油系统中的一个部件，它是由一般零件（泵体、泵盖等）、传动零件（主动齿轮轴、从动齿轮轴）和标准件（螺钉、螺母、垫圈等）装配起来的。制造机器或部件必须先依照零件图制造零件。

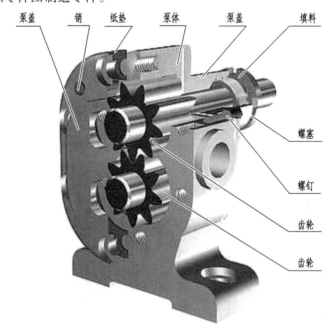

图 2-2-2　齿轮泵轴测装配图

表达单个零件的结构形状、尺寸大小、技术要求的图样称为零件图。它是生产过程中制造零件和检验零件质量的依据，是重要的技术文件。

二、零件图的内容

一张完整的零件图包括以下内容：

1. 一组视图

（1）作用：完整、清晰地表达出零件的结构形状，还要易于读图和画图。

（2）表达方式：零件结构不同，表达方式就不同，视图的种类和数量也不同。

2. 完整的尺寸

（1）作用：表达零件各部分形状的大小及其相对位置关系。

（2）标注要求：尺寸标注要做到完整、正确、清晰、合理。一般直接标注在图形中。

3. 技术要求

（1）作用：表示零件在制造、检验、使用时应达到的要求。

（2）内容：尺寸公差、形位公差、表面粗糙度、热处理等。

（3）标注要求：一是标注在图形相应位置上；二是写在标题栏的上方或左下方空白处。

4. 标题栏

（1）作用：初步了解零件的用途、加工方法、大小及在产品装配图中的位置，以及设计零件的责任人、所在单位、设计时间等，以便管理。

（2）格式：国家标准规定的标题栏和学校学生用的标题栏两种。

三、读零件图的步骤

1. 读图的要求

读零件图的要求是了解零件的名称、所用材料和它在机器或部件中的作用，并通过分析视图、尺寸和技术要求，想象出零件各组成部分的结构形状及相对位置。从而在头脑中建立起一个完整的、具体的零件形象，并对其复杂程度、要求高低和制作方法做到心中有数，以便设计加工。

2. 读图的方法和步骤

（1）读图的方法。

读零件图的基本方法仍然是以形体分析为主，线面分析为辅。

零件图一般视图数量较多，尺寸及各种代号繁杂，但是对每一个基本形体来说，仍然是只要用2~3个视图就可以确定它的形状。看图时，只要在视图中找出基本形体的形状特征或位置特征明显之处，并从它入手，用"三等"规律在另外视图中找出其对应投影，就可较快地将每个基本形体"分离"出来，这样就可将一个比较复杂的问题分解成几个简单的问题了。

（2）读图的步骤。

① 读标题栏，对零件、图纸设计者有初步认识和了解。

名称：可以大致判断零件属于哪一类型，粗略估计其结构形状。

材料：了解零件的加工特点，粗略估计其工艺结构和形体交线的特点。

比例：结合图形，粗略估计零件的实际大小。

② 读视图，分析零件结构。

粗读视图：首先了解视图的配置，弄清视图的种类及之间的投影对应关系。

精读视图：重点研究主视图，结合其他视图，找出对应的投影关系，从而确定几何形体的空间形状和相互位置。

③ 分析尺寸和技术要求。

把定形尺寸和定位尺寸找出来，结合尺寸和技术要求，明确零件的大小及其配合关系。

技术要求是为了保证产品的使用性能和加工的经济性，同时具有一定的互换性，例如，图 2-2-1 中的 $\sqrt{Ra\ 0.8}$ 为粗糙度符号，$\phi50^{+0.018}_{+0.002}$ 为公差标注，◎ ⌀0.015 A-B 表示与其他零件的配合关系。

④ 综合起来想零件形状。

归纳以上分析，想象出零件的形状。

四、零件图的技术要求

零件图的技术要求，就是对零件的尺寸精度、零件表面状况等品质的要求。它直接影响零件的质量，是零件图的重要内容之一。技术要求主要包括表面结构要求、尺寸公差与配合、几何公差、热处理和表面处理等内容。在零件图上，可用代号、数字、文字标注出制造和检验时零件在技术指标上应达到的要求。

1. 表面结构的表示法

（1）表面结构的概念。

在机械图样上，为保证零件装配后的使用要求，除了对零件各部分结构的尺寸、形状和位置给出公差要求，还要根据功能需要对零件的表面质量——表面结构给出要求。机械零件的破坏，一般总是从表面层开始的，可见零件表面质量的重要性。

表面结构是表面粗糙度、表面缺陷、表面几何体形状的总称。这里主要介绍表面结构表示法中涉及的主要轮廓参数——表面粗糙度。

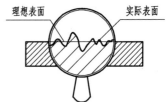

表面粗糙度是指零件经过加工后，在零件表面上产生的微小间距和微小峰谷组成的微观几何形状特征，如图 2-2-3 所示。这主要是由于加工过程中刀具和零件表面的摩擦、切屑分离时工件表面金属的塑性变形，以及加工系统的高频振动或锻压、冲压、铸造等系统本身的粗糙度影响造成的。表面粗糙度与加工方法等因素有关，

图 2-2-3　表面粗糙度示意图

零件表面的功用不同，所要求的表面粗糙度参数值也不一样。一般情况下，零件上与其他零件有配合要求或有相对运动的表面时，表面较光滑，粗糙度参数值较小。

表面粗糙度是评定零件表面质量的一项重要技术指标，对零件的配合、耐磨性、抗腐蚀性以及密封性等有显著影响。对表面结构有要求时，应在零件图上标注表面结构代号，用以说明该零件表面完工后需达到的表面要求。表面粗糙度参数有两种：轮廓算术平均偏差 Ra 和轮廓最大高度 Rz。目前，一般机械设计中主要采用轮廓算术平均偏差 Ra。

轮廓算术平均偏差 Ra：如图 2-2-4 所示，Ra 是在一个取样长度内纵坐标值 $Z(x)$ 绝对值的算术平均值。

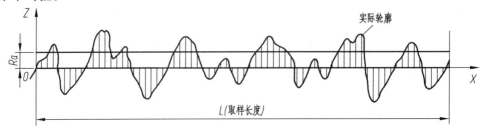

图 2-2-4　轮廓算术平均偏差 Ra

轮廓最大高度 Rz：如图 2-2-5 所示，Rz 是在一个取样长度内，最大轮廓峰高 Zp 和最大轮廓谷深 Zv 之和。

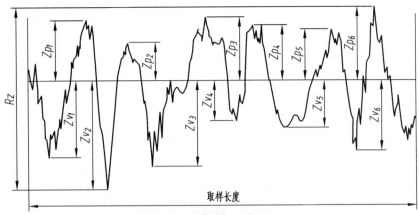

图 2-2-5 轮廓最大高度 Rz

国家标准规定了轮廓算术平均参数 Ra 的优选系列值,供设计时选用,具体内容见表 2-2-1。

表 2-2-1 评定轮廓的算术平均偏差 Ra 的优选系列值

Ra	0.012	0.025	0.05	0.10	0.20	0.40	0.80
	1.6	3.2	6.3	12.5	25	50	100

(2)标注表面结构的图形符号。

在技术产品文件中,对表面结构的要求可用几种不同的图形符号表示。各种表面结构图形符号的含义如表 2-2-2 所示。

表 2-2-2 标注表面结构要求时的图形符号及含义

符号名称	符 号	含 义
基本图形符号 (简称基本符号)	符号为细实线 h=字体高度	未指定工艺方法的表面,当通过一个注释解释时可单独使用
扩展图形符号 (简称扩展符号)		用去除材料的方法获得的表面;仅当其含义是"被加工表面"时可单独使用
		不去除材料的表面,也可用于表示保持上道工序形成的表面,不管这种状况是通过去除或不去除材料形成的
完整图形符号 (简称完整符号)	允许任何工艺　去除材料　不去除材料	在以上各种图形符号的长边加一横线,以便注写对表面结构的各种要求

(3)表面结构要求在图样中的注法。

① 在同一图样上每一表面只注一次粗糙度代号,并尽可能注在相应的尺寸及其公差的同一视图上。除非另外说明,图样中所标注的粗糙度是对零件完工后的表面要求。

② 表面粗糙度的注写和读取方向与尺寸的注写和读取方向一致。表面粗糙度可标注在轮廓线上,其符号应从材料外指向并接触表面,如图 2-2-6 所示。必要时,表面粗糙度也可用带箭头或黑点的指引线引出标注,如图 2-2-7 所示。

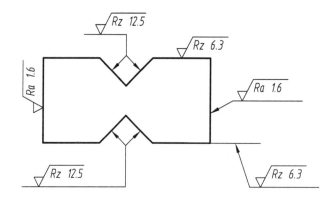

图 2-2-6　在轮廓线上的标注

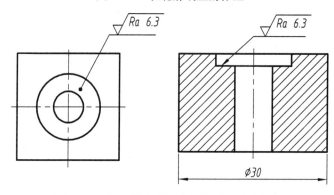

图 2-2-7　用带箭头或黑点的指引线引出标注

③ 在不致引起误解时，表面粗糙度可以标注在给定的尺寸线上，如图 2-2-8 所示。

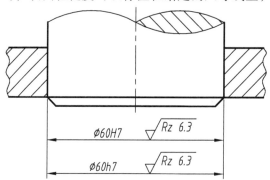

图 2-2-8　标注在给定的尺寸线上

④ 表面粗糙度可标注在形位公差框格的上方，如图 2-2-9 所示。

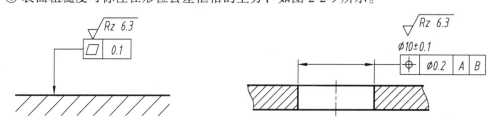

图 2-2-9　标注在形位公差框格的上方

⑤圆柱和棱柱的表面粗糙度要求只标注一次，如图 2-2-10 所示。如果每个棱柱表面有不同的表面要求，则应分别单独标注，如图 2-2-11 所示。

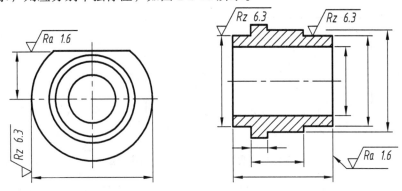

图 2-2-10　圆柱表面的标注

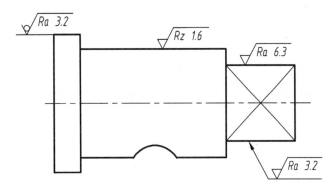

图 2-2-11　棱柱表面有不同粗糙度分别单独标注

（4）表面结构要求在图样上的简化注法。

①有相同表面粗糙度的简化注法。

如果在工件的多数（包括全部）表面有相同的表面粗糙度时，则其表面粗糙度可统一标注在图样的标题栏附近。此时，表面粗糙度符号后面应在圆括号内给出无任何其他标注的基本符号，如图 2-2-12 所示；在圆括号内给出不同的表面粗糙度，如图 2-2-13 所示。

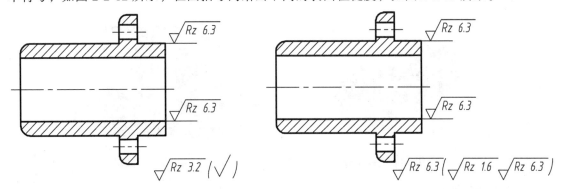

图 2-2-12　圆括号内为基本符号　　　　图 2-2-13　在圆括号内给出不同的表面粗糙度

②多个表面有表面粗糙度的注法。

用带字母的完整符号的简化注法，以等式的形式，在图形或标题栏附近，对有相同表面粗糙度的表面进行简化标注，如图 2-2-14 所示。

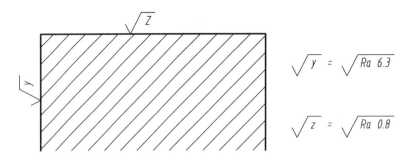

图 2-2-14　图纸空间有限时的简化标注

只用表面粗糙度符号的简化注法如图 2-2-15 所示，用表面粗糙度符号以等式的形式给出对多个表面共同的表面粗糙度要求，如图 2-2-15 所示。

$$\sqrt{} = \sqrt{Ra\ 3.2} \qquad \sqrt{} = \sqrt{Ra\ 3.2} \qquad \sqrt{} = \sqrt{Ra\ 3.2}$$

（a）未指定工艺方法　　　（b）要求去除材料　　　（c）不允许去除材料

图 2-2-15　多个表面共同表面粗糙度的简化标注

2. 尺寸公差要求（极限与配合）

（1）零件的互换性。

互换性是指在制成的同一规格的一批零部件中任取其一，不需作任何挑选和修配就能装配到机器（或部件）上，并能满足其使用性能要求的一种特性。

在机械工业及日常生活中到处都能遇到互换性。例如，有一批规格为 M20×2-5H6H 的螺母与 M20×2-5g6g 的螺栓能自由旋合，如图 2-2-16 所示，并能满足设计的连接可靠性要求，则这批零件就具有互换性。又如，家里的节能灯坏了，可以换上所需规格的节能灯，如图 2-2-17 所示，因其具有互换性，即能满足使用要求。之所以这样方便，是因为这些产品都是按照互换原则组织生产的，产品零件都具有互换性。所以说，互换性是机器制造业中产品设计和制造的重要原则。

图 2-2-16　螺栓和螺母

图 2-2-17　节能灯

（2）极限与配合。

在实际生产中，零件的尺寸不可能加工得绝对准确，为了使零件具有互换性，就必须对零件尺寸限定一个变动范围，这个范围既要保证相互接合的零件之间形成一定的尺寸关系，以满足不同的使用要求，又要在制造上经济合理，这就形成了极限制（经标准化的公差与偏差制度）和配合制（同一极限的孔和轴组成的一种配合制度）。

（3）尺寸公差。

在实际生产中，零件的尺寸不可能加工得绝对准确，而是允许零件的实际尺寸在一个合理的范围内。这个允许的尺寸变动量就是尺寸公差（见图2-2-18），简称公差。公差越小，零件的精度越高，实际尺寸的允许变动量也越小；反之，公差越大，尺寸的精度越低。

① 公称尺寸与极限尺寸。公称尺寸（基本尺寸）是指根据零件的强度和结构要求，设计时确定的尺寸，如$\phi40$。极限尺寸是指允许尺寸变动的两个界限值；上极限尺寸是指尺寸允许变动的最大尺寸；下极限尺寸是指尺寸允许变动的最小尺寸。

② 极限偏差与尺寸公差。极限偏差是指极限尺寸减去公称尺寸所得的代数差；上极限偏差是指上极限尺寸减去公称尺寸所得的代数差；下极限偏差是指下极限尺寸减去公称尺寸所得的代数差；尺寸公差是指上极限尺寸减下极限尺寸之差，或上极限偏差减下极限偏差之差，这是允许尺寸的变动量。

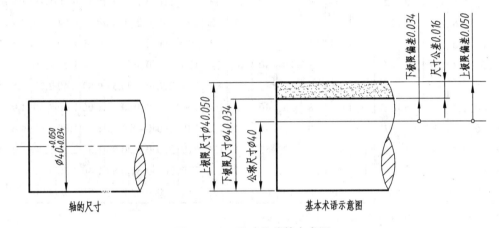

图2-2-18　尺寸公差基本术语

③ 公差带。为了便于分析和计算，将孔和轴的尺寸公差用公差带图表示。在公差带图中，由代表上极限偏差和下极限偏差或上极限尺寸和下极限尺寸的两条直线所限定的一个区域称为公差带。它是由公差大小和其相对零线的位置如基本偏差来确定的，如图2-2-19所示。

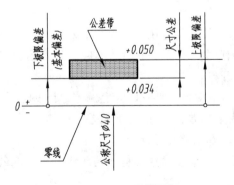

图2-2-19　公差带图解

④ 标准公差与标准公差等级。标准公差是国家标准所列的用以确定公差带大小的公差。标准公差等级是确定尺寸精确程度的等级。标准公差分20个等级，即IT01、IT0、IT1～IT18，

IT 表示标准公差，阿拉伯数字表示标准公差等级，其中 IT01 级最高，等级依次降低，IT18 级最低。对于一定的基本尺寸，标准公差等级越高，标准公差值越小，尺寸的精确程度越高。国家标准将 500 mm 以内的基本尺寸范围分成 13 段，按不同的标准公差等级列出了各段基本尺寸的标准公差值，见表 2-2-3。

表 2-2-3　标准公差数值（摘自 GB/T 1800.1—2009）

公称尺寸 /mm	公差等级																		
	μm													mm					
	IT01	IT0	IT1	IT2	IT3	IT4	IT5	IT6	IT7	IT8	IT9	IT10	IT11	IT12	IT13	IT14	IT15	IT16	IT17	IT18
≤3	0.3	0.5	0.8	1.2	2	3	4	6	10	14	25	40	60	0.10	0.14	0.25	0.40	0.60	1.0	1.4
3～6	0.4	0.6	1	1.5	2.5	4	5	8	12	18	30	48	75	0.12	0.18	0.30	0.48	0.75	1.2	1.8
6～10	0.4	0.6	1	1.5	2.5	4	6	9	15	22	30	58	90	0.15	0.22	0.36	0.58	0.90	1.5	2.2
10～18	0.5	0.8	1.2	2	3	5	8	11	18	27	43	70	110	0.18	0.27	0.43	0.70	1.10	1.8	2.7
18～30	0.6	1	1.5	2.5	4	6	9	13	21	33	52	84	130	0.21	0.33	0.52	0.84	1.30	2.1	3.3
30～50	0.6	1	1.5	2.5	4	7	11	16	25	39	62	100	160	0.25	0.39	0.62	1.00	1.60	2.5	3.9
50～80	0.8	1.2	2	3	5	8	13	19	30	46	74	120	190	0.30	0.46	0.74	1.20	1.90	3.0	4.6
80～120	1	1.5	2.5	4	6	10	15	22	35	54	87	140	220	0.35	0.54	0.87	1.40	2.20	3.5	5.4
120～180	1.2	2	3.5	5	8	12	18	25	40	63	100	160	250	0.40	0.63	1.00	1.60	2.50	4.0	6.3
180～250	2	3	4.5	7	10	14	20	29	46	72	115	185	290	0.46	0.72	1.15	1.85	2.90	4.6	7.2
250～315	2.5	4	6	8	12	16	23	32	52	81	130	210	320	0.52	0.81	1.30	2.10	3.20	5.2	8.1
315～400	3	5	7	9	13	18	25	36	57	89	140	230	360	0.57	0.89	1.40	2.30	3.60	5.7	8.9
400～500	4	6	8	10	15	20	27	40	63	97	155	250	400	0.63	0.97	1.55	2.50	4.00	6.3	9.7

注：基本尺寸小于 1 mm 时，无 IT14 至 IT18。

⑤ 基本偏差：用以确定公差带相对于零线位置的上偏差或下偏差，一般是指靠近零线的那个偏差，如图 2-2-20 所示。当公差带位于零线上方时，其基本偏差为下偏差，当公差带位于零线下方时，其基本偏差为上偏差。

根据实际需要，国家标准分别对孔和轴各规定了 28 个不同的基本偏差，如图 2-2-20 所示。孔、轴的基本偏差数值可从有关表中查出。

从图 2-2-20 中可知，基本偏差代号用拉丁字母表示，大写字母表示孔的基本偏差代号，小写字母表示轴的基本偏差代号。由于图中用基本偏差只表示公差带的位置而不表示公差带的大小，故公差带一端画成开口。

孔的基本偏差从 A～H 为下偏差，J～ZC 为上偏差，JS 的上下偏差分别为+IT/2 和-IT/2。

轴的基本偏差从 a～h 为上偏差，j～zc 为下偏差，js 的上下偏差分别为+IT/2 和-IT/2。

孔和轴的另一偏差可由基本偏差和标准公差算出。

⑥ 孔、轴的公差带代号。公差带代号由基本偏差代号与标准公差等级代号组成，并且要用同一号字书写。

例如，ϕ60H8，表示基本尺寸为 ϕ60，基本偏差为 H，标准公差等级为 8 级的孔的公差带（H8 为孔的公差带代号）；又如，ϕ60f7，表示基本尺寸为 ϕ60，基本偏差为 f，标准公差等级为 7 级的轴的公差带（f7 为轴的公差带代号）。

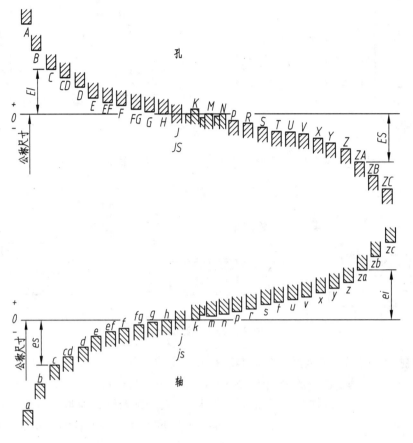

图 2-2-20　基本偏差系列图

（4）配合。

① 配合类别。公称尺寸相同的，相互结合的孔和轴公差带之间的关系称为配合。根据使用要求的不同，配合有松有紧，可分为间隙配合、过盈配合、过渡配合三类。

间隙配合：具有间隙（包括最小间隙为零）的配合，此时，孔公差带在轴公差带之上，如图 2-2-21 所示。

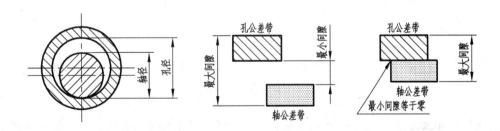

图 2-2-21　间隙配合

过盈配合：具有过盈（包括最小过盈为零）的配合。此时，孔公差带在轴公差带之下，如图 2-2-22 所示。

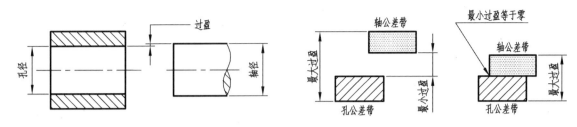

图 2-2-22　过盈配合

过渡配合：具有过盈或间隙的配合。此时，孔公差带与轴公差带相互交叠，如图 2-2-23 所示。

图 2-2-23　过渡配合

② 配合制。采用配合制是为了在基本偏差为一定的基准件的公差带与配合件相配时，只需改变配合件的不同基本偏差的公差带，便可获得不同松紧程度的配合，从而达到减少零件加工的定值刀具和量具的规格数量。国家标准规定了两种配合制，即基孔制和基轴制。

基孔制是基本偏差为一定（H）的孔公差带，与不同基本偏差的轴的公差带形成各种配合的一种制度。基孔制的孔，称为基准孔，基本偏差为 H，其下偏差为零，如图 2-2-24 所示。这种制度是在同一基本尺寸的配合中，将孔的公差带位置固定，通过变动轴的公差带位置，得到各种不同的配合。

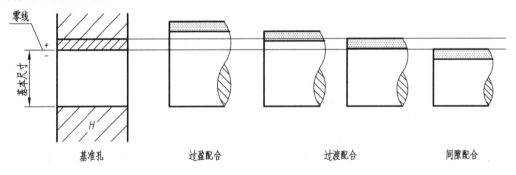

图 2-2-24　基孔制配合

基轴制是基本偏差为一定（h）的轴公差带，与不同基本偏差的孔的公差带形成各种配合的一种制度。基轴制的轴，称为基准轴，基本偏差代号为 h，其上偏差为零，如图 2-2-25 所示。这种制度是在同一基本尺寸的配合中，将轴的公差带位置固定，通过变动孔的公差带位置，得到各种不同的配合。

在一般情况下，多采用基孔制，因为轴的加工比孔的加工容易。生产中根据具体情况选择配合制。

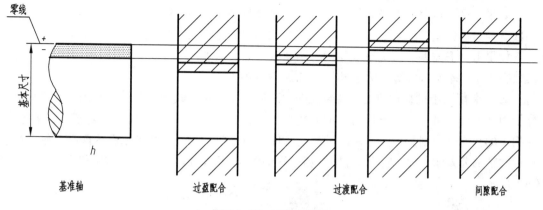

图 2-2-25　基轴制配合

国家标准将孔、轴公差带分为优先、常用和一般常用公差带，并由孔、轴的优先和常用公差带分别组成基孔制和基轴制的优先配合和常用配合，以便设计者选用。基孔制和基轴制的优先配合各 13 种，可查阅相关标准。

（5）尺寸公差与配合在图样上的标注。

① 在零件图上的注法。在零件图中，线性尺寸的公差有 3 种标注方式：一是只标注上、下极限偏差数值，如图 2-2-26（a）所示；二是只标注公差带的代号，如图 2-2-26（b）所示；三是既标注公差带代号，又标注上、下极限偏差数值，此时偏差数值应用括号括起来，如图 2-2-26（c）所示。

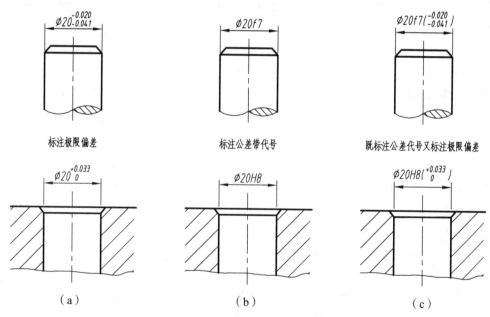

标注极限偏差	标注公差带代号	既标注公差代号又标注极限偏差
（a）	（b）	（c）

图 2-2-26　零件图中尺寸公差的标注方法

在零件图上标注公差时应注意以下几点：

上、下极限偏差数值不同，上极限偏差注在基本尺寸的右上方，下极限偏差注在右下方并与基本尺寸注在同一底线上。偏差数字应比基本尺寸数字小一号，小数点前的整数位对齐，后面的小数位数应相同。

如果上极限偏差或下极限偏差为零时，应简写为"0"，前面不注"+""-"号，后面不注小数点；另一偏差按原来的位置注写，其个位与"0"对齐，如图2-2-26（a）所示。

如果上、下偏差数值绝对值相同，则在基本尺寸后加注"±"号，只填写一个偏差数值，其数字大小与基本尺寸数字大小相同，如$\phi80\pm0.017$。

② 在装配图上的标注方法。在装配图中一般只标注配合代号。配合代号用分数形式表示，分子为孔的公差带代号，分母为轴的公差带代号，如图2-2-27（a）所示。对于与轴承等标准件相配的孔或轴，则只标注非基准件（配合件）的公差带代号。如轴承孔内圈孔与轴的配合，只标注轴的公差带代号；外圈的外圆与箱体孔的配合，只标注箱体孔的公差带代号，如图2-2-27（b）所示。

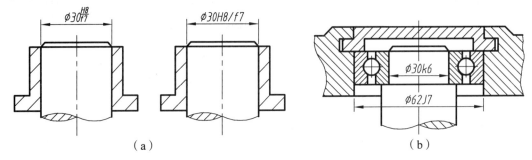

图 2-2-27　装配图中尺寸公差的标注

（6）极限与配合查表举例。

【例】查表确定写出 $\phi50H8/s7$ 中孔和轴的极限偏差数值，并说明属于何种配合制度和配合类别。

【解】公称尺寸 $\phi50$ 属于"> 40～50 尺寸段"。轴的公差带代号为 s7，孔的公差带代号为 H8，属于基孔制配合。由附表查得轴的上极限偏差 es=0.068 mm、下极限偏差 ei=0.043 mm，孔的上极限偏差 ES=0.039 mm、下极限偏差 EI=0。属于过盈配合。

3. 几何公差（形位公差）

在机械制造中，零件加工后其表面、轴线、中心对称平面等的实际形状、方向和位置相对于所要求的理想形状、方向和位置不可避免地存在着误差，此误差是由于机床精度、加工方法等多种因素造成的。零件不仅会产生尺寸误差，还会产生形状（见图2-2-28）、方向、位置（见图2-2-29）和跳动等误差，即几何误差。

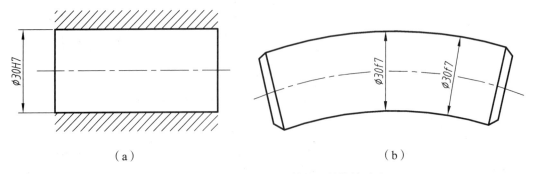

图 2-2-28　形状误差对孔和轴使用性能的影响

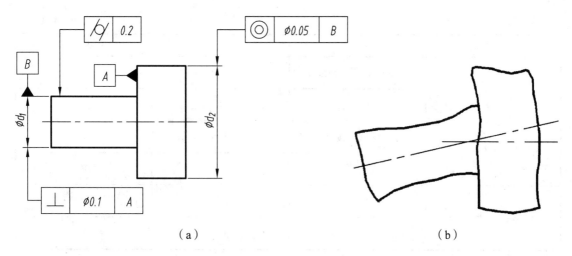

（a）　　　　　　　　　　　　　　（b）

图 2-2-29　位置误差对产品的影响

（1）几何公差的特征及符号。

几何公差的特征及符号如表 2-2-4 所示。

表 2-2-4　几何特征及其符号

公差类型	几何特征	符号	有无基准要求
形状公差	直线度	——	无
	平面度	▱	无
	圆度	○	无
	圆柱度	⌀	无
	线轮廓度	⌒	无
	面轮廓度	◠	无
方向公差	平行度	//	有
	垂直度	⊥	有
	倾斜度	∠	有
	线轮廓度	⌒	有
	面轮廓度	◠	有
位置公差	位置度	⊕	有或无
	同心度（用于中心点）	◎	有

公差类型	几何特征	符 号	有无基准要求
位置公差	同轴度（用于轴线）	◎	有
	对称度	═	有
	线轮廓度	⌒	有
	面轮廓度	⌓	有
跳动公差	圆跳动	↗	有
	全跳动	⌰	有

（2）几何公差代号。

几何公差代号包括几何公差框格及指引线、几何公差特征项目符号、几何公差数值和其他有关符号、基准符号等，如图 2-2-30 所示。

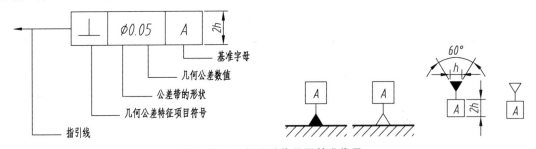

图 2-2-30　几何公差代号及基准代号

（3）几何公差在零件图上的标注。

① 被测要素标注方法。

被测要素指有形位公差要求的要素。用带箭头的指引线将框格与被测要素相连，按以下方式标注：

当被测要素为轮廓线或表面时，将箭头置于被测要素的轮廓线或轮廓线的延长线上，必须与尺寸线明显地错开，如图 2-2-31（a）、（b）所示。

当几何公差涉及表面时，箭头也可指向引出线的水平线，引出线引自被测面，如图 2-2-31（c）所示。

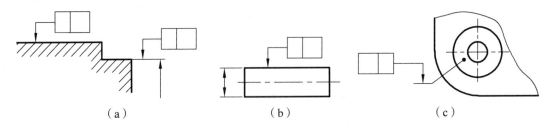

图 2-2-31　被测要素为轮廓线或表面

当被测要素为轴线或对称面时，带箭头的指引线应与尺寸线对齐，如图 2-2-32 所示。

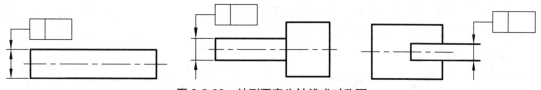

图 2-2-32　被测要素为轴线或对称面

　　当多个提取（实际）要素有相同的几何公差要求时，可从一个框格内的同一端引出多个指示箭头，如图 2-2-33 所示；当同一个提取（实际）要素有多项几何公差要求时，可在一个指引线上画出多个公差框格，如图 2-2-34 所示。

　　② 基准要素标注方法。

　　用于确定被测要素的方向和位置的要素叫作基准要素。

　　基准符号应放置的位置：当基准要素是轮廓线或表面时，基准符号应置于要素的外轮廓线或其延长线上，与尺寸线明显地错开，如图 2-2-35（a）所示。

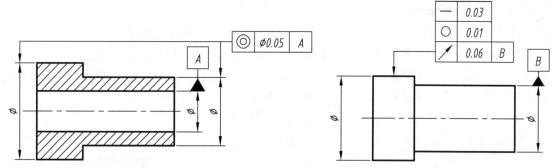

图 2-2-33　多个被测要素有相同的几何公差要求　　　图 2-2-34　同一个被测要素有多项几何公差要求

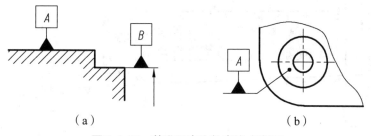

（a）　　　　　　　　　　　　　　（b）

图 2-2-35　基准要素为轮廓线或表面

　　当基准要素是轴线或对称面时，其基准符号中的连线应与尺寸线对齐，如图 2-2-36（a）和图 2-2-36(c)所示。若尺寸线安排不下两个箭头，则另一个箭头可用三角形代替，如图 2-2-36（b）所示。

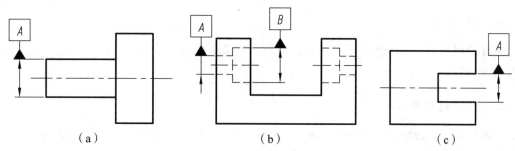

（a）　　　　　　　　　　　　（b）　　　　　　　　　　　　（c）

图 2-2-36　基准要素是轴线或对称面

两个或两个以上提取（实际）要素组成的基准称为公共基准，如图 2-2-37（a）所示的公共轴线及图 2-2-37（b）所示的公共对称面。

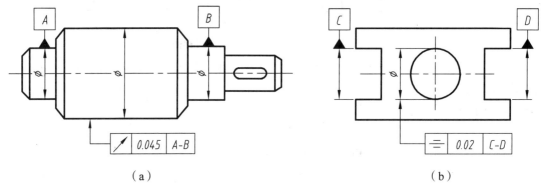

（a）   （b）

图 2-2-37　公共基准

（4）形位公差标注示例。

图 2-2-38 所示阀杆零件图上标注有三处几何公差，当被测要素是轮廓要素时，从框格引出的指引线箭头应指在该要素的轮廓线或其延长线上，如 $\phi 16$ 圆柱度的注法。当被测要素是轴线时，应将箭头与该要素的尺寸线对齐，如 M8×1 轴线的同轴度注法。当基准要素是轴线时，应将基准符号与该要素的尺寸线对齐，如基准 A。

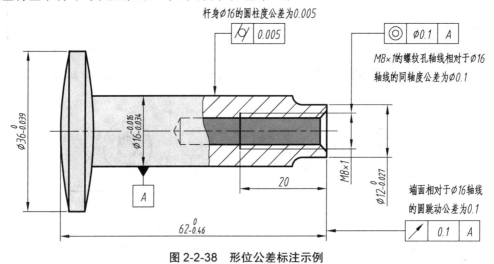

图 2-2-38　形位公差标注示例

【任务实施】

一、读标题栏

从标题栏可知，零件名称是一级圆柱齿轮减速器从动轴，属轴套类零件，比例为 1∶1，材料为 45 钢。

二、分析视图表达方案

采用一个基本视图——主视图来表达该轴的结构形状，同时采用两个断面图来表达其上两个键槽的结构形状。

三、读尺寸

在该从动轴中，两 $\phi 50$ 轴段及 $\phi 40$ 轴段用来安装滚动轴承及带轮，为使传动平稳，各轴段应同轴，故径向尺寸的基准为该轴的轴线。以轴线为基准注出 $\phi 40$、$\phi 45$、$\phi 50$、$\phi 55$ 等尺寸。

左端键槽处是装有齿轮的轴段，其左端轴环的右端面为长度方向的主要尺寸基准，以此为基准注出了尺寸 5、60。该轴的左端面为长度方向的第一辅助尺寸基准，从此基准注出了尺寸 37、300。该轴的右端面为长度方向尺寸的另一辅助尺寸基准，以此为基准注出了尺寸 5、84。

轴向的重要尺寸，如键槽长度 70、50 已直接注出。

四、读技术要求

轴零件图中的技术要求是制造轴零件的质量指标。根据轴的设计要求和使用要求给出其表面粗糙度、尺寸公差以及几何公差等。

1. 表面粗糙度要求

图 2-2-1 中 $\phi 55$ 轴段、$\phi 50$ 轴段以及 $\phi 40$ 轴段分别是安装齿轮、轴承和带轮之处，其上有表面粗糙度要求，如 $\sqrt{Ra\ 0.8}$ 和 $\sqrt{Ra\ 1.6}$ 等。键槽上也有表面粗糙度要求，分别是 $\sqrt{Ra\ 1.6}$ 和 $\sqrt{Ra\ 3.2}$。

2. 尺寸公差要求

四处有公差要求，分别是 $\phi 50^{+0.018}_{+0.002}$、$\phi 55^{+0.060}_{+0.041}$、$\phi 50^{+0.018}_{+0.002}$、$\phi 40^{+0.060}_{+0.034}$。

3. 几何公差要求

图 2-2-1 中，$\boxed{\odot\ |\ \phi 0.015\ |\ A\text{-}B}$ 为 $\phi 55$ 安装轴齿轮轴线以及 $\phi 40$ 安装带轮轴段轴线与基准的同轴度要求，$\boxed{=\ |\ 0.02\ |\ A\text{-}B}$ 为两键槽分别与基准轴线的对称度要求，$\boxed{\diagup\ |\ 0.04}$ 为两处 $\phi 50$ 安装轴承轴段的圆柱度要求，$\boxed{\nearrow\ |\ 0.025\ |\ A\text{-}B}$ 为轴向固定齿轮的轴肩端面的轴向圆跳动要求。

五、综合起来想整体

一级圆柱齿轮减速器从动轴立体图如图 2-2-39 所示。

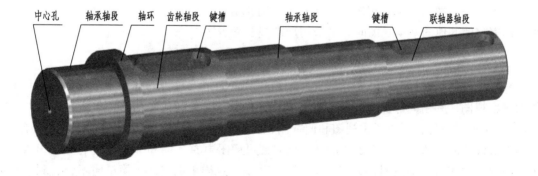

图 2-2-39　一级圆柱齿轮减速器从动轴立体图

任务三　绘制轴零件图

【任务描述】

识读图 2-3-1 所示轴测图，通过识读该轴测图，绘制该轴的零件图。

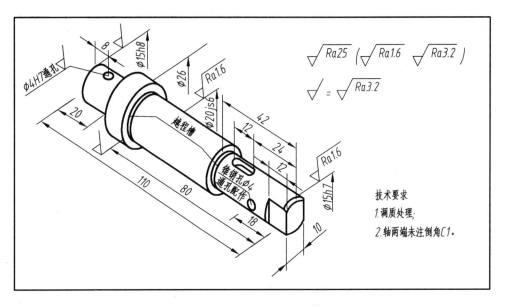

图 2-3-1　轴立体图

【任务分析】

该轴是由四段同轴的圆柱叠加而成，该轴上还带有键槽、退刀槽、倒角等结构，两端有通孔，右端前后被切去两块；同时在轴测图上还标有尺寸、技术要求。要想绘制该轴零件图，应该根据轴类零件图的结构特点选择合适的表达方法、正确标注尺寸和技术要求。

【相关知识】

一、局部视图

当采用一定数量的基本视图后，机件上仍有部分结构形状尚未表达清楚，而又没有必要再画出完整的其他的基本视图时，可采用局部视图来表达。

1. 概　念

只将机件的某一部分向基本投影面投射所得到的图形，称为局部视图。局部视图是不完整的基本视图，利用局部视图可以减少基本视图的数量，使表达简洁，重点突出。例如，图 2-3-2（a）所示机件，画出了主视图和俯视图，已将机件基本部分的形状表达清楚，只有左、右两侧凸台的形状和厚度尚未表达清楚，此时便可像图中的 A 向和 B 向那样，只画出所需要表达的部分而成为局部视图，如图 2-3-2（b）所示。这样重点突出、简单明了，有利于画图和看图。

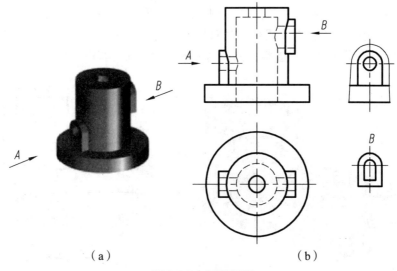

（a） （b）

图 2-3-2　局部视图

2. 局部视图的配置、画法及标注

（1）局部视图可按基本视图的配置形式配置，如图 2-3-2（b）中的 *A* 向局部视图。

（2）局部视图也可按自由配置，如图 2-3-2（b）所示的局部视图 *B*。

（3）画局部视图时，其断裂边界用细波浪线或双折线表示，如图 2-3-2 中 *A* 向局部视图所示。当所表示的图形结构完整、且外轮廓线又封闭时，则波浪线可省略，如图 2-3-2 中局部视图 *B* 所示。

（4）对称机件的视图可只画一半或四分之一，并在对称中心线的两端各画出两条与其垂直的平行细实线（即对称符号），如图 2-3-3 所示。

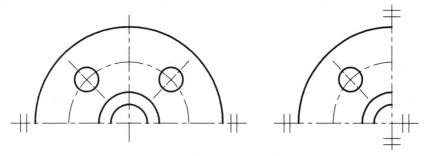

图 2-3-3　局部视图的简化画法

（5）标注局部视图时，通常在其上方用大写的拉丁字母标出视图的名称，在相应的视图附近用箭头指明投射方向，并标上相同的字母，如图 2-3-2（b）中的局部视图 *B*。当局部视图按基本视图配置，中间又没有其他图形隔开时，则不必标注，如图 2-3-2（a）中的 *A* 向局部视图。

二、局部剖视图

1. 剖视图的形成

假想用一剖切平面剖开机件，然后将处在观察者和剖切平面之间的部分移去，而将其余部分向投影面投影所得的图形，称为剖视图（简称剖视）。

例如，图 2-3-4（a）所示的机件，在主视图中，用虚线表达其内部结构，不够清晰。按照图 2-3-4（c）所示的方法，假想沿机件前后对称平面把它剖开，拿走剖切平面前面的部分后，将后面部分再向正投影面投影，这样，就得到了一个剖视的主视图。图 2-3-4（d）表示机件剖视图的画法。

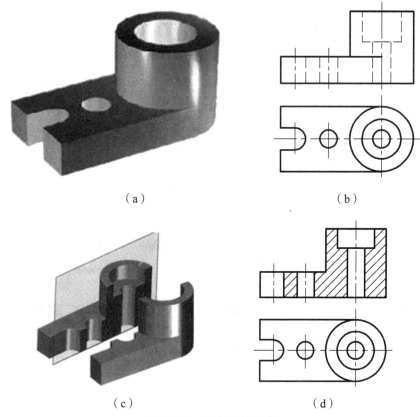

（a）　　　　　　　　　　　（b）

（c）　　　　　　　　　　　（d）

图 2-3-4　剖视图的形成

2. 剖视图的画法

画剖视图时，首先要选择适当的剖切位置，使剖切平面尽量通过较多的内部结构（孔、槽等）的轴线或对称平面，并平行于选定的投影面。例如，在图 2-3-4 中，以机件的前后对称平面为剖切平面。

其次，内外轮廓要画齐。机件剖开后，处在剖切平面之后的所有可见轮廓线都应画齐，不得遗漏。

最后，要画上剖面符号。在剖视图中，凡是被剖切的部分应画上剖面符号。表 2-3-1 列出了常见的材料由国家标准《机械制图》规定的剖面符号。

表 2-3-1　不同材料的剖面符号

金属材料（已有规定剖面符号者除外）		木质胶合板（不分层数）	
线圈绕组元件		基础周围的泥土	

转子、电枢、变压器和电抗器等的叠钢片		混凝土	
非金属材料（已有规定剖面符号者除外）		钢筋混凝土	
型砂、填砂、粉末冶金、砂轮、陶瓷刀片、硬质合金刀片等		砖	
玻璃及供观察用的其他透明材料		格网（筛网、过滤网等）	
木材	纵剖面	液体	
	横剖面		

金属材料的剖面符号，应画成与水平方向成 45°的互相平行、间隔均匀的细实线。同一机件各个视图的剖面符号应相同。但是如果图形的主要轮廓线与水平方向成 45°或接近 45°时，该图剖面线应画成与水平方向成 30°或 60°角，其倾斜方向仍应与其他视图的剖面线一致，如图 2-3-5 所示。

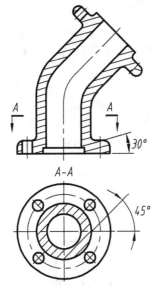

图 2-3-5　剖面线与水平方向成 30°角

3. 剖视图的标注

剖视图一般应该包括三部分：剖切平面的位置、投影方向和剖视图的名称。标注方法如图 2-3-5 所示。在剖视图中用剖切符号（即粗短线）标明剖切平面的位置，并写上字母；用箭头指明投影方向；在剖视图上方用相同的字母标出剖视图的名称"X—X"。

4. 画剖视图应注意的问题

（1）剖视只是一种表达机件内部结构的方法，并不是真正剖开和拿走一部分。因此，除剖视图以外，其他视图要按原来形状画出。

（2）剖视图中一般不画虚线，但如果画少量虚线可以减少视图数量，而又不影响剖视图的清晰时，也可以画出这种虚线。

（3）机件剖开后，凡是看得见的轮廓线都应画出，不能遗漏。要仔细分析剖切平面后面的结构形状，分析有关视图的投影特点，以免画错。如图2-3-6所示是剖面形状相同，但剖切平面后面的结构不同的三块底板的剖视图的例子。要注意区别它们不同之点在什么地方。

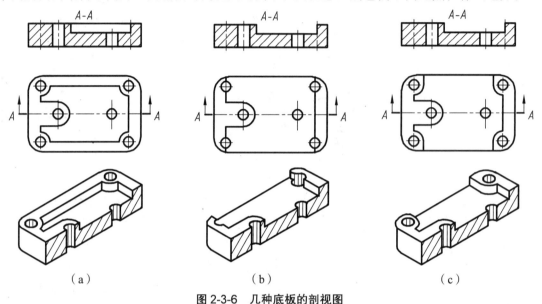

（a）　　　　　　　　（b）　　　　　　　　（c）

图 2-3-6　几种底板的剖视图

5. 局部剖视图

（1）剖视图的种类。

按机件被剖开的范围，剖视图可分为全剖视图、半剖视图和局部剖视图三种。根据机件的结构特点，可以选择单一剖切面、几个平行的剖切面或几个相交的剖切面剖开物体。

（2）局部剖视图的画法及标注。

用剖切面局部地剖开机件所得到的剖视图称为局部剖视图，通常适用于以下几种情况：

① 对内外形都要表达的对称机件，因其轮廓线与对称中心线重合，不宜采用半剖视图时，如图2-3-7所示。

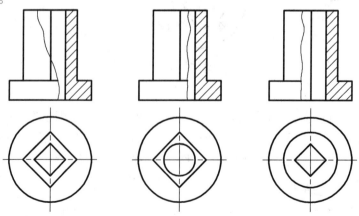

图 2-3-7　局部剖视图（一）

② 对内外形都比较复杂而又不对称的机件，为了把内外形状都表达清楚，不必或不宜采用全剖视图时，如图 2-3-8 所示。

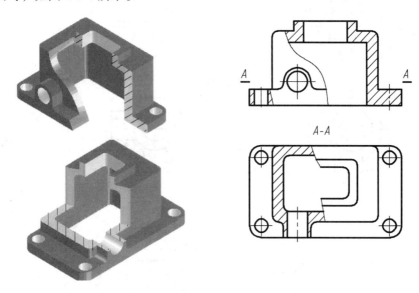

图 2-3-8　局部剖视图（二）

③ 对轴、杆等实心机件上有孔或槽等局部结构需剖开表达时，如图 2-3-9 所示。

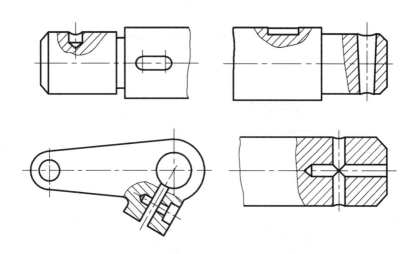

图 2-3-9　局部剖视图（三）

画局部剖视图时应注意以下几点：

① 局部剖视图中用波浪线分界。画波浪线时不应和图样上其他图线重合，应画在机件的实体上，不能超出实体轮廓线。若遇通孔、通槽等空洞结构时波浪线必须断开，不应使波浪线穿空而过，如图 2-3-10 所示。

② 当被剖切的结构为回转体时，允许将该结构的中心线作为局部剖视图与视图的分界线，如图 2-3-11 所示。

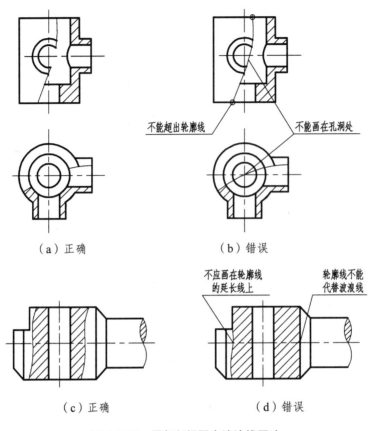

（a）正确　　　　　　　　　（b）错误

（c）正确　　　　　　　　　（d）错误

图 2-3-10　局部剖视图中波浪线画法

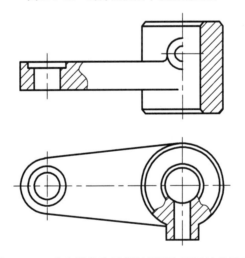

图 2-3-11　中心线作为局部剖视图和视图的分界线

③ 在一个视图中，采用局部剖视图的数量不宜过多。

④ 局部剖视图的标注，符合剖视图的标注规则。当剖切平面的剖切位置明显时，局部剖视图的标注可省略。

局部剖视图既能把机件局部的内部形状表达清楚，又能保留机件的某些外形，剖切位置和剖切范围根据需要而定，是一种比较灵活的表达方法。

三、局部放大图

将机件的部分结构用大于原图形的比例绘出的图形称为局部放大图。

局部放大图常用于表达机件上在视图中表达不清楚或不便于标注尺寸和技术要求的细小结构，如图 2-3-12 所示。

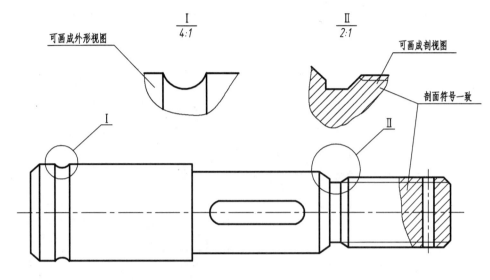

图 2-3-12　局部放大图

画局部放大图时应注意以下几点：

（1）局部放大图可画成视图、剖视图或断面图，与被放大部分的图样画法无关，如图 2-3-12 所示画成局部剖视图和局部视图。

（2）绘制局部放大图时，除螺纹牙型、齿轮和链轮的齿形外，应将被放大部分用细实线圈出。在同一机件上有几处需要放大画出时，用罗马数字标明放大位置的顺序，并在相应的局部放大图上方标出相应的罗马数字及所用比例以示区别，如图 2-3-12 所示。

（3）局部放大图上所标注的比例是指该图形中机件要素的尺寸与实际机件相应要素的尺寸之比，与原图比例无关。

【任务实施】

一、分析零件结构，选择视图

根据该轴类零件结构特征，选择一个主视图，并作两处局部剖，一处表达 ϕ4H7 通孔的内部结构，一处局部剖表达键槽的形状；两个断面图，一个表达键槽的宽度及深度，一个表达锥销孔的内部结构；一个局部视图，表达轴右端被切情况。

二、布置视图

考虑视图、标注尺寸和技术要求标注情况，选择 A4 图幅，比例为 2∶1，绘制图框、标题栏，并绘制基准线，如图 2-3-13 所示。

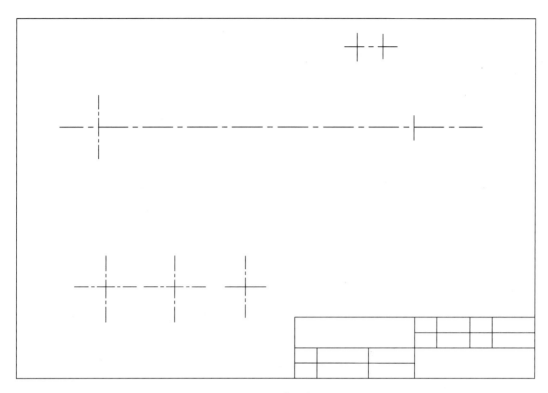

图 2-3-13　布置视图

三、绘制底稿（见图 2-3-14）

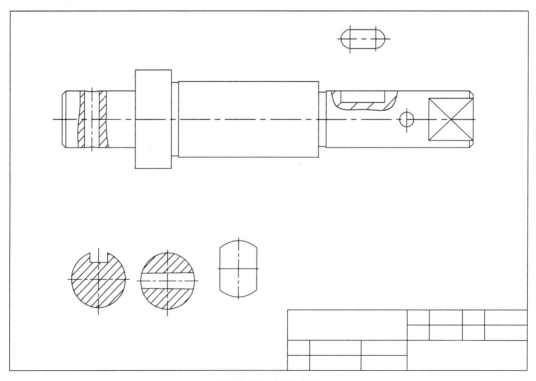

图 2-3-14　绘制底稿

画底稿时，应该使用 2H 的铅笔轻轻画出。

（1）绘制阶梯轴；

（2）绘制键槽和孔；

（3）绘制断面图。

四、检查描深，标注尺寸和技术要求

纠正错误、补充遗漏、擦去多余的线段；按标准图线描深；标注尺寸等，填写技术要求和标题栏，如图 2-3-15 所示。

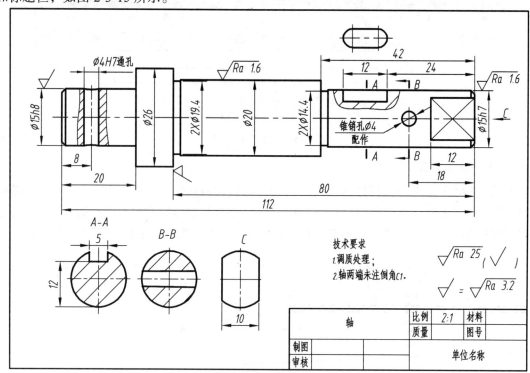

图 2-3-15　最后完工

任务四　用 AutoCAD 绘制减速器从动轴零件图

【任务描述】

建立 A3 图幅，按 1：1 绘制如图 2-2-1 所示圆柱齿轮减速器从动轴零件图。

【任务分析】

要应用 AutoCAD 正确绘制圆柱齿轮减速器从动轴零件图，首先，应根据各视图的图形特点选择合适的绘图与编辑命令完成图形绘制，其次，应掌握尺寸公差、几何公差及表面结构等技术要求的标注方法。

【相关知识】

在绘制零件图和装配图时，对于一些重复用到的对象（如表面结构符号、几何公差的基准符号等），合理使用图块可以提高绘图速度，便于图形的修改更新。

155

一、尺寸公差的标注方法

尺寸公差的标注通常在基本尺寸标注好后通过修改来完成的，常用的方法有两种：

1. 用修改命令标注

选择下拉菜单中"修改"→"对象"→"文字"→"编辑"，再选择所要标注的尺寸，弹出"文字编辑器"，如图 2-4-1 所示，在尺寸数值前后输入要标注的内容，在上、下偏差之间输入符号"^"，并选中使其高亮显示，按下"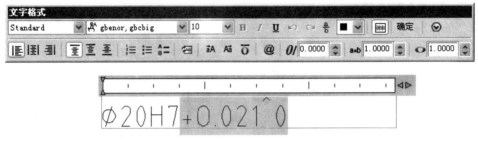"按钮，上、下偏差便堆叠。

图 2-4-1　文字编辑器

2. 在"特性"对话框中添加偏差

单击"标准"工具栏上特性 按钮，打开"特性"对话框，选择一个要添加极限偏差的尺寸，然后在"特性"对话框中，如图 2-4-2 所示，修改"公差"类别中圈出的特性值，修改特性后按回车键，再在屏幕上单击即可看到修改好的结果。取消对象选中便可完成修改。

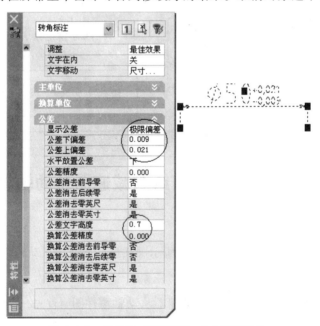

图 2-4-2　用特性对话框添加尺寸极限偏差

二、表面结构代号的标注方法

表面结构代号在零件图中出现的频率较大，为提高绘图速度，可采用将表面结构代号制作图块的方法，这种方法制作简单，使用也比较方便。其操作步骤如下：

1. 画出基本符号图形（见图 2-4-3）

　　（a）画图形　　　　（b）定义属性　　　　（c）定义图块

图 2-4-3　表面结构代号图块编辑过程

2. 定义属性

在下拉菜单"绘图"→"块"→"定义"属性中打开"属性定义"对话框，如图 2-4-4 所示，设置属性文字，用拾取点的方式指定属性插入点。定义属性后结果如图 2-4-3（b）所示。

3. 定义带属性的块

键入命令 Block 或单击 按钮，出现如图 2-4-5 所示的对话框，填写块名称，选择块的基点（即以后调用时的插入点），选择对象；将图形和属性一同选中，单击"确定"按钮，便创建图块，结果如图 2-4-3（c）所示。

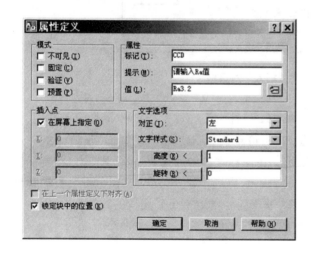

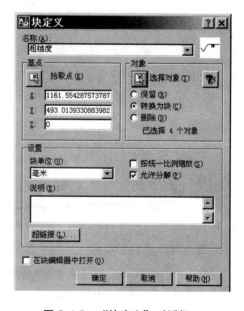

图 2-4-4　"属性定义"对话框　　　　　　　图 2-4-5　"块定义"对话框

4. 保存图块

用 WBlock 命令将图块以文件形式保存，以便在其他文件中调用。

5. 插入图块

用插入块命令 调入已创建的图块，插入时将基准点与插入点对齐，可用对象捕捉最近点方式使粗糙度基准点与图线对齐，如图 2-4-6 所示。插入图块时，图形缩放比例及旋转角度可在屏幕上指定，也可在对话框中指定。插入图块对话框形式如图 2-4-7 所示。

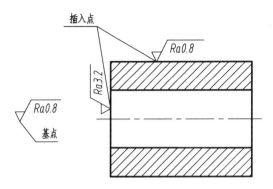

图 2-4-6　图块插入时对齐方法

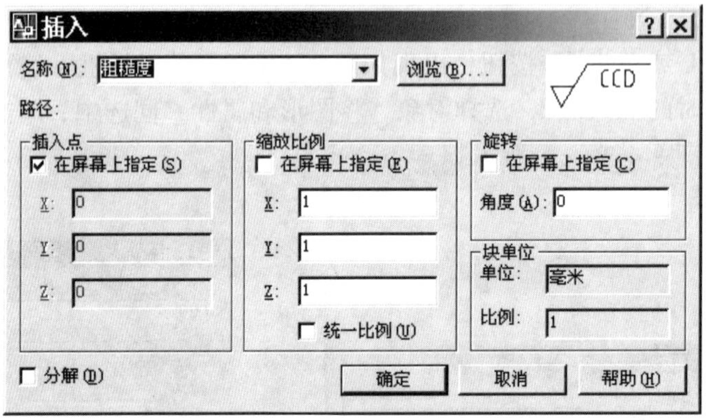

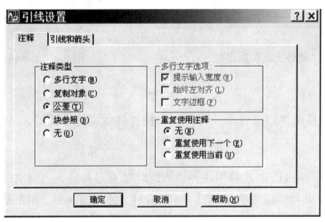

图 2-4-7　图块"插入"对话框

三、几何公差的标注方法

几何公差的常用符号及其线框、指引线、箭头可用快速引线标注，选择"设置（S）"选项，打开"引线设置"对话框，如图 2-4-8 所示，在注释类型中选择"公差"选项。在要标注处画好引线后，系统自动弹出如图 2-4-9 所示的"形位公差"对话框，单击黑色框会自动弹出符号或选项，白色文本框中可输入数字或文字。基准符号的绘制可采用块的方法。

图 2-4-8　"引线设置"对话框

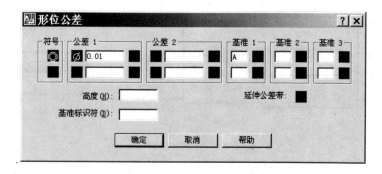

图 2-4-9 "形位公差"对话框

【任务实施】

一、读图分析

图 2-2-1 所示的一级圆柱齿轮减速器从动轴零件图共采用了 3 个视图,主视图关于轴线对称,采用"镜像"命令可提高绘图速度。断面图上的键槽可应用"偏移"命令快速绘制。

二、绘图步骤

1. 设置绘图环境

创建 A3 图幅(420 mm×297 mm),创建图层,设置文字样式、尺寸标注样式,绘制图框和标题栏等。

2. 绘制主视图

(1)调用直线、修剪、圆、倒角、圆角、偏移等命令绘制轴的上半部分外轮廓,如图 2-4-10(a)所示。

(2)调用镜像命令快速生成轴的下半部分外轮廓,如图 2-4-10(b)所示。

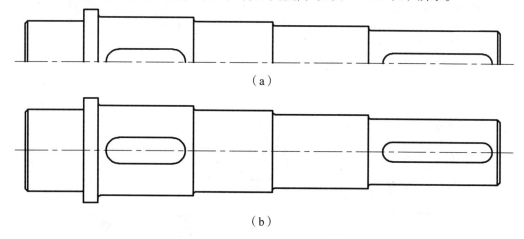

(a)

(b)

图 2-4-10 从动轴主视图的绘制

3. 绘制断面图

调用直线、修剪、偏移、圆等命令绘制两个断面图,如图 2-4-11 所示。

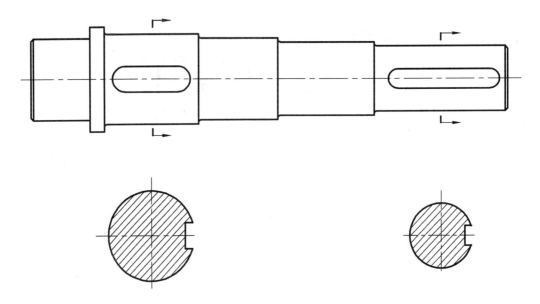

图 2-4-11　从动轴断面图的绘制

4. 标注尺寸（见图 2-4-12）

5. 注写技术要求（见图 2-4-13）

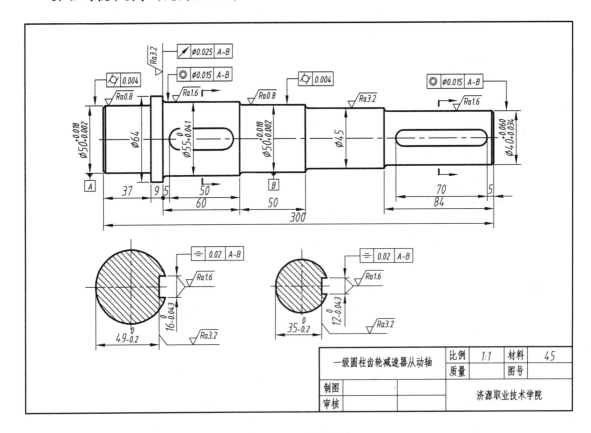

图 2-4-12　标注尺寸

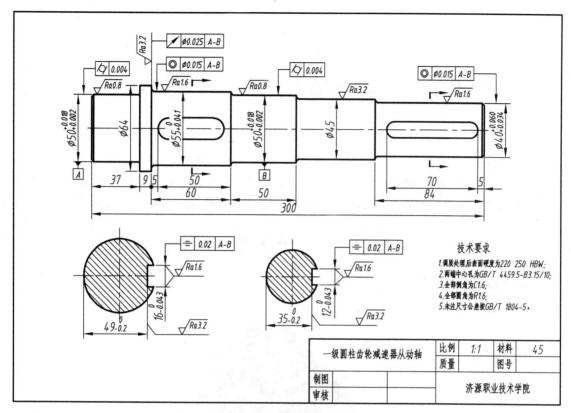

技术要求
1.调质处理后表面硬度为220 250 HBW;
2.两端中心孔为GB/T 4459.5-B3.15/10;
3.全部倒角为C1.6;
4.全部圆角为R1.6;
5.未注尺寸公差按GB/T 1804-5。

一级圆柱齿轮减速器从动轴	比例	1:1	材料	45
	质量		图号	
制图			济源职业技术学院	
审核				

图 2-4-13 填写技术要求

模块三　盘盖类零件图的绘制与识读

【学习目标】

通过绘制轴承端盖零件图以及识读尾架端盖零件图，掌握端盖类零件的结构特点及表达方案；熟练掌握绘制与识读端盖类零件图的方法及步骤；掌握用 AutoCAD 绘制端盖类零件图。

任务一　端盖零件图样的绘制

【任务描述】

轴承端盖零件如图 3-1-1 所示，绘制其零件图。

图 3-1-1　轴承端盖立体图

【任务分析】

要完成此任务，需熟悉盘盖类零件图的表达方案、零件图的绘制方法及步骤。

【相关知识】

一、盘盖类零件的特点

盘盖类零件在机器设备上使用很多，包括齿轮、轴承端盖、法兰盘、带轮以及手轮等。其主体结构一般由直径不同的回转体组成，径向尺寸比轴向尺寸大，常有退刀槽、凸台、凹坑、倒角、圆角、轮齿、轮辐、肋板、螺孔、键槽和作为定位或连接用的孔等。常见的轮盘类零件如图 3-1-2 所示。

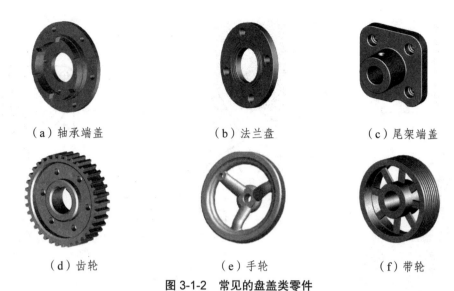

（a）轴承端盖　　　　　　　（b）法兰盘　　　　　　　（c）尾架端盖

（d）齿轮　　　　　　　　（e）手轮　　　　　　　　（f）带轮

图 3-1-2　常见的盘盖类零件

二、轴承端盖的结构特点及视图表达

如图 3-1-1 所示的端盖属于盘盖类的典型零件，该零件是减速器的轴承端盖，因其可通，又称透盖。

1. 结构特点

端盖零件的基本形体为同轴回转体，结构可分成圆柱筒和圆盘两部分，其轴向尺寸比径向尺寸小。圆柱筒中有带锥度的内孔（腔），边沿没有缺口，说明轴承是脂润滑；圆柱筒的外圆柱面与轴承座孔相配合。圆盘上有 6 个圆柱沉孔，沿圆周均匀分布，其作用是装入螺纹紧固件，连接轴承端盖与箱体，因此又称安装孔。圆盘中心的圆孔内有密封槽，用以安装毛毡密封圈，防止箱体内润滑油外泄和箱外杂物侵入箱体内。

2. 表达方案

（1）根据轴承端盖零件的结构特点，主视图沿轴线水平放置，符合工作位置原则。

（2）采用主、左两个基本视图表达。主视图采用全剖视图，主要表达端盖的圆柱筒、密封槽及圆盘的内部轴向结构和相对位置；左视图则主要表达轴承端盖的外形轮廓和 6 个均布圆柱沉孔的位置及分布情况。

三、全剖视图

用剖切平面完全剖开物体所得的剖视图，称为全剖视图。全剖视图主要适用于表达外形简单，而内部结构较复杂的机件。

1. 用单一剖切面获得的全剖视图

单一剖切面是最常用的剖切面，当机件的内部结构位于一个剖切面上时选用。单一剖切面一般平行于基本投影面，也可以是不平行但垂直于某一基本投影面的剖切平面，这种剖切可称为斜剖，用来表达机件上倾斜的内部结构形状，如图 3-1-3（b）所示。为看图方便，这种剖视图一般配置在与倾斜部分保持投影关系的位置上，为使画图方便，也可将图形旋转后配置在其他适当位置，此时应加注旋转符号。

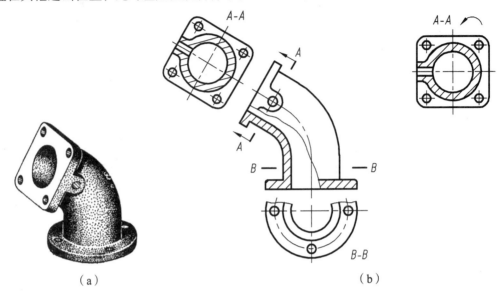

（a）   （b）

图 3-1-3   单一剖切面剖切的全剖视图

2. 用几个平行的剖切面获得的全剖视图

用几个相互平行且又平行于基本投影面的剖切平面剖开机件，用来表达机件上分布在几个相互平行平面上的内部结构。

如图 3-1-4（a）所示的机件，若用单一剖切面不能将内部结构同时全部表达出来，改用两个平行的剖切平面，就可在一个剖视图上将内部结构同时全部表达出来。

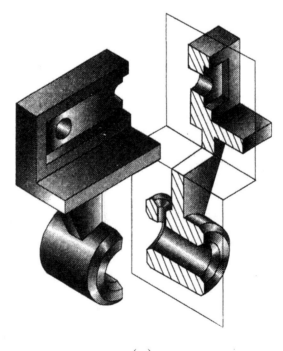

（a）

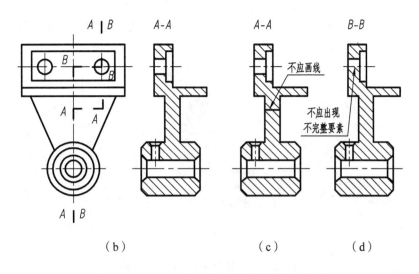

图 3-1-4 两个平行剖切平面剖切的全剖视图

画此类剖视图时应注意以下几点：

（1）因为剖切平面是假想的，应把几个平行的剖切面作为一个平面来考虑，不要在剖视图上画出剖切平面转折界线的投影，如图 3-1-4（c）所示。

（2）不应出现不完整的结构要素，如图 3-1-4（d）所示。仅当两个要素在图形上具有公共对称中心线或轴线时，可以对称中心线或轴线为界各画一半，如图 3-1-5 所示。

（3）必须在相应视图上画出剖切符号，并标上相同的字母。在剖切符号的转折处，不允许与图上的轮廓线重合，若转折处的空间有限，可不注写字母。

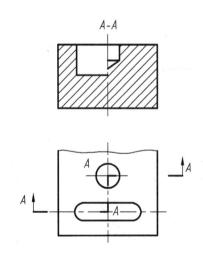

图 3-1-5 具有公共对称中心线的剖视图

3. 用几个相交的剖切面获得的全剖视图

用几个相交的剖切平面（交线垂直于某一基本投影面），剖开机件，可以用来表达具有明显回转轴线的机件上分布在几个相交平面上的内部形状结构，这种剖切方法称为旋转剖，如图 3-1-6 所示。

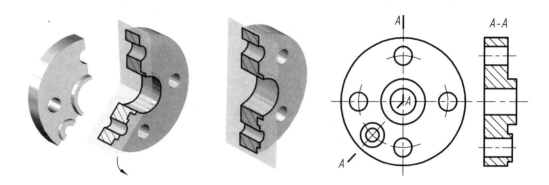

图 3-1-6　两个相交平面剖切的全剖视图

采用旋转剖时，首先把由倾斜平面剖开的结构连同有关部分旋转到与选定的基本投影面平行，然后再进行投影，使剖视图既反映实形又便于画图。

画旋转剖需要注意以下几点：

（1）旋转剖必须标注。标注时，在剖切平面的起、迄、转折处画上剖切符号（短粗线），标上同一字母，并在起、迄处画出箭头表示投影方向，在所画的剖视图的上方中间位置用同一字母写出其名称"X—X"。

（2）在剖切平面后的其他结构一般仍按原来位置投影，如图 3-1-7 所示的小凸台的侧面投影。

（3）如果剖切后产生不完整要素，该部分按不剖绘制，如图 3-1-8 所示。

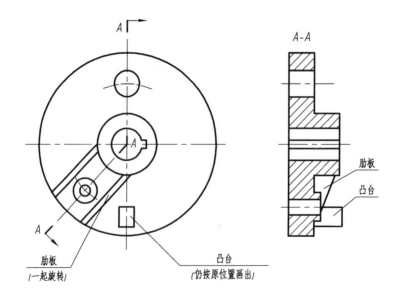

图 3-1-7　剖切平面后的结构仍按原来位置投影

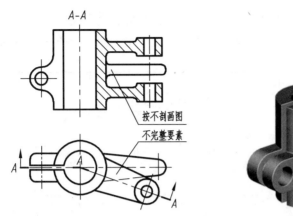

图 3-1-8　剖切后产生不完整要素时的画法

【任务实施】

由已知零件绘制零件图是测绘的过程，首先绘制零件草图，然后绘制零件图。零件草图通过目测徒手绘制，零件图借助计算机或尺规绘制。

一、绘制零件草图

1. 绘制视图

（1）绘制零件草图的要求。

零件草图是根据零件实物，通过目测估计各部分的尺寸比例，徒手画出的零件图，然后在此基础上把测量的尺寸数字填入图中。零件草图常在测绘现场画出，是其后绘制零件图的重要依据，因此，它应具备零件图的全部内容，而绝非"潦草之图"。画出的草图要达到以下几点要求：

① 严格遵守《机械制图》国家标准。

② 目测时要基本保证零件各部分的比例关系。

③ 视图正确，符合投影规律。

④ 字体工整，尺寸齐全，数字准确无误。

⑤ 线型粗细分明，图样清晰、整齐。

⑥ 技术要求完整，并有图框和标题栏。

（2）绘制零件草图的方法及步骤。

① 了解零件的名称、用途及由什么材料制成。

② 分析零件的结构，确定视图表达方案。

③ 定图幅，布置视图的位置。

选绘图比例为 1∶1，在图纸上定出各视图的位置。画主要轴线、中心线等图形定位线，如图 3-1-9 所示。

④ 画视图。

a. 由外向内、由左向右、由大到小，用细实线按投影关系先画外面的圆盘部分，再画圆柱筒轮廓，最后画 6 个均布圆柱沉孔。

b. 在主视图上画内腔及密封槽部分，密封槽在左视图中的细虚线也可以省略不画。

c.详细画出端盖外部和内部的结构形状，补充细节，擦去多余图线。

d.检查无误后，加深、加粗轮廓线并画剖面线，完成一组视图，如图 3-1-10 所示。

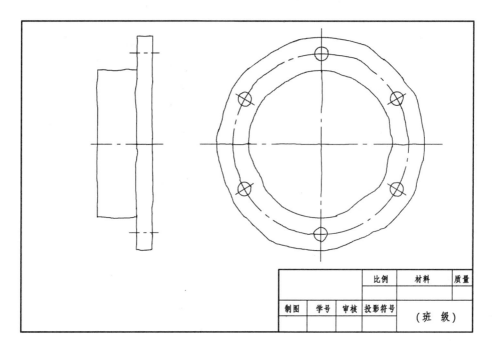

			比例	材料	质量
制图	学号	审核	投影符号	（班 级）	

图 3-1-9 绘制轴承端盖零件图草图（一）

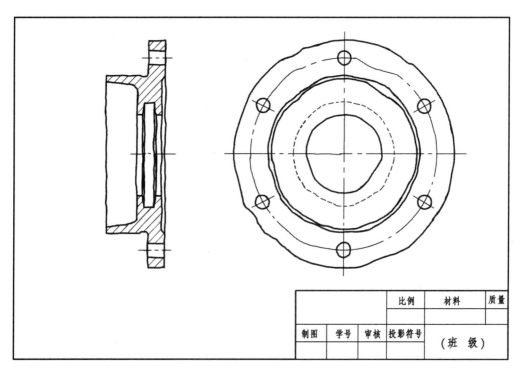

			比例	材料	质量
制图	学号	审核	投影符号	（班 级）	

图 3-1-10 绘制轴承端盖零件图草图（二）

2. 标注寸尺

（1）选择尺寸基准：径向尺寸基准为整体轴线，轴向尺寸基准为圆盘左端面。

（2）标注尺寸线及尺寸界线：分别以轴向和径向尺寸基准标注端盖的定形尺寸、定位尺寸和总体尺寸，如图 3-1-11 所示。

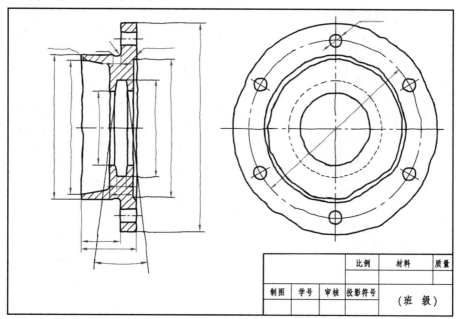

图 3-1-11　绘制轴承端盖零件图草图（三）

（3）集中测量尺寸数值或查相关标准并填入图中，如图 3-1-12 所示。

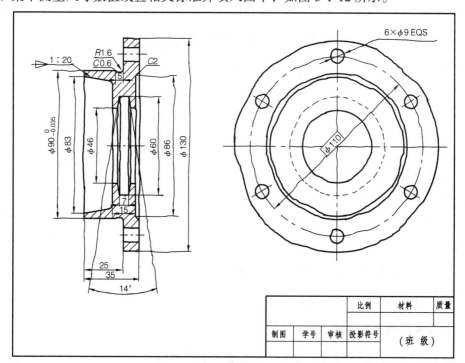

图 3-1-12　绘制轴承端盖零件图草图（四）

3. 标注技术要求（见图 3-1-13）

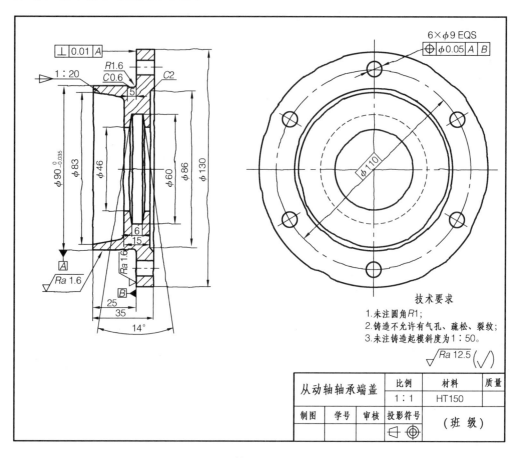

图 3-1-13　轴承端盖零件图草图

（1）表面粗糙度要求：对 $\phi90$ 外圆柱表面和圆盘左端面的表面结构要求较高，Ra 值为 1.6 μm，其余各加工面的 Ra 值为 12.5 μm。

（2）尺寸公差要求：$\phi90$ 外圆柱表面有配合要求，尺寸精度要求较高：$\phi90_{-0.035}^{\ \ 0}$ 上极限偏差为 0，下极限偏差为-0.035，尺寸公差为 0.035，通过查相关表可以确定其公差带代号为 $\phi90h7$，h 表示基轴制，标准公差等级为 7 级。

（3）几何公差要求：圆盘的左端面对 $\phi90$ 轴线的垂直度公差值为 0.01。

圆盘上 6 个均布孔对圆盘左端面和 $\phi90$ 圆柱轴线的位置度公差值为 $\phi0.05$。

（4）文字技术要求：按国标应配置在图纸下方，读者可自行分析。

4. 填写标题栏

零件名称为轴承端盖，材料为灰铸铁（HT150），绘图比例为 1：1，投影符号为第一角投影，另外还有制图、审核人员签名等内容。

二、由零件草图画零件图

零件草图完成后，应经校核、整理，再依此绘制零件图。

1. 校核零件草图

（1）表达方案是否正确、完整、清晰、简练。

（2）尺寸标注是否正确、齐全、清晰、合理。

（3）技术要求的确定是否既满足零件的性能和使用要求，又比较经济合理。校核后进行必要的修改补充，就可根据零件草图绘制零件图。

2. 绘制零件图

绘制零件图的具体步骤与绘制零件草图基本相同，可借助计算机或尺规来完成，这里不再详细叙述。

【知识拓展】

简化画法

（1）纵向剖切机件上的肋、轮辐及薄壁等结构时，这些结构都不画剖面符号，而用粗实线将它与其邻接部分分开。当机件回转体上均匀分布的肋、轮辐、孔等结构不处于剖切平面上时，可将这些结构旋转到剖切平面上画出，如图 3-1-14 所示。

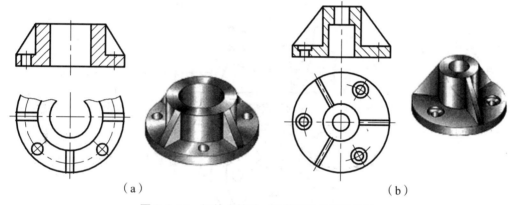

（a）   （b）

图 3-1-14　机件上的肋、孔等结构的简化画法

（2）若机件上有规律分布的重复结构要素（如齿、槽），允许只画出其中一个或几个完整结构，其余的可用细实线连接或仅画出它们的中心位置，如图 3-1-15 所示。

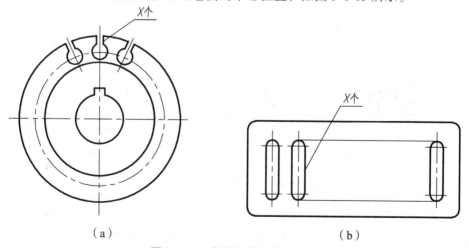

（a）   （b）

图 3-1-15　相同结构的简化画法

（3）在不致引起误解时，图线中的过渡线、相贯线可以简化。例如，用圆弧或直线代替非圆曲线，如图 3-1-16 所示。

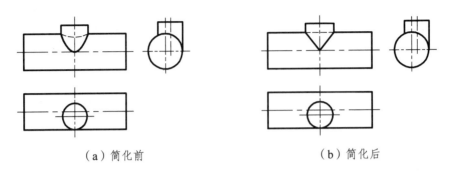

（a）简化前　　　　　　　　　　　　（b）简化后

图 3-1-16　相贯线的简化画法

（4）与投影面倾斜角度小于或等于 30°的圆或圆弧，其投影可用圆或圆弧代替真实投影的椭圆，如图 3-1-17 所示。

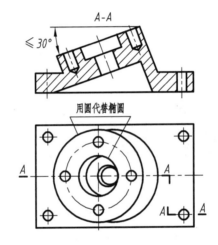

图 3-1-17　倾斜投影的简化画法

（5）为减少视图，可用细实线画出对角线表示回转体机件上的平面，如图 3-1-18 所示。

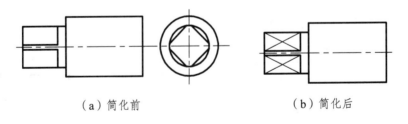

（a）简化前　　　　　　　　　　　　（b）简化后

图 3-1-18　回转体上平面的简化画法

（6）较长的机件（如轴、杆、型材或连杆等）沿长度方向的形状相同或按一定规律变化时，允许采用断开画法，但标注尺寸时仍标注其实际尺寸，如图 3-1-19 所示。

172

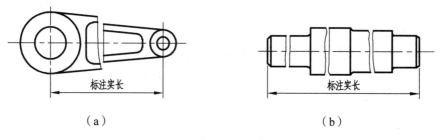

（a）   （b）

图 3-1-19 较长机件的折断画法

任务二 识读尾架端盖零件图

【任务描述】

尾架端盖零件图如图 3-2-1 所示，读懂其零件图，想象其零件结构形状。

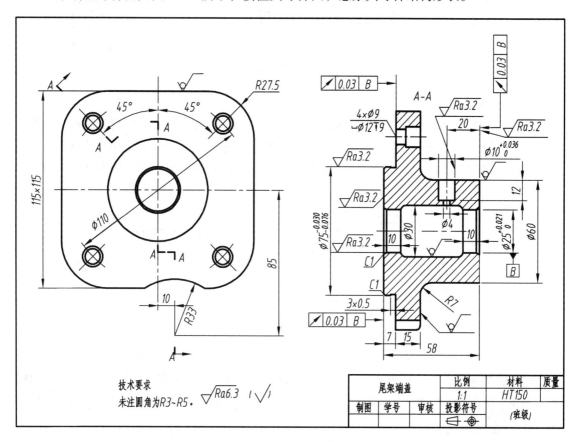

图 3-2-1 尾架端盖零件图

【任务分析】

要看懂尾架端盖零件图，首先要了解该零件在机器或部件中所起的作用，其次要熟悉零件图的视图表达、尺寸标注及技术要求的标注等。掌握零件图的读图方法及步骤。

【相关知识】

铸造工艺结构

有些零件，通常是先铸造出毛坯件，再经机械加工制成零件。因此，在设计零件时，必须对零件上的某些结构（如铸造圆角、拔模斜度等）进行合理设计和规范表达，以符合铸造工艺的要求。

1. 铸件壁厚

铸件的壁厚不均匀时，冷却速度不同。壁厚处冷却速度慢，结晶收缩时没有足够的金属液来补充，极易形成缩孔或产生裂纹。所以铸件壁厚应尽量均匀或薄厚逐渐过渡，如图 3-2-2 所示。

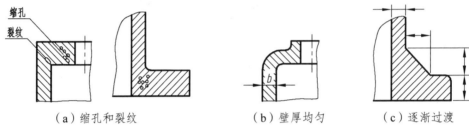

（a）缩孔和裂纹　　　　（b）壁厚均匀　　　　（c）逐渐过渡

图 3-2-2　铸件壁厚

2. 铸造圆角

铸件上相邻表面相交处应做成圆角。若为尖角，则浇注时铁水易将尖角处的砂型冲落，而冷却时，则在尖角处易形成裂缝。铸造圆角的大小一般为 R3～R5，可集中标注在右上角或写在技术要求中。铸造圆角在图样上应画出。当有一个表面加工后圆角被切去，此时应画成尖角，如图 3-2-3 所示。

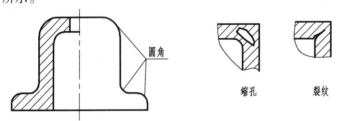

图 3-2-3　铸造圆角

3. 拔模斜度

铸件在拔模时，为了脱模顺利，在沿脱模方向的内外壁上应有适当斜度，称为拔模斜度，一般为 1∶20，通常在图样上不画出，也不标注，如有特殊要求，可在技术要求中统一说明，如图 3-2-4 所示。

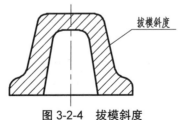

图 3-2-4　拔模斜度

4. 过渡线

由于铸件表面相交处有铸造圆角存在，使表面的交线变得不太明显，为使看图时能区分不同表面，图中交线仍要画出，这种交线通常称为过渡线。过渡线的画法与没有圆角情况下的相贯线画法基本相同，过渡线的投影用细实线绘出。画常见几种形式的过渡线时应注意：

（1）两曲面相交的过渡线，不应与圆角轮廓线接触，要画到理论交点处为止，如图 3-2-5 所示。

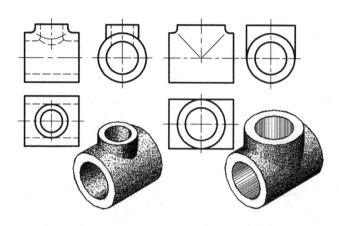

图 3-2-5　两曲面相交的过渡线简化画法

（2）平面与平面或平面与曲面相交的过渡线，应在转角处断开，并加画小圆弧，其弯向应与铸造圆角的弯向一致，如图 3-2-6 所示。

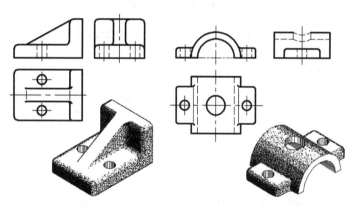

图 3-2-6　平面与平面、平面与曲面相交的过渡线画法

（3）肋板与圆柱面相交的过渡线，其形状取决于肋板的断面形状及相切或相交的关系，如图 3-2-7 所示。

【任务实施】

一、读标题栏

通过标题栏可知，零件名称为尾架端盖，材料为灰铸铁（HT150），说明毛坯是铸造而成，有铸造圆角、拔模斜度等结构，主要加工工序是车削加工。浏览零件的各视图及有关技术要求可知，该零件属于盘类零件，绘图比例为 1∶1，采用第一角画法等。

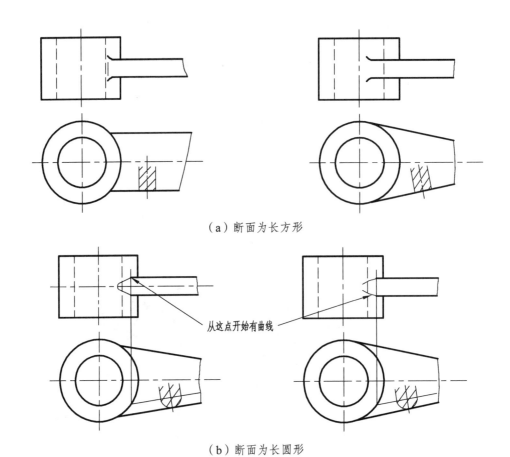

（a）断面为长方形

从这点开始有曲线

（b）断面为长圆形

图 3-2-7　肋板与圆柱相交、相切的过渡线的简化画法

二、分析视图表达方案

该零件图采用了主、右两个基本视图。主视图的轴线水平放置，符合零件的加工位置原则，右视图则主要表达零件的端面轮廓、4 个圆柱沉孔的分布情况和下方圆弧的形状与位置。主视图采用复合剖视图，表达了零件轴向的内部结构。

三、读视图

根据主视图、右视图的各个特征形状线框和相互对应关系，可想象出该零件的主要结构由圆筒和带圆角的方形凸缘组成。

由主视图可知圆筒正上方开有小油孔，可装油杯用来润滑；圆筒内部有阶梯孔，孔两端与螺杆配合。右视图显示出端盖左端是带圆角的方形凸缘，凸缘上开有 4 个圆柱沉孔，用以安装螺纹紧固件，将端盖与尾架机座连接。综合想象，该零件结构如图 3-2-8 所示。

四、读尺寸标注

零件的径向基准是回转体轴线，以此为基准的径向尺寸有 $\phi25^{+0.021}_{0}$、$\phi60$、$\phi75^{-0.030}_{-0.076}$ 等定形尺寸和 $\phi110$、85、10 等定位尺寸；轴向主要基准是端盖的左侧台阶面，以此为基准的尺寸有 3×0.5、7、15。

图 3-2-8　尾架端盖立体图

$4×\phi9 \sqcup \phi12 \downarrow 9$ 表示 4 个圆柱形沉孔，小孔直径为 $\phi9$，大孔直径为 $\phi12$，沉孔深为 9。115×115 表示宽和高都为 115。

$\phi25^{+0.021}_{0}$、$\phi10^{+0.036}_{0}$ 内孔和 $\phi75^{-0.030}_{-0.076}$ 外圆注出了极限偏差值，说明与其他零件有配合要求，是重要尺寸。

五、读技术要求

图中对 $\phi60$、$\phi75$ 端面和左侧台阶面分别提出了圆跳动要求，表明这 3 个表面是重要安装面。

$\boxed{\swarrow\,|\,0.03\,|\,B\,}$：被测表面对 $\phi25^{+0.021}_{0}$ 孔轴线的圆跳动公差值为 0.03。

此外，端盖 $\phi25$、$\phi10$ 内孔和 $\phi75$ 外圆表面有配合要求，故表面粗糙度 Ra 的上限值为 3.2 μm，其余表面粗糙度 Ra 值为 6.3 μm，从而得知该零件的整体质量要求较高。

任务三　用 AutoCAD 绘制尾架端盖零件图

【任务描述】

建立 A4 图幅，选择合适的绘图与编辑命令，按 1∶1 绘制如图 3-2-1 所示的尾架端盖零件图，并应掌握尺寸及技术要求的标注方法。

【任务分析】

图 3-2-1 所示尾架端盖零件图采用了一个全剖的主视图和一个右视图。可先从特征视图右视图绘制，右视图上的 4 个同心圆，可先绘制一个，然后用"环形阵列"命令快速绘制。主视图外部轮廓和中间的通孔关于轴线基本对称，应用"镜像"命令可提高绘图速度。

【任务实施】

一、设置绘图环境

创建 A4 图幅（210 mm×297 mm），设置图层、文字样式、尺寸标注样式，绘制图框和标题栏，或直接调用"A4.dwt"图形样板文件，使用设置好的绘图环境。

二、绘制视图

（1）调用带圆角的"矩形"命令绘制矩形 115 mm×115 mm，调用"直线"命令绘制中心线和轴线，调用"圆"命令绘制定位圆 ϕ110 mm 以及同心圆 ϕ9 mm 和 ϕ12 mm，如图 3-3-1（a）所示。

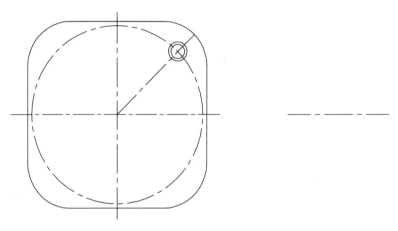

图 3-3-1　尾架端盖零件图绘制（一）

（2）利用"打断"命令，修改中心线长度，圆弧按逆时针指向两个打断点，并把同心圆连同中心线一起"环形阵列"；利用"圆"命令绘制 ϕ60 mm 和 ϕ25 mm 的圆，并利用"偏移"命令绘制倒角圆；利用"直线"命令绘制主视图中外部轮廓以及中间通孔轮廓的上半部分；利用"圆角"命令绘制圆角 R7，利用"倒角"命令绘制倒角 C1，如图 3-2-2 所示。

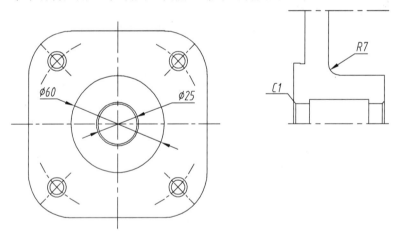

图 3-3-2　尾架端盖零件图绘制（二）

（3）利用"镜像"命令快速生成主视图中的下半部分轮廓；利用"偏移"命令生成孔的定位线，偏移距离从右视图中量取，利用"直线"命令绘制阶梯孔 ϕ9 mm 和 ϕ12 mm 的上半部分轮廓，如图 3-3-3 所示。

（4）调用"镜像"命令，生成阶梯孔的下半部分轮廓，利用"直线"命令绘制孔 ϕ10 mm，深度 12 mm 以及 ϕ4 mm 的孔，如图 3-3-4 所示。

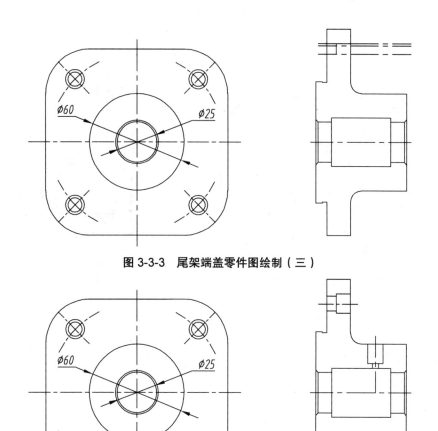

图 3-3-3　尾架端盖零件图绘制（三）

图 3-3-4　尾架端盖零件图绘制（四）

（5）利用"偏移"命令定出 R33 的中心线，利用"圆"命令绘制圆 R33，并利用"剪切"命令生成圆弧；利用"图案填充"命令绘制主视图中的剖面线；根据高平齐修改主视图中的下方外部轮廓；并绘制其余的圆角和倒角，如图 3-3-5 所示。

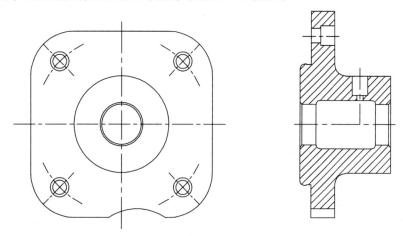

图 3-3-5　尾架端盖零件图绘制（五）

（6）绘制图形中的剖切符号，并标注，如图 3-3-6 所示。

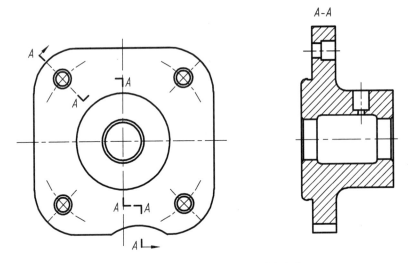

图 3-2-6　尾架端盖零件图绘制（六）

三、尺寸标注和技术要求

学生自行练习。

模块四　叉架类零件图的绘制与识读

【学习目标】

了解叉架类零件的结构特征，熟练掌握叉架类零件的视图表达方法；了解叉架类零件的尺寸标注；能够绘制和识读复杂的叉架类零件图。

任务一　识读拨叉零件图

【任务描述】

读如图 4-1-1 所示的拨叉零件图，看懂其结构形状、尺寸大小，能够抄画该零件图。

【任务分析】

要看懂拨叉零件图，首先要了解该零件在机器或部件中所起的作用，其次要熟悉叉架类零件的视图表达、尺寸标注及技术要求的标注等相关知识。

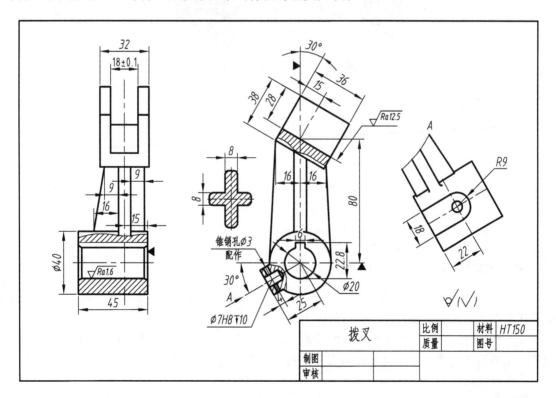

图 4-1-1　拨叉零件图

【相关知识】

一、叉架类零件的特点

叉架类零件包括支架、拨叉、连杆、摇臂、杠杆等，在机器或设备中主要起操纵、连接或支承作用，如图 4-1-2 所示。拨叉是操纵件，操纵其他零件变位，其运动就像晾晒衣服时用衣叉操纵衣架的移动一样；支架是支承件，用以支持其他零件。叉架类零件的结构一般可分为工作部分、连接部分和支承部分，工作部分和支承部分细部结构较多，如圆孔、螺孔、油槽、油孔、凸台和凹坑等；连接部分多为肋板结构，且形状有弯曲、扭斜。

图 4-1-2　常见的叉架类零件

二、叉架类零件的表达方案

叉架类零件一般都是铸造毛坯，毛坯形状较为复杂，需经不同的机械加工，且加工位置难以分出主次。在选择主视图时，主要按形状特征和加工位置（或自然位置）确定。

叉架类零件的结构形状较为复杂，一般都需要两个以上的视图。由于它的某些结构形状不平行于基本投影面，所以常用斜视图、斜剖视图和断面图来表达。对零件上的一些内部结构形状可采用局部剖视；对某些较小的结构，也可采用局部放大图。当零件的主要部分不在同一平面上时，可采用斜视图或旋转剖视图表达。

三、叉架类零件的尺寸标注及技术要求

叉架类零件的长、宽、高三个方向的尺寸基准一般选用安装基准面、零件的对称面、孔的轴线和较大的加工平面。

叉架类零件一般对工作部分的孔的表面粗糙度、尺寸公差和形位公差有比较严格的要求，应给出相应的公差值；对连接和安装部分的技术要求不高。

四、斜视图

如图 4-1-3（a）所示的零件，具有不平行于任何基本投影面的倾斜结构，在基本视图上不

能反映实形，给绘图和标注尺寸带来困难，读图也不方便。为了清晰地表达机件的倾斜结构，可设立一个新的投影面，使它与零件上倾斜部分的表面平行，然后将倾斜部分向该投影面投影，就可以得到反映倾斜结构实形的投影。这种将机件向不平行于任何基本投影面的平面投射所得到的视图称为斜视图。

画斜视图时应注意：

（1）斜视图主要用来表达机件上倾斜结构的局部实形，所以机件的其余部分不必画出，断裂边界用波浪线表示，如图 4-1-3（b）所示。

（2）必须在斜视图的上方标出视图的名称"X"，在相应的视图附近用箭头指明投影方向，并注上同样的大写拉丁字母"X"，如图 4-1-3（b）所示。

（3）斜视图通常按向视图的配置形式配置并标注，如图 4-1-3（b）所示。必要时，允许将斜视图旋转配置，此时，应按向视图标注且加注旋转符号，如图 4-1-3（c）所示。旋转符号为半径等于字体高度的半圆弧，表示斜视图名称的大写拉丁字母应靠近旋转符号的箭头端，也允许将旋转角度标在字母之后，如图 4-1-3（d）所示。可以顺时针旋转，也可以逆时针旋转，但旋转角度不能超过90°。

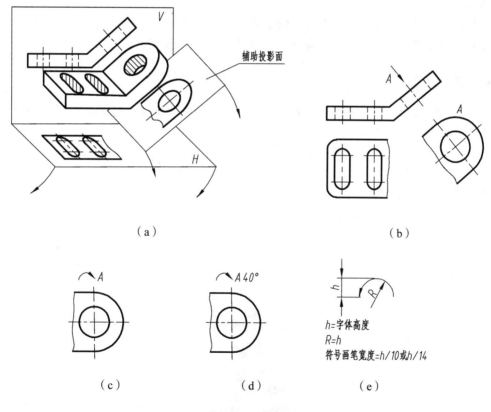

图 4-1-3　斜视图

【任务实施】

一、读标题栏

从标题栏得知零件的名称为拨叉，材料是 HT150，绘图比例为 1：1，属于叉架类零件。

二、分析视图表达方案

该零件采用了两个基本视图、一个断面图和一个斜视图共 4 个图形表达。主视图按照工作位置进行投影，反映了拨叉工作部分、支持部分及连接部分等主要结构的形状和相对位置关系。主视图有一处局部剖，主要表达 $\phi 40$ 圆筒的内部结构。左视图主要表达轴孔键槽的形状和连接板形状，左视图上有两处局部剖，一处表达拨叉工作部分的形状，另一处主要表达 $\phi 7H8$ 孔的内部形状和 $\phi 3$ 锥销孔贯通情况。移出断面图配置在剖切线的延长线上，表达了连接板和肋板的截面形状。斜视图表达了拨叉后下方凸台的形状和位置。

从视图中可以看出，拨叉的结构可以分为上、中、下三部分，上方为拨叉工作部分，是一个矩形槽；中间为十字形的肋板；下方是一个圆筒，中间开有轴孔，还有键槽。

三、读尺寸标注

该零件主要有长、宽、高 3 个方向的尺寸基准，以拨叉右端面为长度方向尺寸基准，直接注出 45、15、32 等尺寸，以矩形槽对称面为长度方向的辅助基准，注出 9、18±0.1 等尺寸，两基准之间注有联系尺寸 15。

以连接板前后对称面作为宽度方向的基准，直接注出 16、$\phi 20$、6。

以 $\phi 40$ 圆柱轴线为高度方向的基准，直接注出 80、22.8 等尺寸。

四、读技术要求

根据拨叉的功用可知，$\phi 20$ 圆柱筒内孔表面将与轴配合，其表面粗糙度 Ra 值为 1.6 μm，矩形槽底的表面粗糙度值的 Ra 值为 12.5 μm，其他为毛坯面。

尺寸公差也有一项要求，图中注出矩形槽的尺寸公差为 18±0.1，未标注形状和位置公差。

五、联系起来想整体

分析后得出其结构形状，如图 4-1-4 所示。

图 4-1-4　拨叉立体图

任务二 识读托架零件图

【任务描述】

读如图 4-2-1 所示托架零件图，看懂其结构形状、尺寸大小。

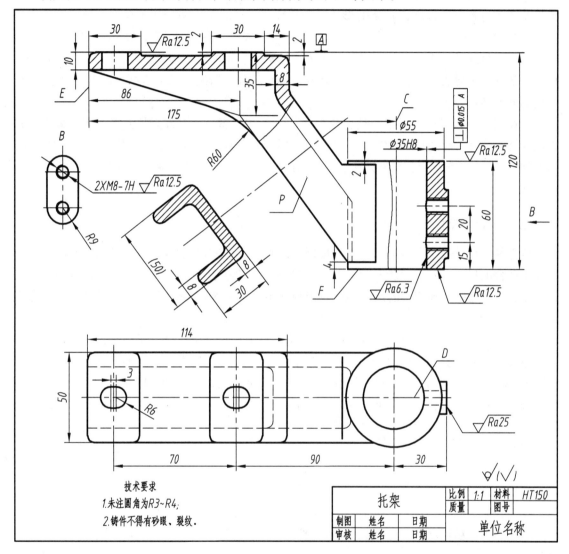

图 4-2-1 托架零件图

【任务分析】

要看懂托架零件图，首先，要了解该零件在机器或部件中所起的作用，其次，要熟悉零件图的视图表达、尺寸标注及技术要求的标注等。

【任务实施】

一、读标题栏

从标题栏得知，该零件的名称为托架，主要起连接支撑作用；材料为 HT150；比例为 1:1，属于叉架类零件。

二、分析视图表达方案

该支架用两个基本视图、一个局部视图、一个移出断面图共 4 个图形表达。主视图按照工作位置进行投影，以突出托架的形体结构特征。主视图上有两处作了局部剖视，一处表达托板上的凹槽、长腰孔的内部结构及板厚；另一处则表达 ϕ35H8 孔和 2×M8-7H 螺孔的内部形状及两者相贯通的结构情况。俯视图主要表达托架的整体外形结构及长腰孔的位置分布情况。B 向局部视图主要表达凸台的端面形状及两个螺孔的分布情况。用移出断面图着重表达 U 形肋板的断面结构及大小。

从视图中可以看出，托架的结构分为上、中、下三部分：上方为长方形托板，板中间开有深为 2 mm 的凹槽，两边各有一个 R6 的长腰孔，为安装坚固螺栓之用；下方为 ϕ55 的圆筒，右下侧有 R9 长腰凸台，并钻有两个 2×M8-7H 的螺孔，中间为 U 形肋板，把上、下部分连接成整体。

三、读尺寸标注

该零件从设计及工艺方面考虑，应以圆筒的轴线 C 作为长度方向尺寸的主要基准，并分别标出凸台的尺寸 30、右长腰孔尺寸 90 等定位尺寸。把上托板左端面 E 定为长度方向尺寸的辅助基准，由此标出到凹槽的尺寸 30、U 形板转折处尺寸 86 等定位尺寸。两基准之间注有联系尺寸是 175。

由于托板上平面 A 为重要接合面，应作为高度方向尺寸的主要基准，依此标注出 2、35 等定位尺寸。考虑到加工的复杂性，把圆筒下端面 F 作为高度方向尺寸的辅助基准，依次标注出 U 形板连接处尺寸 4、下螺孔尺寸 15 等定位尺寸。两基准之间的联系尺寸是 120。

因为托架前后对称，所以其对称中心平面 D 即为宽度方向尺寸的主要基准。另外两螺孔中心距离 20、两长腰孔中心距离 70 等也属于定位尺寸。

四、读技术要求

根据托架的功用可知，ϕ35H8 将与轴配合，其表面粗糙度 Ra 值为 6.3 μm。托架上平面为重要接合面，其表面粗糙度 Ra 值为 12.5μm。ϕ55 圆筒两端面的表面粗糙度 Ra 值为 12.5 μm，长腰形孔的表面粗糙度 Ra 值为 12.5 μm。图样上表示图中未注明的表面粗糙度均为原毛坯表面状态。

形位公差也有一项要求，图中注出 ϕ35H8 孔的轴线对托架上平面 A 的垂直度公差为 ϕ0.015 mm。

另外，要求整个铸件不得有砂眼、裂纹，所有结构的未注圆角为 R3 ~ R4。

五、综合起来想整体

通过分析想象支架的立体形状，如图 4-2-2 所示。

图 4-2-2　托架立体图

任务三　用 AutoCAD 绘制拨叉零件图

【任务描述】

建立 A4 图幅，按 1∶1 用 AutoCAD 绘制如图 4-1-1 所示的拨叉零件图。

【任务分析】

要应用 AutoCAD 绘制图示拨叉零件图，首先，要根据该类零件的结构特点和图形特点，选择合适的绘图与编辑命令完成图形的绘制，其次，应掌握尺寸及技术要求的标注方法。

【任务实施】

一、读图分析

图 4-1-1 所示拨叉零件图采用了主视图和左视图两个基本视图，反映了拨叉工作部分、支持部分及连接部分等主要结构的形状和相对位置关系。移出断面配置在剖切线的延长线上，表达了连接板和肋板的截面形状。斜视图表达了拨叉后下方凸台的形状和位置。根据图形特点，画图时可先画出左视图，根据高平齐合理设置极轴追踪角度，有助于快速准确地绘图。

二、绘图步骤

1. 设置绘图环境

创建 A4 图幅（210 mm×297 mm），设置图层，设置文字样式和标注样式，绘制图框和标题栏。

2. 绘制视图

绘制过程如下：

（1）调用"直线""圆""偏移""修剪"等命令绘制拨叉左视图的主要轮廓，如图 4-3-1（a）所示。

（2）调用"直线""偏移""修剪""图案填充"等命令，利用高平齐绘制拨叉主视图，如图 4-3-1（b）所示。

（3）调用"直线""偏移""修剪""图案填充"等命令绘制断面图，如图 4-3-1（c）所示。

（4）调用"直线""偏移""修剪""圆"等命令绘制斜视图，如图 4-3-1（d）所示。

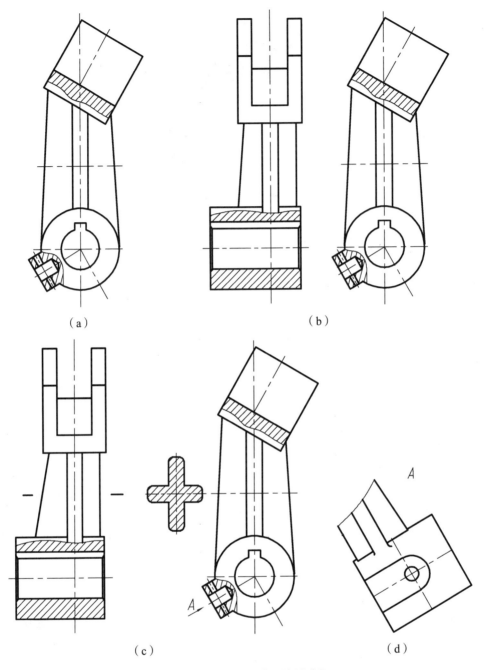

（a）　　　　　　　　　　　（b）

（c）　　　　　　　　　　　（d）

图 4-3-1　AutoCAD 拨叉绘制过程

3. 标注尺寸

调用尺寸标注工具栏，利用尺寸标注命令进行尺寸标注。

4. 标注表面粗糙度

5. 检查、存盘

模块五　箱体类零件图的绘制与识读

【学习目标】

通过识读齿轮泵体零件图，掌握箱体类零件的结构特点及表达方案；熟练掌握识读箱体类零件图的方法及步骤；掌握用 AutoCAD 绘制箱体类零件图。

任务一　识读泵体零件图

【任务描述】

读如图 5-1-1 所示的泵体零件图，看懂其结构形状、尺寸大小、加工要求等。

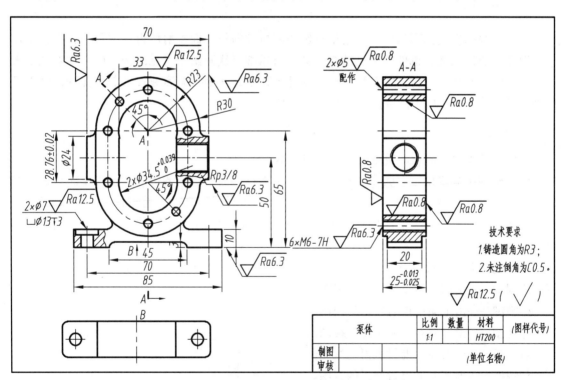

图 5-1-1　泵体零件图

【任务分析】

要看懂泵体零件图，首先，要了解该零件在机器或部件中所起的作用，其次，要熟悉零件图的视图表达、尺寸标注及技术要求的标注等。

【相关知识】

一、箱体类零件的结构特点

箱体类零件主要用于支承、包容其他零件，机器或部件的外壳、机座及主体等均属于箱体类零件。此类零件的结构往往较为复杂，一般带有腔、轴孔、肋板、凸台、沉孔及螺孔等结构。支承孔处常设有加厚凸台或加强肋，表面过渡线较多。

二、箱体类零件的表达方案

（1）箱体类零件多数经过较多工序加工而成，各工序的加工位置不尽相同。通常以最能反映形状特征及结构相对位置的一面作为主视图的投射方向，以自然安放位置或工作位置作为主视图的摆放位置。

（2）主视图选定后，根据箱体的外部结构形状和内部结构形状确定该箱体还需要的其他视图来表达外部形状和内部形状。

（3）箱体上的一些局部结构，如螺孔、凸台及肋板等，可采用局部剖视图、局部视图和断面图等表达。

三、视　图

视图是根据有关标准和规定，用正投影法将机件向投影面投射所得的图形。在机械图样中，视图主要用来表达机件的可见结构，必要时用细虚线画出不可见结构。国家标准规定表达机件的视图有基本视图、向视图、局部视图和斜视图 4 种。局部视图和斜视图的画法以及用途在模块二和模块四中已讲述，在此不再重复。

1. 基本视图

机件向基本投影面投影所得的视图，称为基本视图。

国家标准中规定用正六面体的六个面作为基本投影面，机件的图形按正投影法绘制，并采用第一角投影法（即被画机件的位置在观察者与对应投影面之间），将机件置于正六面体中，分别由前、后、上、下、左、右 6 个方向，向 6 个基本投影面作正投影，即可得到机件的 6 个基本视图。

基本视图名称及投射方向如下：

主视图——由前向后投射所得的视图。

俯视图——由上向下投射所得的视图。

左视图——由左向右投射所得的视图。

右视图——由右向左投射所得的视图。

仰视图——由下向上投射所得的视图。

后视图——由后向前投射所得的视图。

各基本投影面的展开方法如图 5-1-2（a）所示，正投影面保持不动，其他投影面按箭头所指方向展开至与正投影面在同一个平面上。展开后 6 个基本视图的配置如图 5-1-2（b）所示。

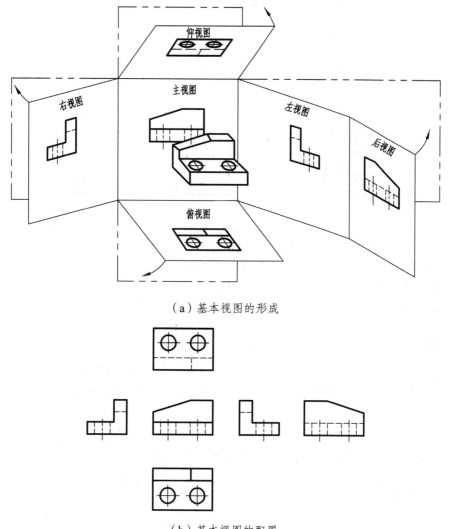

（a）基本视图的形成

（b）基本视图的配置

图 5-1-2　基本视图的形成与配置

六个基本视图的投影对应关系如下：

（1）度量对应关系，仍保持"长对正、高平齐、宽相等"的投影规律。主、后、俯、仰视图等长，主、左、右、后视图等高，左、右、俯、仰视图等宽。

（2）方位对应关系，以主视图为基准，除后视图以外，其他视图中靠近主视图的一边为机件的后面，远离主视图的一边为机件的前面。

国家标准中规定了 6 个基本视图，不等于任何机件都要用 6 个基本视图来表达。实际画图时应根据机件的结构特点和复杂程度，灵活选用必要的基本视图，一般优先选用主、俯、左 3 个基本视图，然后再考虑其他基本视图，总的要求是表达完整、清晰又不重复，使视图数量最少。

2. 向视图

在实际设计绘图中，有时为了合理利用图纸，国家标准规定了一种可以不按规定位置配置的基本视图，称为向视图，如图 5-1-3 所示。

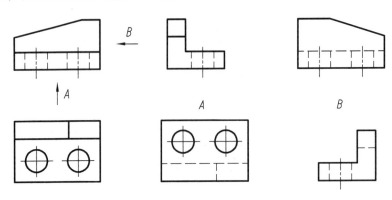

图 5-1-3 向视图及其标注

标注：在绘制向视图时，应在向视图的上方用大写的拉丁字母标注该向视图的名称（如"A""B"等），并在相应视图（尽可能是主视图）的附近用箭头指明投射方向及标注相同的字母，如图 5-1-3 所示。

四、半剖视图

当机件具有对称平面时，可以对称平面为界，用剖切平面剖开机件的一半画成剖视图，另一半画成视图，这样的图形称为半剖视图，简称半剖，如图 5-1-4 所示。

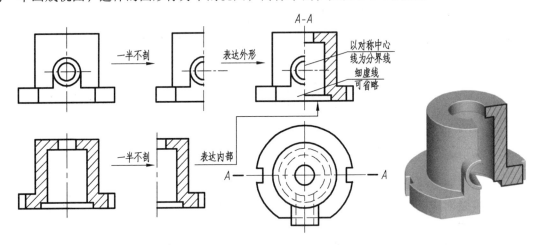

图 5-1-4 半剖视图的形成、画法及标注

由于半剖视图不仅充分表达了机件的内部形状，而且保留了机件的外部形状，所以常用它来表达内外形状都比较复杂的对称机件。

当机件的形状接近于对称，且不对称部分已另有图形表达清楚时，也可以画成半剖视图，如图 5-1-5 所示。

画半剖视图时应注意：

（1）视图与剖视图的分界线应是对称中心线（细点画线），不能画成粗实线，也不能与轮廓线重合。

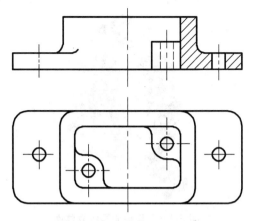

图 5-1-5　座体的半剖视图（基本对称机件）

（2）机件的内部形状在半剖视图中已经表达清楚后，在半剖视图中就不必再画出虚线。但对于孔或槽等，应画出中心线位置。

（3）画半剖视图时，当视图与剖视图左右配置时，习惯上把剖视图画在右边；当上下配置时，习惯上把剖视图画在下边。

【任务实施】

一、读标题栏

由图 5-1-1 所示的标题栏可知，零件名称为泵体，属于箱体类零件，有容纳其他零件的空腔结构，材料为灰铸铁（HT200），说明毛坯是铸造而成，有铸造圆角、拔模斜度等结构，加工工序较多，绘图比例为 1：1，采用第一角画法等。

二、分析视图表达方案

泵体零件图共有 3 个视图，即主视图、左视图、局部视图。

主视图按工作位置放置，底板放平，并以反映其各组成部分形状特征及相对位置最明显的方向作为主视方向，并采用局部剖，主要表达泵体的形状特征，泵体由上下两部分组成且左右对称。

左视图采用了由两个相交平面剖切的 A—A 全剖视图，剖切平面的位置标注在主视图上，补充表达了进、出油孔的准确位置及销与螺钉处的通孔。

局部视图是从下往上投射，主要反映底板的形状特征及安装孔的位置。

三、读视图

根据主视图、左视图以及局部视图的各个特征形状线框和相互对应关系，可想象出该泵体零件由主体部分和底板部分组成。

（1）主体部分。长圆形内腔上下为 $\phi34.5$ 的半圆柱形孔容纳一对齿轮，外形前后、左右都对称。

（2）底板部分。底板是用来固定油泵的，大致为带圆角的长方体，下面的凹槽是为了减少加工面，使泵体固定平稳。泵体整体形状的立体图如图 5-1-6 所示。

图 5-1-6　齿轮油泵的立体图

左视图中还反映了 6 个用于连接泵盖的螺纹孔的形状与位置分布。

四、读零件的尺寸标注

（1）主要基准。泵体的左右对称平面是长度方向的主要基准；后端面是宽度方向的主要基准；底面是高度方向的主要基准。

（2）主要尺寸。$\phi 34.5$ 是泵体长圆形内腔的半圆柱孔与啮合齿轮齿顶圆柱的配合尺寸；28.76±0.02 是泵体内腔两个半圆柱孔的中心距尺寸；Rp3/8 是进、出油口的管螺纹尺寸，为 55°密封管螺纹；另外，还有油孔中心高尺寸 50，底板上安装螺栓孔定位尺寸 70 等。泵体上各结构的定形尺寸及其他定位尺寸大家可自行分析。

五、读零件的技术要求

（1）读取尺寸公差。例如，$\phi 34.5^{+0.039}_{0}$ 表明泵体中上、下轴孔有尺寸公差的要求，其直径大小必须控制在 $\phi 34.5 \sim \phi 34.539$ mm。

28.76±0.02 表明泵体中上、下轴孔的中心距尺寸必须控制在 28.74 ~ 28.78 mm。

（2）读取表面结构代号。表面结构要求最高的代号为 $\sqrt{Ra\ 0.8}$ ，说明了泵体与泵盖接合前后端面、两半圆柱孔 $\phi 34.5$ mm 内表面的表面粗糙度 Ra 值为 0.8 μm。

总之，泵体的技术要求，集中在上、下轴孔和内腔表面及泵壁左端面上，因为这些轴孔和端面的表面结构、尺寸精度和形位公差直接影响泵体的质量。

【知识拓展】

第三角投影法

我国现采用的表达机件的画法属于第一角画法，但美国、日本等国家则采用第三角画法，且国际标准规定，第一角画法和第三角画法等效使用。当今世界国际间的技术交流和协作日益密切，因此，我们有必要了解第三角画法，以适应日益发展的科学技术交流的需要。

1. 第三角投影原理

如图 5-1-7 所示，3 个互相垂直相交的投影面将空间分为 8 个部分，每部分为一个分角，依次为Ⅰ、Ⅱ…Ⅷ分角。

第一角画法是将机件置于第一分角内，使机件处于观察者与投影面之间而得到的多面正投影［见图 5-1-8（a）］。第三角画法是将机件放在第三分角内，并使投影面（假想是透明的）处于观察者与机件之间而得到的多面正投影，如图 5-1-8（b）所示。

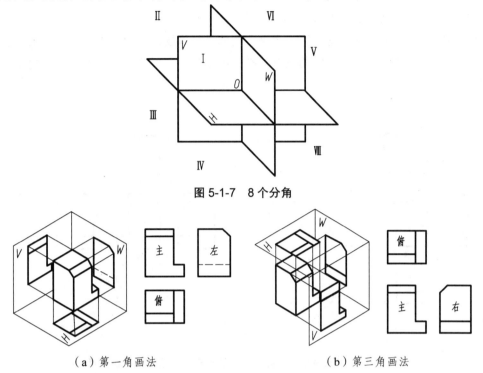

图 5-1-7　8 个分角

（a）第一角画法　　　　　　　　　　（b）第三角画法

图 5-1-8　第一角画法与第三角画法的对比

2. 第三角视图画法

采用第三角画法时，将机件向正六面体的 6 个平面进行投射，然后按图 5-1-9 所示方法展开，也可得到 6 个基本视图，其配置关系如图 5-1-10（b）所示。

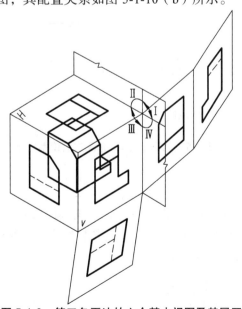

图 5-1-9　第三角画法的六个基本视图及其展开

尽管第三角画法与第一角画法 6 个基本视图的名称相同，但由于在投射时观察者、机件、投影面三者之间的相对位置不同，就决定了两种画法的展开方式和 6 个基本视图的配置不同。从图 5-1-10 所示两种配置的对比中可知：

第三角画法的俯视、仰视图与第一角画法的俯视、仰视图的位置对换；第三角画法的左、右视图与第一角画法的左、右视图的位置对换；第三角画法的主、后视图与第一角画法的主、后视图一致。

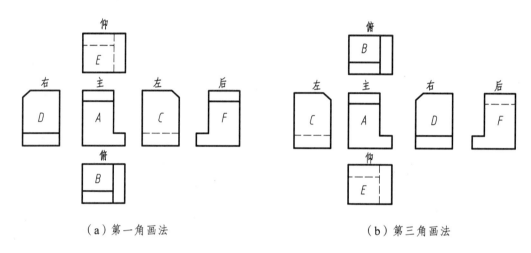

（a）第一角画法　　　　　　　　　　（b）第三角画法

图 5-1-10　第三角画法与第一角画法的 6 个基本视图配置的对比

国家标准规定，采用第三角画法时，必须在图样中画出第三角投影的识别符号，如图 5-1-11（b）所示。当采用第一角画法时，在图样中一般不画出第一角投影的识别符号，必要时才画出如图 5-1-11（a）所示的第一角投影的识别符号。

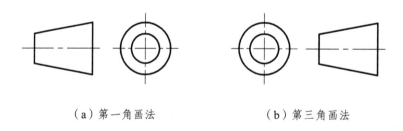

（a）第一角画法　　　　　　　　　　（b）第三角画法

图 5-1-11　第一、第三角画法的识别符号

3. 第三角投影的识读

读图时，应先确定视图的名称和投射方向，识别视图之间的方位，并用组合体读图方法——形体分析法与线面分析法进行分析，先弄清楚各组成部分的结构形状，最后综合起来想象整体形状，其步骤如图 5-1-12 所示。

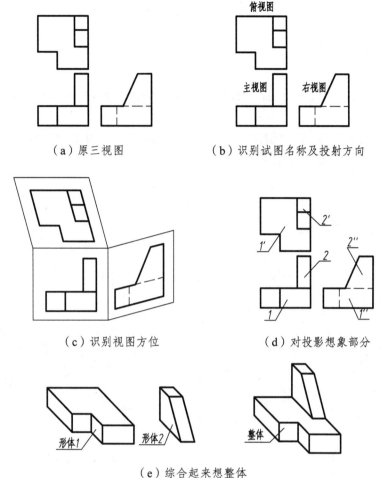

（a）原三视图 　　　　　　（b）识别试图名称及投射方向

（c）识别视图方位 　　　　　　（d）对投影想象部分

（e）综合起来想整体

图 5-1-12　第三角投影的识读步骤

任务二　用 AutoCAD 绘制泵体零件图

【任务描述】

建立 A3 图幅，按 1∶1 绘制如图 5-1-1 所示的泵体零件图。

【任务分析】

图 5-1-1 所示泵体零件图采用了一个局部剖的主视图、一个全剖左视图和一个局部视图。可先从特征视图主视图绘制，主视图关于对称中心线左右对称，安装底板和左右两凸缘应用"镜像"命令可提高绘图速度。6 个螺纹孔可先绘制一个，其余采用"复制"命令快速绘制。合理设置极轴追踪角度有助于快速准确地绘图。

【任务实施】

一、设置绘图环境

创建 A3 图幅（420 mm×297 mm），设置图层、文字样式、尺寸标注样式，绘制图框和标题栏，或直接调用"A3.dwt"图形样板文件，使用设置好的绘图环境。

二、绘制视图

绘制过程如下：

（1）调用"直线""偏移""圆""修剪"等命令绘制泵体主视图的主要轮廓，如图 5-2-1（a）所示。

（2）调用"直线""镜像""倒角""样条曲线"等命令绘制主视图中底板上阶梯孔和凸缘上螺纹孔的局部剖，如图 5-2-2 所示。

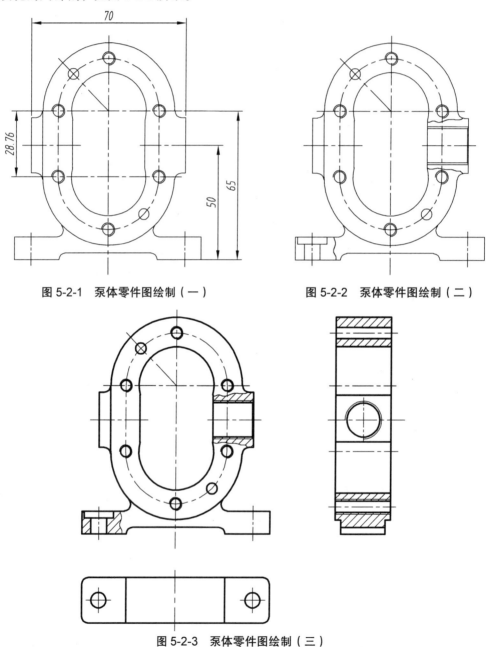

图 5-2-1　泵体零件图绘制（一）　　　图 5-2-2　泵体零件图绘制（二）

图 5-2-3　泵体零件图绘制（三）

（3）调用"直线""圆""镜像""圆角"等命令绘制俯视图和左视图，并完成主视图和左视图中的图案填充，如图 5-2-3 所示。利用对象捕捉追踪功能，保证主、左视图高平齐，主、俯视图长对正。

（2）调用"直线""快速引线"等命令绘制剖切符号和箭头，并标注尺寸和技术要求，完成零件图的绘制，如图 5-1-1 所示。

模块六　标准件和常用件的绘制与识读

【学习目标】

掌握螺纹及螺纹紧固件的应用及画法；掌握螺栓联接的画法；掌握键联接的画法；了解齿轮的种类及作用，掌握单个圆柱直齿齿轮及其一对齿轮啮合的画法；了解斜齿轮、锥齿轮、蜗轮蜗杆传动的画法；了解滚动轴承和圆柱螺旋压缩弹簧的构造、类型及画法；掌握用 AutoCAD 绘制螺栓联接装配图。

任务一　绘制螺栓联接

【任务描述】

如图 6-1-1 所示为需要联接的两块钢板实物图。要求选择合适的螺栓、螺母、垫圈进行联接，按简化画法绘制螺栓联接图，按照标准件的标记示例写出选定的螺栓、螺母、垫圈的标记。

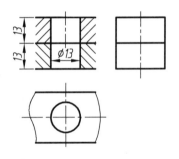

图 6-1-1　完成螺栓联接图

【任务分析】

螺栓、螺母、垫圈是标准件，其形状和结构都已标准化，国家标准规定了相应的表示法。要完成此任务，需要掌握螺纹、螺纹紧固件及螺纹紧固件联接的简化画法，以及查阅标准结构和标准件相关参数的方法。

【相关知识】

一、螺　纹

1. 螺纹的形成

各种螺纹都是根据螺旋线原理加工而成的，螺纹加工大部分采用机械化批量生产。小批量、单件产品，外螺纹可采用车床加工，也可以采用碾压加工，如图 6-1-2 所示。内螺纹可以在车床上加工，也可以先在工件上钻孔，再用丝锥攻制而成，如图 6-1-3 所示。

（a）车削外螺纹　　　　　　　　　（b）碾压外螺纹

图 6-1-2　外螺纹加工

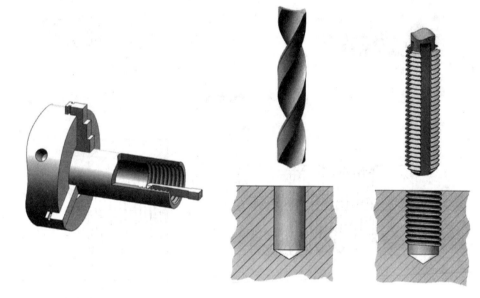

（a）车削内螺纹　　　　　（b）钻头钻孔　　　　（c）丝锥加工螺纹

图 6-1-3　内螺纹加工

2. 螺纹的基本要素

螺纹的基本要素包括牙型、直径、螺距、导程、线数和旋向等。

（1）牙型。

在通过螺纹轴线的剖面上，螺纹的轮廓形状称为螺纹牙型。常见的螺纹牙型有三角形（60°、55°）、梯形、锯齿形、矩形等，如图 6-1-4 所示。

（2）大径、小径和中径。

与外螺纹牙顶或内螺纹牙底相重合的假想圆柱面的直径称为大径。与外螺纹牙底或内螺纹牙顶相重合的假想圆柱面的直径称为小径。在大径与小径中间，即螺纹牙型的中部，可以找到一个凸起和沟槽轴向宽度相等的位置，该位置对应的螺纹直径称为中径。中径是假想圆柱的直径，假想圆柱称为中径圆柱，中径圆柱的轴线称为螺纹轴线，中径圆柱的母线称为中径线。外螺纹的大径、小径和中径用符号 d、d_1、d_2 表示；内螺纹的大径、小径和中径用符号 D、D_1、D_2 表示，如图 6-1-5 所示。

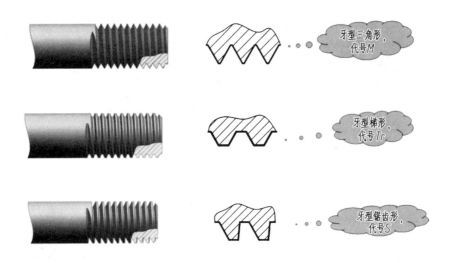

图 6-1-4　螺纹的牙型

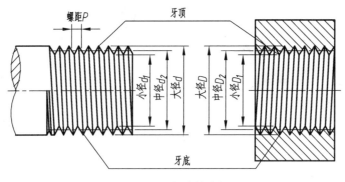

图 6-1-5　螺纹的直径

（3）线数。

形成螺纹的螺旋线条数称为线数，线数用字母 n 表示。沿一条螺旋线形成的螺纹称为单线螺纹，沿两条以上螺旋线形成的螺纹称为多线螺纹，如图 6-1-6 所示。

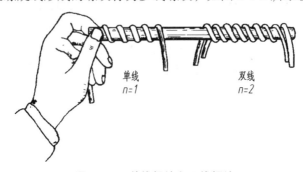

图 6-1-6　单线螺纹和双线螺纹

（4）螺距和导程。

相邻两牙在中径线上对应两点间的轴向距离称为螺距，螺距用字母 P 表示；同一螺旋线上的相邻两牙在中径线上对应两点间的轴向距离称为导程，导程用字母 P_h 表示，如图 6-1-7 所示。线数 n、螺距 P 和导程 P_h 之间的关系为 $P_h = P \times n$。

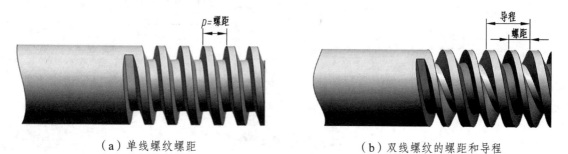

（a）单线螺纹螺距　　　　　　　　　（b）双线螺纹的螺距和导程

图 6-1-7　螺距和导程

（5）旋向。

螺纹分为左旋螺纹和右旋螺纹两种。螺纹的旋向是指螺纹旋进的方向，判断螺纹旋向的方法是左、右手法则，如图 6-1-8 所示。工程上常用右旋螺纹。

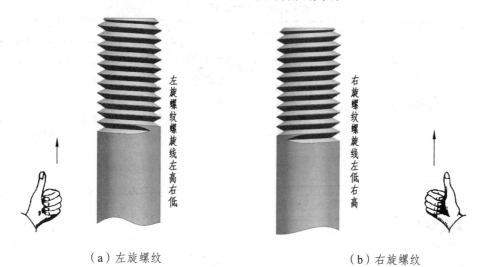

（a）左旋螺纹　　　　　　　　　　　（b）右旋螺纹

图 6-1-8　螺纹的旋向

国家标准对螺纹的牙型、直径和螺距做了统一规定。这三项要素均符合国家标准的螺纹称为标准螺纹；凡牙型不符合国家标准的螺纹称为非标准螺纹；只有牙型符合国家标准的螺纹称为特殊螺纹。

注意：只有牙型、大径、螺距、线数和旋向等诸要素均相同的内、外螺纹才能旋合在一起。

3. 螺纹的分类

螺纹的分类如图 6-1-9 所示。

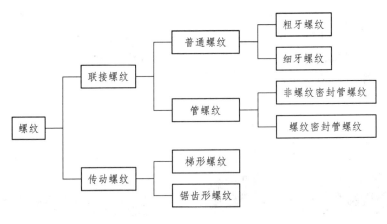

图 6-1-9　螺纹的分类

4. 螺纹的规定画法

由于螺纹是由专用设备加工的,所以在绘制螺纹时,一般不按真实投影作图,国家标准 GB/T 4459.1—1995 对螺纹及螺纹紧固件的表示法作了相应的规定,螺纹的规定画法如表 6-1-1 所示。

表 6-1-1　螺纹的规定画法

类型	画法举例	说　明
外螺纹	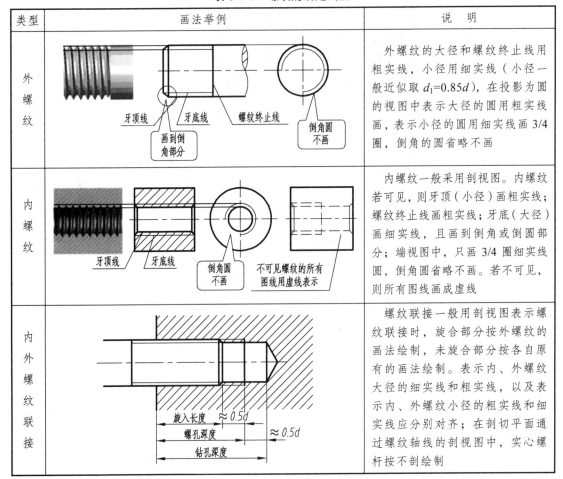	外螺纹的大径和螺纹终止线用粗实线,小径用细实线(小径一般近似取 $d_1=0.85d$),在投影为圆的视图中表示大径的圆用粗实线画,表示小径的圆用细实线画 3/4 圈,倒角的圆省略不画
内螺纹		内螺纹一般采用剖视图。内螺纹若可见,则牙顶(小径)画粗实线;螺纹终止线画粗实线;牙底(大径)画细实线,且画到倒角或倒圆部分;端视图中,只画 3/4 圈细实线圆,倒角圆省略不画。若不可见,则所有图线画成虚线
内外螺纹联接		螺纹联接一般用剖视图表示螺纹联接时,旋合部分按外螺纹的画法绘制,未旋合部分按各自原有的画法绘制。表示内、外螺纹大径的细实线和粗实线,以及表示内、外螺纹小径的粗实线和细实线应分别对齐;在剖切平面通过螺纹轴线的剖视图中,实心螺杆按不剖绘制

204

5. 螺纹的标注方法

在图样中，螺纹的规定画法不能表达出螺纹牙型、螺距、线数和旋向等结构要素，因此在表示螺纹时，必须按照国家标准规定的标记进行标注。

（1）螺纹标注时的注意事项。

①普通螺纹有粗牙和细牙之分，粗牙不注螺距。

②左旋螺纹要注写 LH，右旋螺纹不注写。

③螺纹公差带代号包括中径和顶径公差带代号，如果中径和顶径公差带代号相同，则只标注一个代号。内螺纹用大写字母表示，外螺纹用小写字母表示。

④普通螺纹的旋合长度规定为短（S）、中（N）、长（L）三组，中等旋合长度不注写。

⑤55º非密封管螺纹的内螺纹与55º密封管螺纹的内、外螺纹只有一种公差等级，公差带代号省略不注。55º非密封管螺纹的外螺纹有 A、B 两种公差等级，螺纹公差等级代号标注在尺寸代号的后面。

（2）常用标准螺纹的标记。

普通螺纹、梯形螺纹和锯齿形螺纹的标记构成如下：

| 螺纹代号 | 公称直径×螺距 | 旋向 | – | 中径公差带代号 | 顶径公差带代号 | – | 旋合长度代号 |

【例 6-1-1】某粗牙普通内螺纹，大径为 16 mm，右旋，中径与顶径公差带代号均为 7H，中等旋合长度，其标记为 M16-7H。

【例 6-1-2】某普通细牙外螺纹，大径为 20 mm，螺距为 2 mm，左旋，中径、顶径公差带代号分别为 5g、6g，短的旋合长度，其标记为 M20×2LH-5g6g-S。

【例 6-1-3】某双线梯形内螺纹，公称直径为 40 mm，导程为 14 mm，右旋，中径、顶径公差带代号均为 7H，长的旋合长度，其标记为 Tr40×7（14/2）-7H-L。

（3）管螺纹的标记。

管螺纹的标记构成为 螺纹特征代号 尺寸代号 公差等级代号 – 旋向代号

【例 6-1-4】某右旋圆锥内螺纹，尺寸代号为 3/4，其标记为 Rc3/4。

【例 6-1-5】某 A 级右旋管螺纹，尺寸代号为 11/2，其标记为 G11/2A。

（4）常用螺纹的标注。

常用螺纹的标注示例如表 6-1-2 所示。

表 6-1-2　常用螺纹的标注示例

螺纹类别		特征代号		标注示例	说　明
联接螺纹	普通螺纹	M	粗牙	M10-6g　　M10-7H	粗牙普通螺纹，公称直径 10 mm，螺距 1.5 mm，右旋；左图外螺纹中径、顶径公差带代号都是 6g；右图内螺纹中径、顶径公差带代号都是 7H；中等旋合长度

续表

螺纹类别		特征代号		标注示例	说明
联接螺纹	普通螺纹	M	细牙	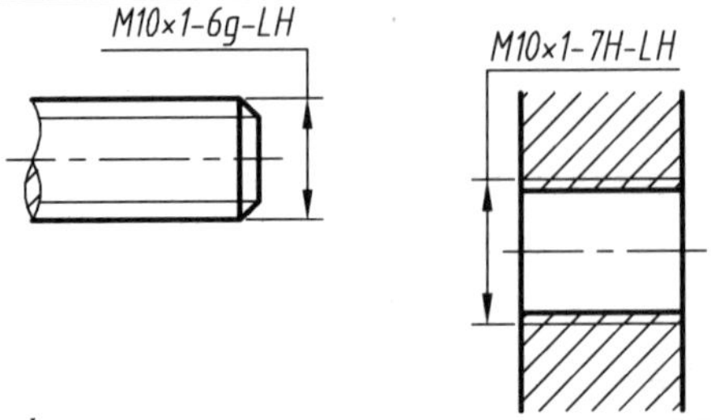M10×1-6g-LH M10×1-7H-LH	细牙普通螺纹，公称直径 10 mm，螺距 1 mm，左旋；左图外螺纹中径、顶径公差带代号都是 6g；右图内螺纹中径、顶径公差带代号都是 7H；中等旋合长度
联接螺纹	管螺纹	G	55°非密封管螺纹	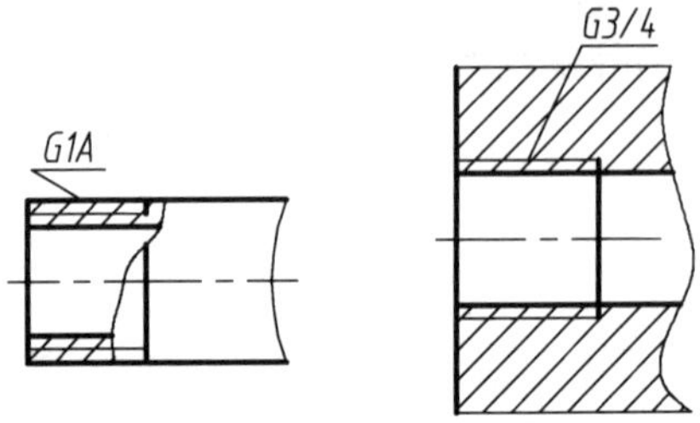G1A G3/4	左图 55°非密封圆柱外螺纹的尺寸代号为 1，公差等级为 A 级（外螺纹公差等级分为 A 级和 B 级两种）；右图 55°非密封圆柱内螺纹的尺寸代号为 3/4，内螺纹公差等级只有一种，省略不注
联接螺纹	管螺纹	Rp R_1 Rc R_2	55°密封管螺纹	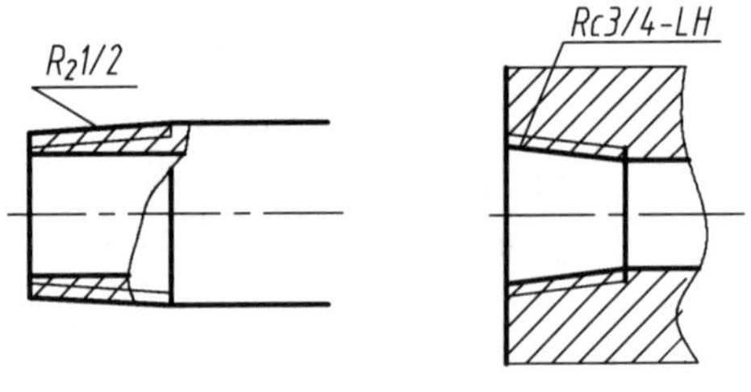R21/2 Rc3/4-LH	左图 55°密封的与圆锥内螺纹配合的圆锥外螺纹，特征代号为 R_2，尺寸代号为 1/2，右旋；右图 55°密封的圆锥内螺纹，特征代号为 Rc，尺寸代号为 3/4，左旋；Rp 表示圆柱内螺纹，R_1 表示与圆柱内螺纹相配合的圆锥外螺纹
传动螺纹	梯形螺纹	Tr		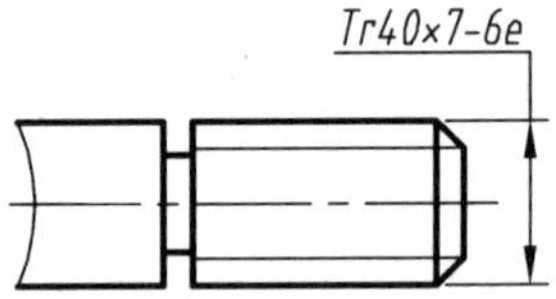Tr40×7-6e	梯形外螺纹，公称直径 40 mm，单线，螺距 7 mm，右旋，中径公差带代号 6e；中等旋合长度
传动螺纹	锯齿形螺纹	B		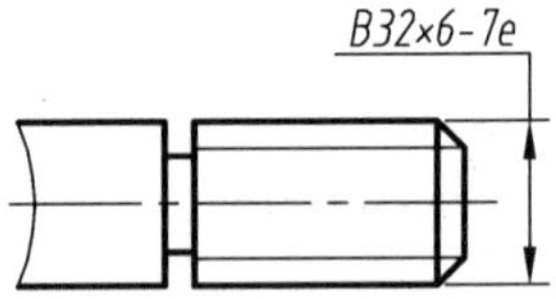B32×6-7e	锯齿形外螺纹，公称直径 32 mm，单线，螺距 6 mm，右旋，中径公差带代号 7e；中等旋合长度

标注普通螺纹、梯形螺纹和锯齿形螺纹等米制螺纹时，其标记应该直接标注在大径的尺寸线上或其引出线上；管螺纹的标记必须标注在大径的引出线上，引出线应由大径处引出或由对称中心处引出。

二、螺纹紧固件

1. 常用螺纹紧固件的种类和标记

常用螺纹紧固件有螺栓、双头螺柱、螺钉、螺母和垫圈等，如图 6-1-10 所示。它们的结构、尺寸都已分别标准化，称为标准件。在使用或绘图时，只要知道其规定标记，就可以从相应标准手册中查到所需的结构、形式和尺寸。

（a）六角头螺栓　　（b）双头螺柱　　（c）六角螺母　（d）六角开槽螺母

（e）内六角圆柱头螺钉（f）开槽圆柱头螺钉　（g）开槽沉头螺钉　　（h）紧定螺钉

（i）平垫圈　　　（j）弹簧垫圈　　（k）止动垫圈　　　　（l）圆螺母

图 6-1-10　常用螺纹紧固件

常用螺纹紧固件的简化画法及标记示例如表 6-1-3 所示。

表 6-1-3　常用螺纹紧固件的画法和标记示例

名　称	简　图	标记示例	说　明
螺栓	80　M12	螺栓 GB/T 5782—2000 M12×80	螺纹规格 d=M12、公称长度 L=80 mm 的六角头螺栓
双头螺柱	50　M10	螺柱 GB/T 898—1988 M10×50	螺纹规格 d=M10、公称长度 L=50 mm 的双头螺柱
螺母	M12	螺母 GB/T 6170—2000 M12	螺纹规格 D=M12 的六角螺母
垫圈	ϕ16	垫圈 GB/T 97.1—2002 16-140HV	规格尺寸 d=16 mm，性能等级为 140HV 的平垫圈
螺钉	40　M10	螺钉 GB/T 65—2000 M10×40	螺纹规格 d=10 mm，公称长度 L=40 mm 的螺钉

2. 常用螺纹紧固件联接图画法

常见的螺纹紧固件的联接形式有螺栓联接、螺柱联接和螺钉联接三种。为方便作图，在画螺纹紧固件联接图时，一般不按实际尺寸作图，而采用比例画法做出螺纹联接件的简化图。

（1）螺栓联接的画法。

螺栓用来联接两个不太厚的能钻成通孔的零件。联接时将螺栓穿过两个被联接件上的通孔，与垫圈、螺母配合进行联接，如图 6-1-11 所示。

螺栓联接的紧固件有螺栓、螺母和垫圈。紧固件一般用比例画法绘制。所谓比例画法就是以螺栓上螺纹的公称直径为主要参数，其余各部分结构尺寸均按与公称直径成一定比例关系绘制，如图 6-1-11（a）所示。

为方便作图，画图时一般不按实际尺寸作图，而是采用按比例画出的简化画法，如图 6-1-11（b）所示，其中 $b=2d$，$k=0.7d$（螺栓头厚度），$d_0=1.1d$，$m=0.8d$，$h=0.15d$，$a=（0.3～0.5）d$。

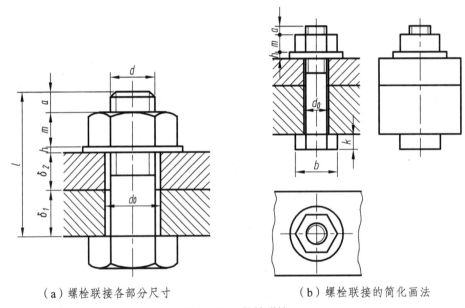

（a）螺栓联接各部分尺寸　　　　　　（b）螺栓联接的简化画法

图 6-1-11　螺栓联接

画螺栓联接图时必须遵守以下规定：

① 两零件接触面处画一条粗实线，非接触面处画两条粗实线。

② 当剖切平面沿实心零件或标准件（螺栓、螺母、垫圈等）的轴线（或对称线）剖切时，这些零件均按不剖绘制，即只画其外形。

③ 在剖视图中，相互接触的两零件的剖面线方向应相反或间隔不同。同一个零件在各剖视图中，剖面线的方向和间隔应相同。

作图时还要注意：螺栓末端应伸出螺母的端部，a 取（0.3～0.5）d，以保证在螺纹联接后不至于太短而削弱联接强度，或者螺杆伸出太长不便于装配，要合理设计螺栓的长度。螺栓长度的计算公式为

$$l=\delta_1+\delta_2+h+m+（0.3～0.5）d$$

式中，h 为垫圈的厚度；m 是螺母的厚度。

计算出 *l* 之后，还要从螺栓标准中查得符合规定的标准长度。

（2）螺柱联接的画法。

当两个被联接件中有一个很厚，或者不适合用螺栓联接时，常用双头螺柱联接。通常在较薄的零件上制成通孔，在较厚的零件上制成不通的螺孔，先将双头螺柱的旋入端旋入螺孔，再将通孔零件穿过另一端，最后套上垫圈，拧紧螺母，如图 6-1-12 所示。

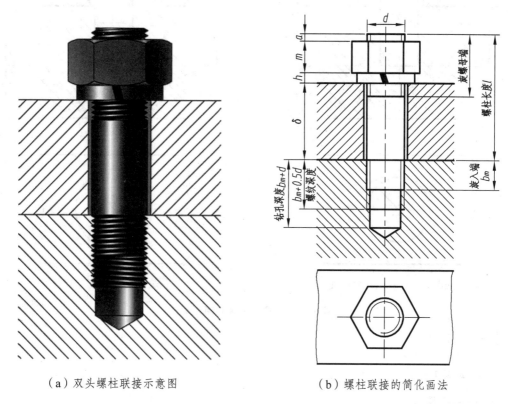

（a）双头螺柱联接示意图   （b）螺柱联接的简化画法

图 6-1-12　双头螺柱联接

双头螺柱联接的简化画法如图 6-1-12 所示。旋入端的螺纹终止线应与接合面平齐，表示旋入端已经拧紧。b_m 即旋入端长度，对于不同的材料旋入端长度各不相同，钢：$b_m=d$；铸铁：$b_m=1.25d$ 或 $1.5d$。

（3）螺钉联接的画法。

螺钉联接一般用于受力不大又不需要经常拆卸的场合。螺钉联接一般是在较厚的机件上加工出螺孔，而在另一被联接件上加工成通孔，然后将螺钉穿过通孔，拧入螺孔，从而起到联接作用，如图 6-1-13 所示。

用简化画法绘制螺钉联接，其旋入端与螺柱相同，被联接板的孔部画法与螺栓相同。

① 螺钉的螺纹终止线不能与接合面平齐，而应画在盖板的范围内。

② 具有沟槽的螺钉头部，在主视图中应被放正，在俯视图中规定画成 45°倾斜。

螺钉长度：$l=b_m+\delta$。式中，δ 为零件厚度，b_m 为旋入端长度。

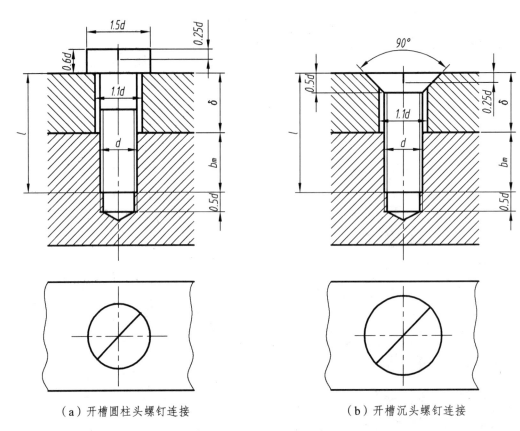

（a）开槽圆柱头螺钉连接   （b）开槽沉头螺钉连接

图 6-1-13　螺钉联接的简化画法

【任务实施】

一、绘图步骤

1. 确定孔径

根据图 6-1-1 任务给定的孔径 ϕ13，查表选择合适的螺纹公称直径 M12。

2. 确定螺栓长度

根据被联接件的厚度，计算螺栓的长度，其表达式为

$$l=\delta_1+\delta_2+h+m+(0.3\sim0.5)\,d$$
$$=(13+13+0.15\times12+0.8\times12+0.5\times12)\,\text{mm}$$
$$=43.4\,\text{mm}$$

查附表可知，螺栓的公称长度 l 的规格范围为 50～120 mm。从表中的 l 系列中，查得与 43.4 接近的值为 50，因此螺栓的公称长度 l =50 mm。

3. 确定螺栓、螺母、垫圈型号

参照螺栓等标准件的标记示例写出螺栓、螺母、垫圈的标记，如图 6-1-14 所示。

4. 画基准线和被紧固零件

选择 A4 图纸，画基准线及被紧固零件，如图 6-1-15（a）所示。

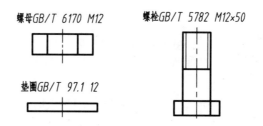

螺母GB/T 6170 M12   螺栓GB/T 5782 M12×50

垫圈GB/T 97.1 12

图 6-1-14　螺栓、螺母、垫圈标记

5. 画螺栓

根据选定的型号画螺栓，如图 6-1-15（b）所示。

6. 确定螺栓、螺母、垫圈型号

根据选定的型号画垫圈及螺母，如图 6-1-15（c）所示。

7. 检查、加深

检查、加深螺栓联接图，如图 6-1-15（d）所示。

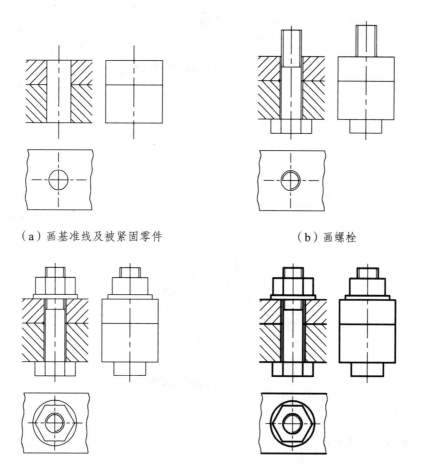

（a）画基准线及被紧固零件　　　　　　　　（b）画螺栓

（c）画垫圈及螺母　　　　　　　　（d）加深

图 6-1-15　螺栓联接图画法步骤

二、注意事项

（1）两相邻零件，接触面只画一条粗实线，不接触表面，应画出两条轮廓线。

（2）在剖视图中，两个零件剖面线方向应相反。同一个零件剖面线的倾斜方向和间隔应相同。

（3）当剖切平面通过螺栓、螺母及垫圈等紧固件的轴线时，则这些零件应按未剖切绘制（即只画外形）。

【知识拓展】

圆锥螺纹画法

具有圆锥螺纹的零件，其螺纹部分在投影为圆的视图中，只需画出一端螺纹视图，如图6-1-16所示。

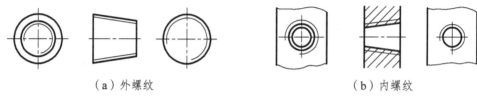

（a）外螺纹　　　　　　　　　　　　（b）内螺纹

图6-1-16　圆锥螺纹的画法

任务二　绘制键联接

【任务描述】

如图6-2-1所示，用键1联接齿轮2和轴3，键1的规格为GB/T 1096键14×9×45，轴径 d=50 mm。

【任务分析】

根据如图6-2-1中所示实物图绘制键槽图和键联接图并标注。要求学会键联接的规定画法，以及查阅键联接相关参数的方法。

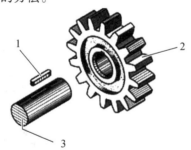

图6-2-1　完成键联接图

【相关知识】

一、键联接的作用和种类

键主要用于轴和轴上零件（如带轮、齿轮等）之间的联接，起着传递扭矩的作用。如图6-2-1所示，将键嵌入轴的键槽中，再将带有键槽的齿轮装在轴上，当轴转动时，因为键的存在，齿轮就与轴同步转动，达到传递动力的目的。键的种类很多，常用的有普通平键、半圆键和钩头楔键三种。

二、普通平键的种类和标记

普通平键根据其头部结构的不同可以分为圆头普通平键（A型）、平头普通平键（B型）、和单圆头普通平键（C型）三种形式，如图6-2-2所示。

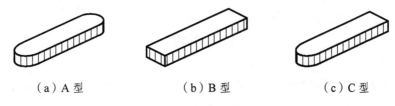

（a）A型　　　　　　（b）B型　　　　　　（c）C型

图6-2-2　普通平键的形式

普通平键的标记格式和内容为 键 形式代号 宽度×长度 标准代号 ，其中A型可省略形式代号。例如，宽度 b =18 mm、高度 h =11 mm、长度 L =100 mm 的圆头普通平键（A型），其标记是键 18×100 GB/T 1096—2003。宽度 b =18 mm、高度 h =11 mm、长度 L =100 mm 的平头普通平键（B型），其标记是键 B 18×100 GB/T 1096—2003。宽度 b =18 mm、高度 h =11 mm、长度 L =100 mm 的单圆头普通平键（C型），其标记是键 C 18×100 GB/T 1096—2003。

三、键的联接画法

1. 普通平键联接

普通平键的基本尺寸有键宽 b、高 h 和长度 L，例如，b=8 mm，h=7 mm，L=25 mm，A型平键，则标记为键 8×25（GB/T 1096—2003）。轴上键槽的深度 t_1 和轮毂上键槽的深度 t_2 可由相关手册中查出。普通平键联接如图6-2-3所示。

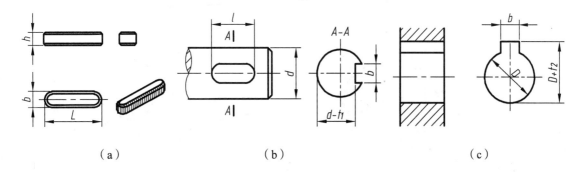

（a）　　　　　　　　　（b）　　　　　　　　　（c）

图6-2-3　普通平键联接

2. 半圆键联接

半圆键的基本尺寸有键宽 b、高 h、直径 d_1 和长度 L，例如，b=6 mm，d_1=25 mm，L=24.5 mm，则标记为键 6×25（GB/T 1097—2003）。轴上键槽的深度 t 可由相关手册中查出。轴、轮毂键槽的表示方法和尺寸标注如图6-2-4所示。

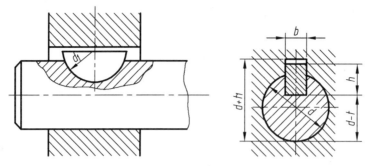

图 6-2-4 半圆键联接

3. 钩头楔键

钩头楔键的基本尺寸有键宽 b、高 h 和长度 L，例如，$b=18$ mm，$h=11$ mm，$L=100$ mm，则标记为键 18×100（GB 1565—2003）。轴、轮毂和键的装配画法如图 6-2-5 所示。

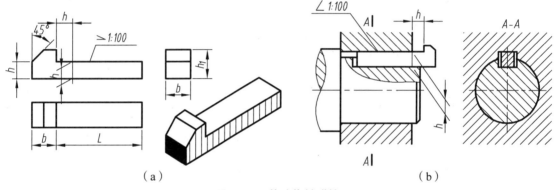

（a）   （b）

图 6-2-5　钩头楔键联接

4. 花　键

外花键的画法和螺纹相似，大径用粗实线绘制，小径用细实线绘制，但是，大小径的终止线用细实线表示，键尾用与轴线成 30°的细实线表示。当采用剖视时，若剖切平面平行于键齿剖切，键齿按不剖绘制，且大小径均采用粗实线画出。在反映圆的视图上，小径用细实线圆表示，如图 6-2-6 所示。

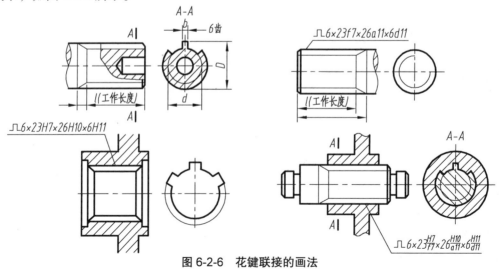

图 6-2-6　花键联接的画法

外花键的标注可采用一般尺寸标注法和代号标注法两种。一般尺寸标注法应标注出大径 D、小径 d、键宽 B（及齿数 N）、工作长度 L；用代号标注时，指引线应从大径引出，代号组成为 齿数 × 小径 × 小径公差带代号 × 大径 × 大径公差带代号 × 齿宽公差带代号

内花键的画法和标注与外花键相似，只是表示公差带的代号用大写字母表示。花键联接的画法和螺纹联接的画法相似，即公共部分按外花键绘制，不重合部分按各自的规定画法绘制。

【任务实施】

一、绘图步骤

1. 确定键的规格

根据图 6-2-1 任务给定的键 1 的规格为 GB/T 1096 键 14×9×45，查附录表，确定键联接各部分的尺寸：键 $b=14$ mm，$h=9$ mm，$L=45$ mm；轴 $t_1=5.5$ mm，毂 $t_2=3.8$ mm，轴径 $d=50$ mm。

2. 绘制键槽图

绘制轴的键槽图，如图 6-2-7（a）所示。

3. 绘制轮毂槽图

绘制轮毂键槽图，如图 6-2-7（b）所示。

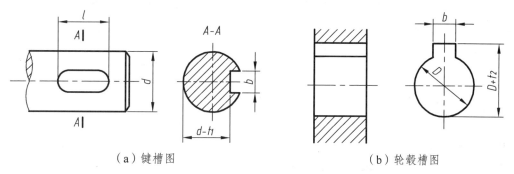

（a）键槽图   （b）轮毂槽图

图 6-2-7 键槽和轮毂槽

4. 绘制键联接图

绘制键联接图，如图 6-2-8 所示。

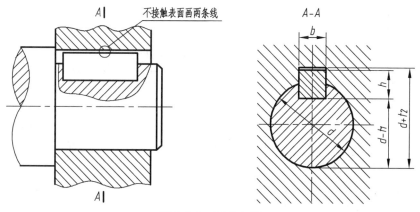

图 6-2-8 键联接图

二、注意事项

（1）键槽的宽度 b 可根据轴径 d 查表确定，轴上的键槽深度 t_1 和轮毂槽的深度 t_2 可从键的标准中查得，键的长度 L 应小于或等于轮毂的长度。

（2）绘制键槽联接图时，主视图中的键被剖切面纵向剖切，键按不剖处理，并且采用局部剖视。在左视图中，键被剖切，要画出剖面线。

（3）平键的两个侧面是工作表面，分别与轴上键槽和轮毂槽的两个侧面配合，键的底面与轴的键槽底面接触，只画一条线，而键的顶面与轮毂槽底面不接触，应画两条线。

【知识拓展】

销联接

1. 销的作用与分类

销主要用来固定零件之间的相对位置，起定位作用，也可用于轴与轮毂的连接，传递不大的载荷，还可作为安全装置中的过载剪断元件。开口销用于防止螺母松动或固定其他零件，销的常用材料为 35、45 钢。

销有圆柱销、圆锥销和开口销三种，均已标准化。圆柱销利用微量过盈固定在销孔中，经过多次装拆后，连接的紧固性及精度降低，故宜用于不常拆卸处。圆锥销有 1∶50 的锥度，拆装方便，多次装拆对连接的紧固性及定位精度影响较小，因此应用广泛。

2. 销的标记

销的标记如下：

| 标准号 | 公称直径 | 公差带代号 | ×长度 |

【例 6-2-1】销 GB/T 119.1 8m6×30

表示：公称直径 d=8 mm，公差带 m6，长度 l=30 mm 的圆柱销。

【例 6-2-2】公称直径 10 mm，公差带 h8，长度 l=50 mm 的圆柱销：

销 GB/T 119.1 10h8×50

【例 6-2-3】公称直径 d=10 mm，长 l=60 mm 的 A 型圆锥销：

销 GB/T 117 A10×60

销的种类、标记及联接画法如表 6-2-1 所示。

表 6-2-1 销的种类及联接画法

名称及标准	主要尺寸	联接画法
圆柱销 GB/T 119.1—2000	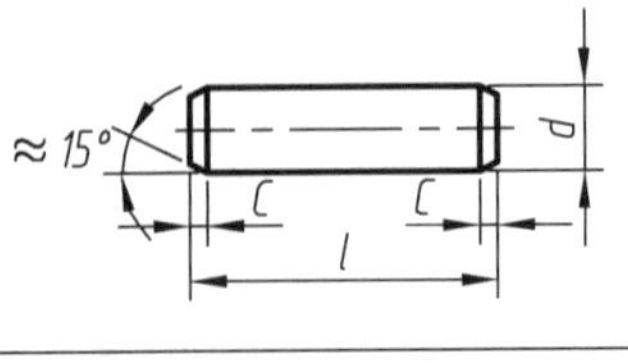 ≈15° c c l d	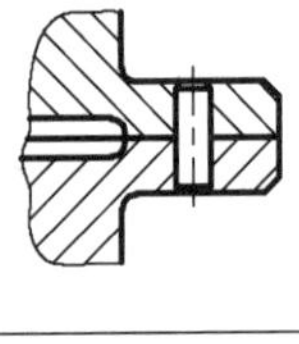

名称及标准	主要尺寸	联接画法
圆锥销 GB/T 117—2000	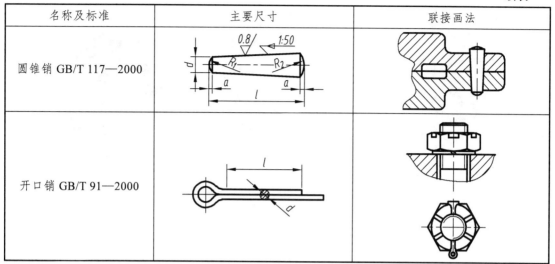	
开口销 GB/T 91—2000		

注：（1）圆柱销分为 A 型和 B 型，A 型为普通淬火，B 型为表面淬火。
　　（2）圆锥销分为 A 型和 B 型，A 型为磨制 $Ra0.8$，B 型为车制 $Ra3.2$。

任务三　绘制齿轮零件图

【任务描述】

如图 6-3-1 所示，该齿轮实物齿数 $z=18$，齿顶圆直径 $d_a=50$ mm，轮毂及轮缘的倒角 $C=1$ mm，齿厚 $b=16$ mm，齿轮中心孔直径 $D=20$ mm，轮毂槽宽 $b=6$ mm，轮毂槽深 $t_2=2.8$ mm。

图 6-3-1　直齿圆柱齿轮

【任务分析】

根据实物图和给定的尺寸绘制该齿轮零件图并标注尺寸。齿轮是常用件，其轮齿部分的参数已标准化。要完成齿轮的测绘，必须掌握齿轮的基本参数与轮齿各部分的尺寸关系及直齿圆柱齿轮的规定画法。

【相关知识】

一、齿轮的基本知识

齿轮传动在机械中被广泛应用，常用它来传递动力、改变旋转速度与旋转方向。齿轮的种类很多，常见的齿轮传动形式有 3 种，如图 6-3-2 所示。

（a）平行轴圆柱齿轮　　　　　（b）相交轴圆锥齿轮　　　　　（c）交错轴蜗轮蜗杆

图 6-3-2　常见的齿轮传动形式

如图 6-3-2（a）所示为平行轴圆柱齿轮传动：用于两平行轴线间的齿轮传动；如图 6-3-2（b）所示为相交轴圆锥齿轮：用于两相交轴线间的齿轮传动；如图 6-3-2（c）所示为交错轴蜗轮蜗杆：用于两交错轴间的齿轮传动。

齿轮种类较多，分度曲面为圆柱面的齿轮，称为圆柱齿轮。圆柱齿轮的轮齿有直齿、斜齿、人字齿等，其中最简单的是直齿圆柱齿轮。本任务主要介绍直齿圆柱齿轮的几何要素和规定画法。

1. 直齿圆柱齿轮各部分的名称及代号

直齿圆柱齿轮的几何要素及尺寸关系如图 6-3-3 所示。

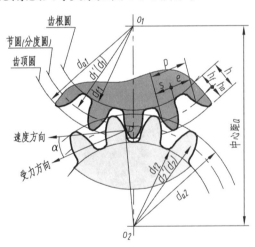

图 6-3-3　直齿圆柱齿轮各部分的名称及代号

（1）齿顶圆直径。

齿顶圆直径 d_a：通过齿顶的圆柱面直径。

（2）齿根圆直径。

齿顶圆直径 d_f：通过齿根的圆柱面直径。

（3）分度圆直径。

在垂直于齿向的截面内，用一个假想圆柱面切割轮齿，使得齿隙弧长 e 和齿厚弧长 s 相等，这个假想的圆柱面称为分度圆，其直径称为分度圆直径（d）。

（4）齿高。

齿高 h：齿顶圆和齿根圆之间的径向距离；齿顶高 h_a：齿顶圆和分度圆之间的径向距离；齿根高 h_f：齿根圆和分度圆之间的径向距离。

（5）齿距。

齿距 p：分度圆上相邻两齿廓对应点之间的弧长；齿厚 s：分度圆上轮齿的弧长；齿槽宽 e：分度圆上齿槽的弧长。

2. 直齿圆柱齿轮的基本参数

（1）齿数。

齿数 z：齿轮上轮齿的个数。

（2）模数。

由于分度圆周长 $pz=\pi d$，所以，$d=(p/\pi)z$，定义 (p/π) 为模数，模数的单位是毫米，根据 $d=mz$ 可知，当齿数一定时，模数越大，分度圆直径越大，承载能力越大。模数的值已经标准化，具体如表 6-3-1 所示。

表 6-3-1　渐开线圆柱齿轮的标准模数系列表　　　　　　　　　　　　mm

第一系列	0.1、0.12、0.15、0.2、0.25、0.3、0.4、0.5、0.6、0.8、1、1.25、1.5、2、2.5、3、4、5、6、8、10、12、16、20、25、32、40、50
第二系列	0.35、0.7、0.9、1.75、2.25、2.75、（3.25）、3.5、（3.75）、4.5、5.5、（6.5）、7、8、（11）、14、18、22、28、（30）、36、45

注：选用模数时，应优先采用第一系列，其次是第二系列，括号内的模数尽可能不用。

（3）压力角。

压力角 α：齿轮啮合时，在分度圆上啮合点的法线方向与该点的瞬时速度方向所夹的锐角。标准齿轮的压力角为 20°。

（4）中心距。

中心距 a：两齿轮轴线之间的距离。

（5）节圆直径（d）。

两齿轮啮合时，在连心线上啮合点所在的圆称为节圆。正确安装的标准齿轮的节圆和分度圆重合。

已知模数 m 和齿数 z，标准齿轮的其他参数可按表 6-3-2 所示公式计算。

表 6-3-2　标准直齿圆柱齿轮各基本尺寸计算公式

基本参数	名　称	代　号	计算公式
模数 m 齿数 z	齿距	p	$p=\pi m$
	齿顶高	h_a	$h_a=m$
	齿根高	h_f	$h_f=1.25m$
	齿高	h	$h=2.25m$
	分度圆直径	d	$d=mz$
	齿顶圆直径	d_a	$d_a=m(z+2)$
	齿根圆直径	d_f	$d_f=m(z-2.5)$
	中心距	a	$a=m(z_1+z_2)/2$

二、直齿圆柱齿轮的规定画法

1. 单个齿轮的画法

单个齿轮一般用两个视图表示。国家标准规定齿顶圆和齿顶线用粗实线绘制，分度圆和分度线用细点画线表示，齿根圆和齿根线用细实线绘制（也可以省略不画）。在剖视图中，齿根线用粗实线绘制，并不能省略。当剖切平面通过齿轮轴线时，轮齿一律按不剖绘制。单个齿轮的画法如图 6-3-4 所示。

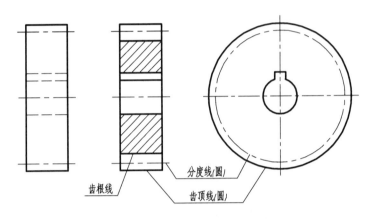

齿根线　　分度线(圆)　　齿顶线(圆)

图 6-3-4　单个直齿圆柱齿轮的画法

2. 一对齿轮啮合的画法

一对齿轮的啮合图，一般可以采用两个视图表达，在垂直于圆柱齿轮轴线的投影面的视图中（反映为圆的视图），啮合区内的齿顶圆均用粗实线绘制，分度圆相切，如图 6-3-5（a）所示；也可用省略画法，如图 6-3-5（b）所示。在不反映圆的视图上，啮合区的齿顶线不需画出，分度线用粗实线绘制，如图 6-3-5（c）所示。采用剖视图表达时，在啮合区内将一个齿轮的齿顶线用粗实线绘制，另一个齿轮的轮齿被遮挡，其齿顶线用虚线绘制，一齿轮的齿顶与另一齿轮的齿根之间距离为 $0.25m$（m 表示模数），如图 6-3-5（a）、图 6-3-6 所示。

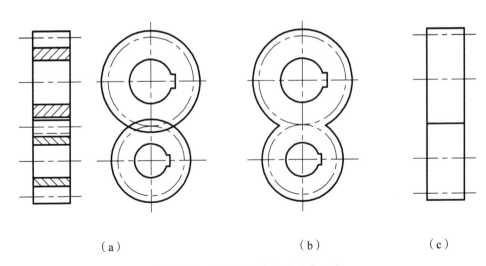

（a）　　　　　　　　　　（b）　　　　　　（c）

图 6-3-5　直齿圆柱齿轮的啮合画法

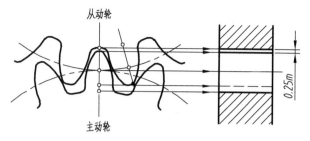

图 6-3-6　轮齿啮合区在剖视图中的画法

【任务实施】

一、绘图步骤

1. 数出齿轮齿数

该齿轮齿数 $z=18$。

2. 测量齿顶圆直径 d_a

当齿轮齿数是偶数时，d_a 可直接量出，如图 6-3-7（a）所示。当齿轮齿数是奇数时，应先测出孔径 D_1 及孔壁到齿顶间的径向距离 H，则 $d_a=D_1+2H$，如图 6-3-7（b）所示。现直接测得该齿轮齿顶圆直径 $d_a=50$ mm。

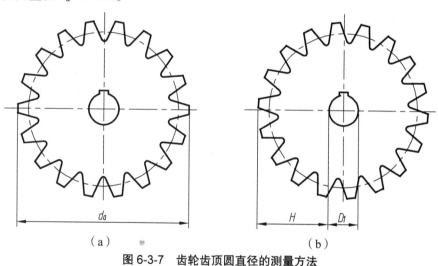

（a）　　　　　　　　　　　　（b）

图 6-3-7　齿轮齿顶圆直径的测量方法

3. 确定模数 m

根据 $d_a=m(z+2)$，可得知 $m=d_a/(z+2)$，算出模数后，与标准模数核对，选取接近的标准模数。

$m=d_a/(z+2)=50/(18+2)=2.5$（mm），与表 6-3-1 所示的标准模数核对后，选取标准模数 $m=2.5$ mm。

4. 计算轮齿各部分的尺寸

根据标准模数和齿数，按表 6-3-2 中的公式计算出 d、d_a、d_f。

经计算 $d=mz=2.5\times18=45$（mm）；$d_a=m(z+2)=50$（mm）；$d_f=m(z-2.5)=38.75$（mm）。

5. 测量齿轮的其他部分的尺寸

经测得轮毂及轮缘的倒角 $C=1$ mm，齿厚 $b=16$ mm，齿轮中心孔直径 $D_1=20$ mm，轮毂槽宽 $b_1=6$ mm，轮毂槽深 $t_1=2.6$ mm。

6. 绘制齿轮零件图（见图6-3-8）

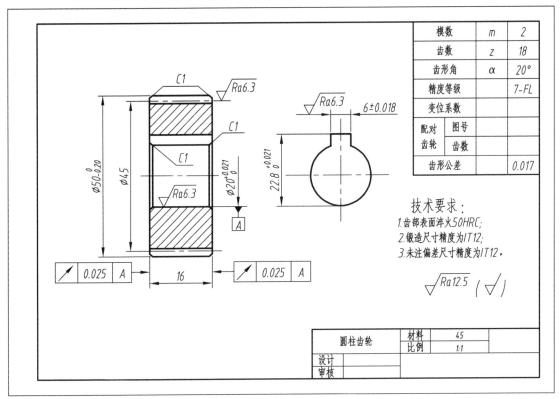

图6-3-8　圆柱齿轮零件图

二、注意事项

（1）测绘齿轮时，应注意奇数齿轮齿顶圆直径的测量方法。

（2）计算后的模数应标准化。

（3）齿轮轮毂上的键槽尺寸应查表取标准值。

【知识拓展】

一、斜齿圆柱齿轮的规定画法

斜齿轮的轮齿在一条螺旋线上，螺旋线和轴线的夹角称为螺旋角。斜齿轮的画法和直齿轮相同，当需要表示螺旋线的方向时，可用3条与齿向相同的细实线表示，如图6-3-9所示。

二、直齿圆锥齿轮的画法

直齿圆锥齿轮的齿坯如图6-3-10所示，其基本形体结构由前锥、顶锥、背锥等组成。由于圆锥齿轮的轮齿在锥面上，所以齿形和模数沿轴向是变化的。大端的法向模数为标准模数，法向齿形为标准渐开线。在轴剖面内，大端背锥素线与分度锥素线垂直，轴线与分度锥素线

的夹角 δ 称为分度圆锥角，如图 6-3-11 所示。

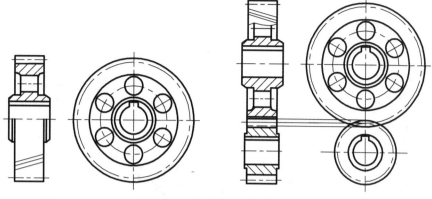

图 6-3-9　斜齿圆柱齿轮的画法

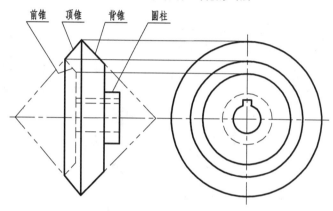

图 6-3-10　圆锥齿轮坯

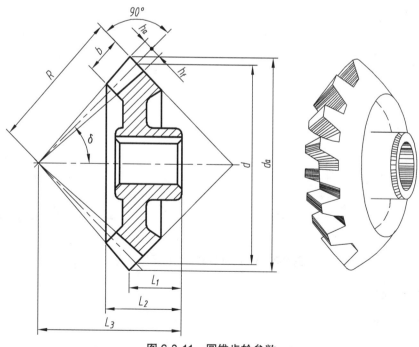

图 6-3-11　圆锥齿轮参数

直齿圆锥齿轮的画法如图 6-3-12 所示。直齿圆柱齿轮的计算公式仍适用于圆锥齿轮大端法线方向的参数计算。圆锥齿轮啮合的画图步骤如图 6-3-13 所示。安装准确的标准齿轮，两分度圆锥相切，分度锥角 δ_1 和 δ_2 互为余角，啮合区轮齿的画法同直齿圆柱齿轮。

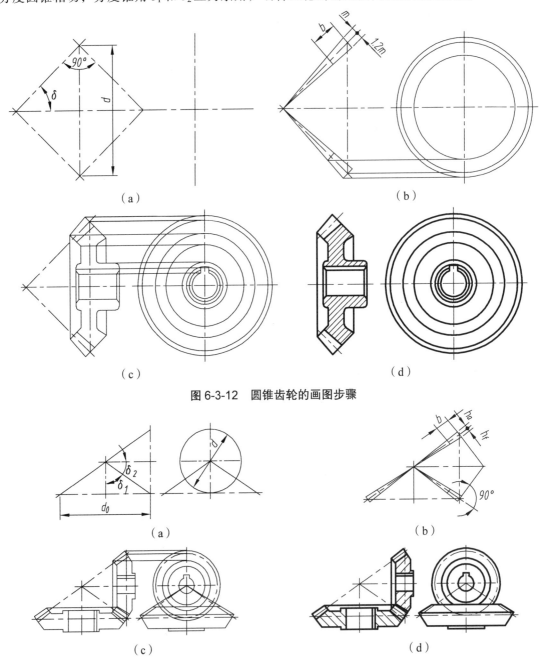

图 6-3-12　圆锥齿轮的画图步骤

图 6-3-13　圆锥齿轮啮合的画图步骤

三、蜗杆、蜗轮

1. 蜗杆的规定画法

蜗杆的形状如梯形螺杆，轴向剖面齿形为梯形，顶角为 40°，一般用一个视图表达。它的齿顶线、分度线、齿根线画法与圆柱齿轮相同，牙型可用局部剖视或局部放大图画出。具体画法如图 6-3-14 所示。

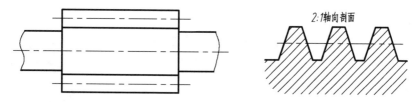

图 6-3-14　蜗杆的规定画法

2. 蜗轮的规定画法

蜗轮的画法与圆柱齿轮基本相同，如图 6-3-15 所示。在投影为圆的视图中，轮齿部分只需画出分度圆和齿顶圆，其他圆可省略不画，其他结构形状按投影绘制。

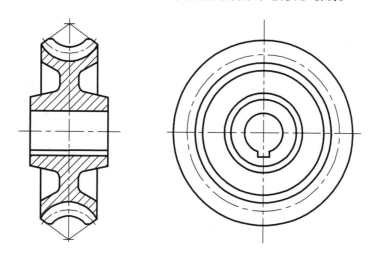

图 6-3-15　蜗轮的规定画法

3. 蜗杆、蜗轮的啮合画法

蜗杆、蜗轮的啮合画法如图 6-3-16 所示。在主视图中，蜗轮被蜗杆遮住的部分不必画出。在左视图中蜗轮的分度圆与蜗杆的分度线应相切。

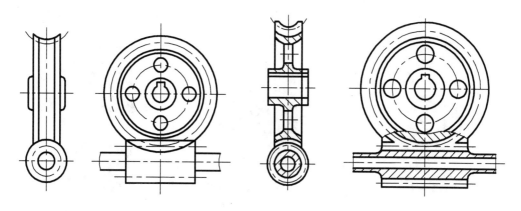

图 6-3-16　蜗杆蜗轮的啮合画法

225

任务四　绘制滚动轴承

【任务描述】

如图 6-4-1 所示，该滚动轴承代号为 6208，要求根据所给代号了解滚动轴承代号的含义，滚动轴承的结构、作用，绘制出滚动轴承的简化画法和规定画法。

【任务分析】

滚动轴承是标准件，根据滚动轴承的代号，通过查表就可以知道它的基本类型、结构和尺寸，从而可以了解它的作用，绘制出滚动轴承的简化画法和规定画法。

图 6-4-1　滚动轴承

【相关知识】

一、滚动轴承的结构

滚动轴承是用来支承旋转轴的部件，结构紧凑，摩擦阻力小，能在较大的载荷、较高的转速下工作，转动精度较高，在工业中应用十分广泛。滚动轴承的结构及尺寸已经标准化，由专业厂家生产，选用时可查阅有关标准。

1. 滚动轴承的结构

滚动轴承的结构一般由四部分组成，如图 6-4-2 所示。

外圈：装在机体或轴承座内，一般固定不动。

内圈：装在轴上，与轴紧密配合且随轴转动。

滚动体：装在内外圈之间的滚道中，有滚珠、滚柱、滚锥等类型。

保持架：用来均匀分隔滚动体，防止滚动体之间相互摩擦与碰撞。

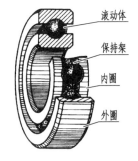

图 6-4-2　滚动轴承的结构

2. 滚动轴承的类型

滚动轴承按承受载荷的方向可分为以下三种类型：

向心轴承：主要承受径向载荷，常用的向心轴承如深沟球轴承，如图 6-4-3（a）所示。

（a）向心轴承

（b）推力轴承

（c）向心推力轴承

图 6-4-3　滚动轴承

推力轴承：只承受轴向载荷，常用的推力轴承如推力球轴承，如图 6-4-3（b）所示。

向心推力轴承：同时承受轴向和径向载荷，常用的向心推力轴承如圆锥滚子轴承，如图 6-4-3（c）所示。

二、滚动轴承的代号

滚动轴承的代号一般打印在轴承的端面上，由基本代号、前置代号和后置代号三部分组成，排列顺序如下：

| 前置代号 | 基本代号 | 后置代号 |

1. 基本代号

基本代号表示滚动轴承的基本类型、结构及尺寸，是滚动轴承代号的基础。基本代号由轴承类型代号、尺寸系列代号和内径代号构成（滚针轴承除外），其排列顺序如下：

| 类型代号 | 尺寸系列代号 | 内径代号 |

（1）类型代号。

轴承类型代号用阿拉伯数字或大写拉丁字母表示，其含义如表 6-4-1 所示。

表 6-4-1　滚动轴承类型代号及含义（GB/T 272—1993）

代号	轴承类型	代号	轴承类型
0	双列角接触球轴承	6	深沟球轴承
1	调心球轴承	7	角接触球轴承
2	调心滚子轴承和推力调心滚子轴承	8	推力圆柱滚子轴承
3	圆锥滚子轴承	N	圆柱滚子轴承
4	双列深沟球轴承	NN	双列或多列圆柱滚子轴承
5	推力轴承	QJ	四点接触球轴承

（2）尺寸系列代号。

尺寸系列代号由两位数字组成，左边一位为滚动轴承的宽（高）度系列代号，右边一位为直径系列代号，如表 6-4-2 所示。尺寸系列代号决定了轴承的外径（D）和宽度（B）。

表 6-4-2　向心轴承和推力轴承尺寸系列代号

直径系列代号	向心轴承								推力轴承			
	宽度系列代号				代号				高度系列代号			
	8	0	1	2	3	4	5	6	7	9	1	2
	尺寸系列代号											
7	—	—	17	—	37	—	—	—	—	—	—	—
8	—	08	18	28	38	48	58	68	—	—	—	—
9	—	09	19	29	39	49	59	69	—	—	—	—
0	—	00	10	20	30	40	50	60	70	90	10	—
1	—	01	11	21	31	41	51	61	71	91	11	—
2	82	02	12	22	32	42	52	62	72	92	12	22
3	83	03	13	23	33	—	—	—	73	93	13	23
4	—	04	—	24	—	—	—	—	74	94	14	24
5	—	—	—	—	—	—	—	—	—	95	—	—

（3）内径代号。

内径代号表示滚动轴承的公称直径，一般用两位阿拉伯数字表示，其表示方法如表 6-4-3 所示。

表 6-4-3　滚动轴承的内径代号（GB/T 272—1993）

公称内径 d/mm	表示方法	示 例
0.6~10（非整数）	用内径 mm 数值直接表示，尺寸系列代号与内径代号用"/"间隔开	深沟球轴承 618/1.5（d=1.5 mm）
1~9（整数）	用内径 mm 数值直接表示，深沟球轴承及角接触球轴承 7、8、9 直径系列，尺寸系列代号与内径代号用"/"间隔开	深沟球轴承 618/8（d=8 mm）
10、12、15、17	分别用 00、01、02、03 表示	深沟球轴承 6202（d=15 mm）
20~480（22、28、32 非标除外）	公称内径除以 5 的商(商仅有个位数时,在其左边加"0")	圆锥滚子轴承 32204（d=20 mm）
≥500（及非标）	用内径 mm 数值直接表示，尺寸系列代号与内径代号用"/"间隔开	调心滚子轴承 240/500（d=500 mm）

内径代号表示轴承的内径，对于内径在 20 mm 至 480 mm 之间的轴承（22 mm、28 mm、32 mm 除外），其内径代号为内径除以 5 的商数，商数为个位数时，需在商数左边加 0。例如，内径为 40 mm，则内径代号为 08。至于内径大于 480 mm，或小于 20 mm 的滚动轴承，其内径代号可查相关国家标准。轴承代号标记实例如下：

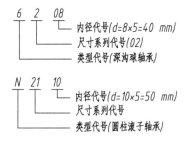

【例 6-4-1】6208，第一位数 6 表示类型代号，为深沟球轴承。第二位数 2 表示尺寸系列代号，宽度系列代号 0 省略，直径系列代号为 2。后两位数 08 表示内径代号，d=8×5=40（mm）。

【例 6-4-2】N2110，第一个字母 N 表示类型代号，为圆柱滚子轴承。第二、三两位数 21 表示尺寸系列代号，宽度系列代号为 2，直径系列代号为 1。后两位数 10 表示内径代号，内径 d=10×5=50（mm）。

2. 前置代号和后置代号

前置代号和后置代号是轴承在结构形状、尺寸、公差、技术要求等有改变时，在其基本代号左、右添加的补充代号。前置代号用字母表示；后置代号用字母（或数字）表示。

轴承代号标记示例：GS61804、51208NR 解释如下：

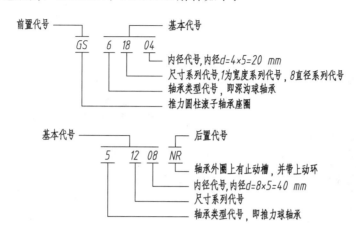

【例 6-4-3】GS61804，从左至右，GS 为前置代号，表示轴承类型代号，即推力圆柱滚子轴承座圈；6 表示轴承类型代号，即深沟球轴承；1 为宽度系列代号，8 直径系列代号；04 代表内径代号，内径 $d=4×5=20$（mm）。

【例 6-4-4】51208NR，从左至右，5 表示轴承类型代号，即推力球轴承；1 为宽度系列代号，2 为直径系列代号；08 为内径代号，内径 $d=8×5=40$（mm）；NR 为后置代号，表示轴承外圈上有止动槽，并带有止动环。

【任务实施】

一、绘图步骤

1. 确定各部分尺寸

经查表 6-4-1～6-4-3，得知滚动轴承 6208 是深沟球轴承，内径 $d=40$ mm，尺寸代号为 02，外径 $D=80$ mm，宽度 $B=18$ mm。

2. 绘制滚动轴承

滚动轴承的画法及尺寸比例如表 6-4-4 所示。其中各部分尺寸可根据滚动轴承代号从相关标准中查得。

二、注意事项

（1）在剖视图中，当不需要确切地表示滚动轴承的外形轮廓、载荷特性、结构特征时，可用矩形线框以及位于线框中央正立的十字形符号来表示，即通用画法。

（2）在剖视图中，如果需要比较形象地表示滚动轴承的结构特征时，可采用在矩形线框内画出其结构要素符号的方法表示，即特征画法。

（3）采用规定画法绘制滚动轴承的剖视图时，轴承的滚动体不画剖面线，其各套圈等可画成方向和间隔相同的剖面线，滚动轴承的保持架及倒角等可省略不画。规定画法一般绘制在轴的一侧，另一侧按通用画法绘制。规定画法中各种符号、矩形线框和轮廓线均用粗实线绘制。这是最常用的滚动轴承画法。

表 6-4-4 滚动轴承的各种画法及尺寸比例

轴承类型	结构形式	通用画法	特征画法	规定画法	承载特征
		滚动轴承在装配图中的画法			
深沟球轴承		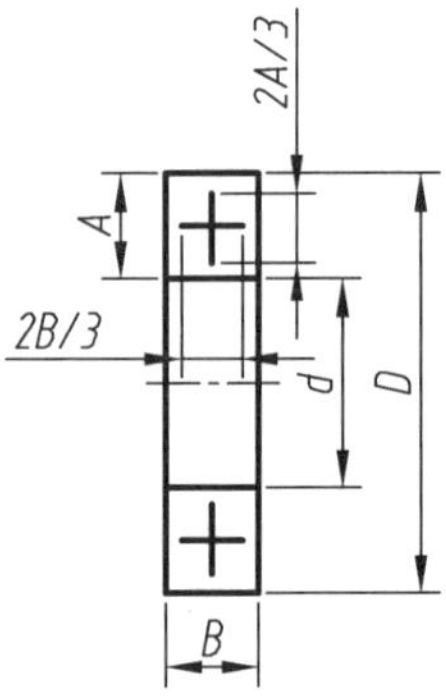	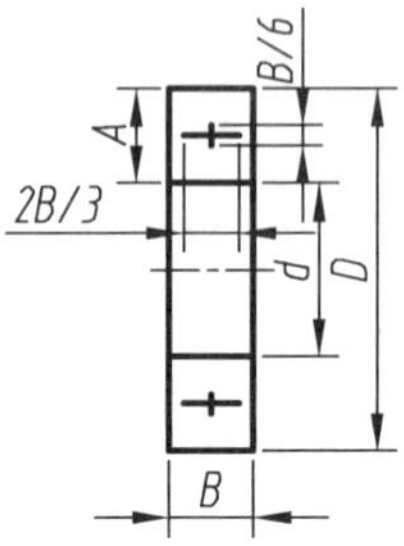	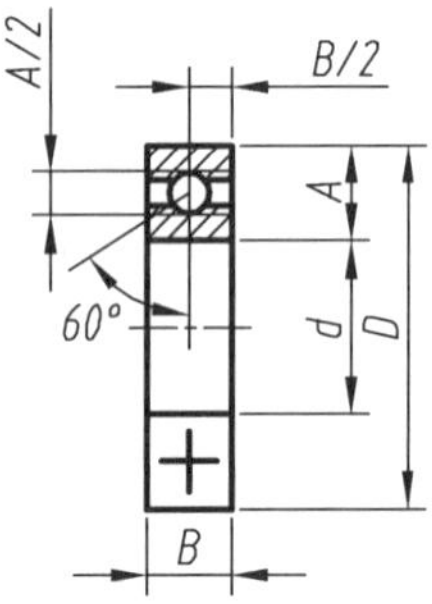	主要承受径向载荷
推力球轴承			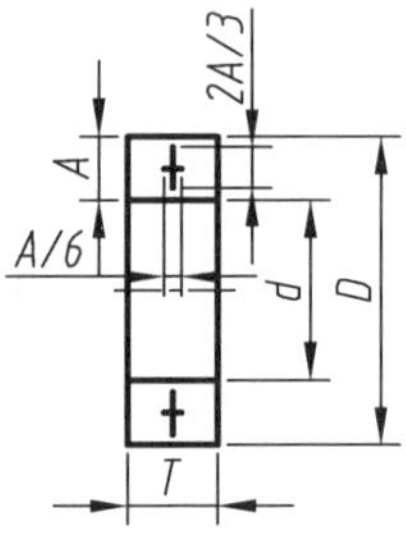	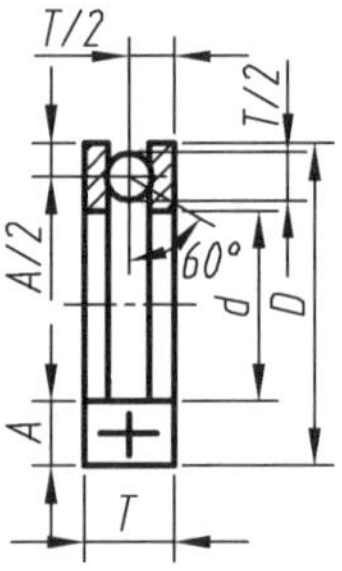	承受单方向的轴向载荷
圆锥滚子轴承			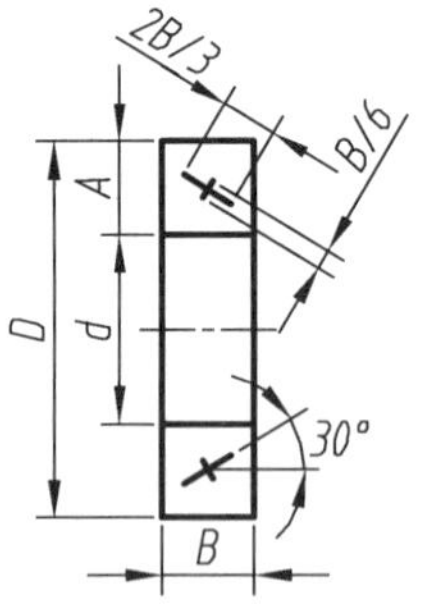	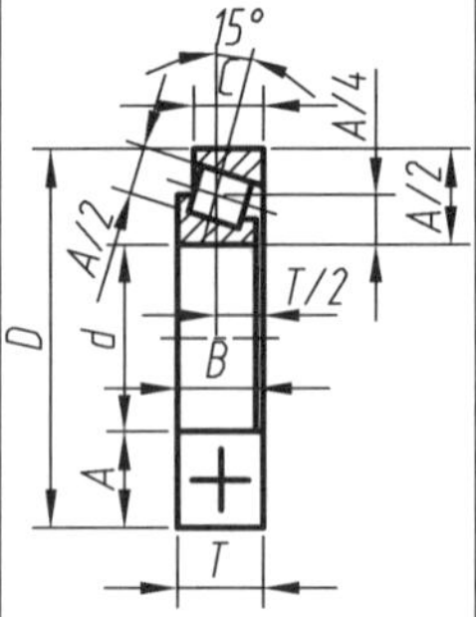	承受径向和单方向的轴向载荷

任务五 绘制弹簧

【任务描述】

如图 6-5-1 所示，该圆柱压缩弹簧的标记为 YA 1.2×8×40 GB/T 2089，根据所给标记了解圆柱压缩弹簧代号的含义，圆柱压缩弹簧的结构、作用、尺寸计算，并绘制出圆柱压缩弹簧的规定画法和在装配图中的简化画法。

【任务分析】

弹簧是一种常用件，根据所给标记可以了解弹簧的类型、结构、尺寸，从而得知它的用途，在了解它的类型、结构、尺寸之后，就可以绘制出它的规定画法和在装配图中的简化画法。

图 6-5-1　压缩弹簧

【相关知识】

一、圆柱螺旋压缩弹簧各部分的名称及尺寸计算

弹簧是机械、电器设备中一种常用的零件，主要用于减振、夹紧、储存能量和测力等。弹簧的种类很多，常见的有圆柱螺旋弹簧、板弹簧、平面涡卷弹簧和扭转弹簧等，使用较多的是圆柱螺旋弹簧，如图 6-5-2 所示。

（a）圆柱压缩弹簧　（b）拉伸弹簧　（c）扭转弹簧　　（d）平面涡卷弹簧　　　（e）板弹簧

图 6-5-2　常见弹簧类型

（1）簧丝直径 d：制造弹簧所用金属丝的直径。

（2）弹簧外径 D：弹簧的最大直径。

（3）弹簧内径 D_1：弹簧的内孔直径，即弹簧的最小直径，$D_1 = D - 2d$。

（4）弹簧中径 D_2：弹簧轴剖面内簧丝中心所在柱面的直径，即弹簧的平均直径，$D_2 = （D + D_1）/2 = D_1 + d = D - d$。

（5）有效圈数 n：保持相等节距且参与工作的圈数。

（6）支承圈数 n_2：为了使弹簧工作平衡，端面受力均匀，制造时将弹簧两端的 $\frac{3}{4}$ 至 $1\frac{1}{4}$ 圈压紧靠实，并磨出支承平面。这些圈主要起支承作用，所以称为支承圈。支承圈数 n_2 表示两端支承圈数的总和，一般有 1.5、2、2.5 圈三种。

（7）总圈数 n_1：有效圈数和支承圈数的总和，即 $n_1 = n + n_2$。

（8）节距 t：相邻两有效圈上对应点间的轴向距离。

（9）自由高度 H_0：未受载荷作用时的弹簧高度（或长度），$H_0 = nt + （n_2 - 0.5）d$。

（10）弹簧的展开长度 L：制造弹簧时所需的金属丝长度，$L \approx n_1 \sqrt{（\pi D_2）^2 + t^2}$。

（11）旋向：与螺旋线的旋向意义相同，分为左旋和右旋两种。

二、圆柱螺旋压缩弹簧的标记

圆柱螺旋压缩弹簧是标准件，弹簧的标记由类型代号、规格、精度代号、旋合代号和标准号组成，根据 GB/T 2089—2009 规定如下：$\boxed{名称}$ $\boxed{形式}$ $d×D_2×H_0$——$\boxed{精度代号}$ $\boxed{旋向代号}$ $\boxed{标准编号}$——$\boxed{表面处理}$。名称用 Y 表示；YA 表示两端圈并紧磨平的冷卷压缩弹簧，YB 表示两端圈并紧制扁的热卷压缩弹簧；d、D_2、H_0 分别代表材料直径、弹簧中径、自由高度；按 3 级精度制造时，3 级不标注；旋向代号左旋应注明"左"，右旋不表示；标准编号为 GB/T 2089。

例如，圆柱压缩螺旋弹簧，A 型，型材直径为 3 mm，中径为 20 mm，自由高度为 80 mm，制造精度为 2 级，材料为碳素弹簧钢丝 B 级，表面镀锌处理，左旋。其标记为 YA 3×20×80——2 左 GB/T 2089—2009 B 级——DoZn。

三、圆柱螺旋压缩弹簧的规定画法

1. 弹簧的画法

GB/T 4457.4—2002 对弹簧的画法作了如下规定：

（1）在平行于螺旋弹簧轴线的投影面的视图中，其各圈的轮廓应画成直线。

（2）有效圈数在 4 圈以上时，可以每端只画出 1~2 圈（支承圈除外），其余省略不画。

（3）螺旋弹簧均可画成右旋，左旋弹簧不论画成左旋或右旋，均需注写旋向"左"字。

（4）螺旋压缩弹簧如要求两端并紧且磨平时，不论支承圈为多少均按支承圈 2.5 圈绘制，必要时也可按支承圈的实际结构绘制。

弹簧的表示方法有剖视、视图和示意画法，如图 6-5-3 所示。

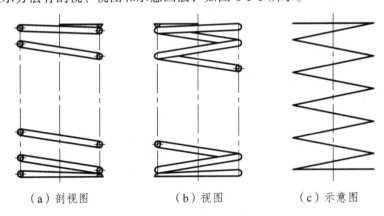

（a）剖视图　　　　　　（b）视图　　　　　　（c）示意图

图 6-5-3　圆柱螺旋压缩弹簧的表示法

圆柱螺旋压缩弹簧的画图步骤如图 6-5-4 所示。

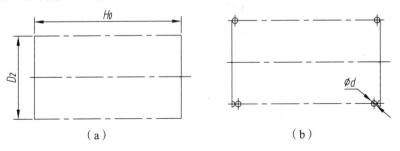

（a）　　　　　　　　　　　　　（b）

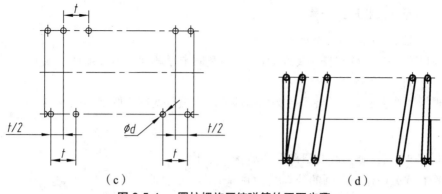

（c）　　　　　　　　　　　　　　　　　　　　（d）

图 6-5-4　　圆柱螺旋压缩弹簧的画图步骤

2. 装配图中弹簧的简化画法

在装配图中，弹簧被看作实心物体，因此，被弹簧挡住的结构一般不画出。可见部分应画至弹簧的外轮廓或弹簧的中径处，如图 6-5-5（a）所示。当簧丝直径在图形上小于或等于 2 mm 并被剖切时，其剖面可以涂黑表示，如图 6-5-5（b）所示；也可采用示意画法，如图 6-5-5（c）所示。

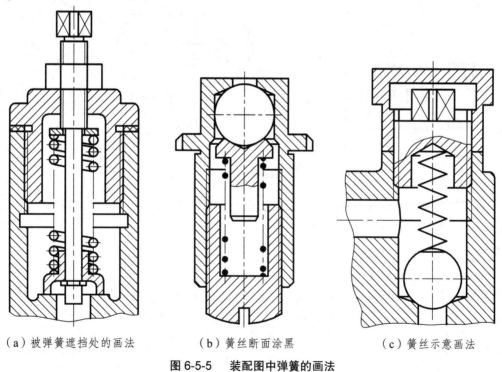

（a）被弹簧遮挡处的画法　　　　（b）簧丝断面涂黑　　　　（c）簧丝示意画法

图 6-5-5　　装配图中弹簧的画法

【任务实施】

一、确定各部分尺寸

根据标记 YA 1.2×8×40 GB/T 2089，查表后确定各部分的尺寸：冷卷、两端圈并紧磨平型弹簧，材料直径为 1.22 mm，弹簧中径为 8 mm，自由高度为 40 mm，精度等级为 2 级，右旋。

二、绘制圆柱螺旋压缩弹簧

具体的作图步骤如图 6-5-4 所示。

（1）根据弹簧中径 D 和自由高度 H_0 画出弹簧的中径线和自由高度两端线（有效圈数在四圈以上时，H_0 可适当缩短）。

（2）根据型材直径 d，画出两端支承圈部分的型材剖面图（两端均按并紧、磨平、支承圈为 $1\frac{1}{4}$ 圈绘制）。

（3）根据节距 t，画出有效圈部分的型材剖面图。

（4）按右旋方向作相应圆的公切线，并画剖面线。

（5）整理、加深、完成剖视图。

任务六　用 AutoCAD 绘制标准件及常用件

【任务描述】

绘制如图 6-6-1（a）所示的 M20 螺母和如图 6-6-1（b）所示的 M20×80 六角头螺栓。

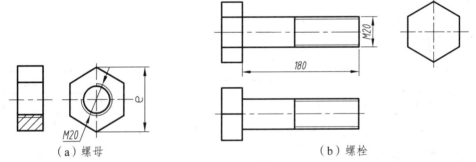

（a）螺母　　　　　　　　　　　　　　（b）螺栓

图 6-6-1　螺母和螺栓

【任务分析】

根据所给的螺母和螺栓的标记代号理解螺母和螺栓代号的含义，了解螺母和螺栓的结构、作用、尺寸计算方法，并绘制出螺母和螺栓的简化画法。

【相关知识】

螺纹连接件的简化画法

绘制螺栓连接件中螺栓、螺母的视图时，一般采用简化画法。简化画法是以螺纹的公称直径（d 或 D）为主要参数，其余各部分结构按比例关系计算尺寸后绘制，如图 6-6-2 所示。

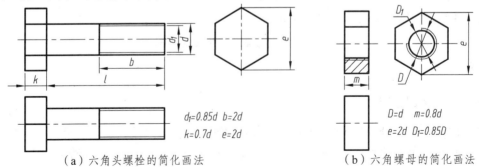

$d_1=0.85d$　$b=2d$
$k=0.7d$　$e=2d$

$D=d$　$m=0.8d$
$e=2d$　$D_1=0.85D$

（a）六角头螺栓的简化画法　　　　　　　（b）六角螺母的简化画法

图 6-6-2　螺栓、螺母的简化画法

【任务实施】

一、绘制螺母视图

绘制螺母的方法和步骤如下：

1. 调用样板图

调用 A4 图幅样板图，并另存为"螺母.dwg"。

2. 计算绘图尺寸

【例 6-6-1】绘制"M20"的螺母。

按图 6-6-2（b）所示的比例关系计算绘图的相关尺寸。

基本参数：$D=20$ mm；$D_1=0.85d=0.85\times20=17$（mm）；$e=2d=2\times20=40$（mm）；$m=0.8d=0.8\times20=16$（mm）。

3. 绘制基准线

（1）在状态栏中打开"极轴""对象捕捉""对象追踪"功能按钮。

（2）选择"点画线"图层，选择"直线"工具，按命令行提示，在适当位置指定第一点，输入"22"，回车，绘制出主视图的轴线；捕捉主视图轴线右端点，用鼠标导向并指定一点为起点，输入"46"，回车，绘制出左视图上下对称线；捕捉中点并输入"23"，回车，用鼠标导向并输入"46"，回车，绘制出左视图左右对称线；选择"复制"工具，选中主视图轴线，复制出俯视图轴线（轴线和对称中心线包括超出轮廓线长度的 3 mm）。

（3）选择"细实线"图层，选择"直线"工具，绘制出 45°辅助线，如图 6-6-3 所示。

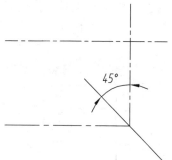

图 6-6-3　绘制基准线和辅助斜线

4. 绘制左视图

（1）选择"粗实线"图层，选择"正多边形"工具，按命令行提示，输入"6"，回车，确定六边形边数；指定左视图对称中心线的交点为中心点，按命令行提示，输入"1"，回车；输入圆的半径值"20"，回车，绘制出六边形，如图 6-6-4 所示。

（2）选择"粗实线"图层，选择"圆"工具，按命令行提示，指定左视图对称中心线的交点为圆心，绘制出六边形的内切圆；输入半径值"8.5"，回车，绘制出内螺纹为 $D_1=0.85d=0.85\times20$ mm$=17$ mm 的小径圆，如图 6-6-5 所示。

（3）选择"细实线"图层，选择"圆"工具，按命令行提示，指定左视图对称中心线的交点为圆心，输入半径值"10"，回车，绘制出内螺纹的大径 D 为 20 mm 的圆；选择"打断"

工具，将大径为 20 mm 的圆打断约 1/4，完成后的左视图如图 6-6-5 所示。

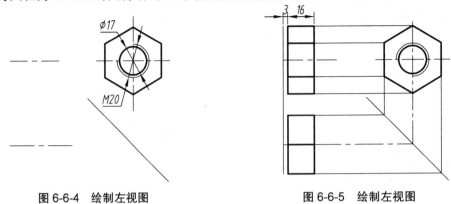

图 6-6-4　绘制左视图　　　　　图 6-6-5　绘制左视图

内螺纹大径 D 用细实线绘制，只画 3/4 圈（空出约 1/4 圈的位置不作规定）。小径 D_1 用粗实线绘制。

5. 绘制左视图、俯视图

（1）选择"细实线"图层，选择"直线"工具，指定主视图、俯视图基准线左端为起画点和通过点，绘制出辅助直线；选择"偏移"工具，输入"3"，回车；输入"16"，回车，将辅助线直线偏移，确定点画线超出轮廓线的距离为 3 mm 和螺母厚度为 0.8×20 mm=16 mm，如图 6-6-5 所示。

（2）选择"细实线"图层，选择"直线"工具，从左视图按投影关系向主视图、俯视图绘制投影线，如图 6-6-5 所示。

（3）选择"粗实线"图层，选择"矩形"工具，按命令行提示，分别指定主视图、俯视图投影线和辅助线的交点为角点，绘制矩形；选择"直线"工具，按投影线位置绘制六棱柱柱面的投影，如图 6-6-5 所示。

（4）选中投影线和辅助线，选择"删除"工具将其删除，如图 6-6-6 所示。

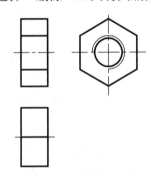

图 6-6-6　修剪删除多余图线

6. 标注尺寸

在图样上一般仅标注螺纹规格，其他尺寸可查阅相关标准。

在【菜单浏览器】主菜单中选择【格式】→【标注样式】选项，弹出【标注样式管理器】对话框，选中"圆与圆弧引出"标注样式，并将其"置为当前"。

选择"尺寸标注"图层，选择"直径标注"工具，按命令行提示，选择左视图上的细实线圆，输入"T"，回车，输入"M20"，回车，标注的尺寸如图6-6-7所示。

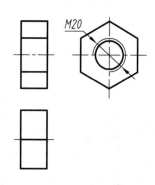

图 6-6-7　标注尺寸

二、绘制螺栓的视图

绘制螺栓的方法和步骤如下：

1. 调用样板图

调用A4图幅样板，并另存为"六角头螺栓.dwg"。

2. 计算绘图尺寸

【例6-6-2】绘制"M20×80"的六角头螺栓。

按图6-6-2所示的比例关系计算绘图的相关尺寸。基本参数：d=20 mm；小径：d_1=0.85d=0.85×20 mm=17 mm；六边形对角距：e=2d=2×20 mm=40 mm；六角头螺栓头部的厚度：k=0.7d=0.7×20 mm=14 mm；螺纹长度：b=2d=2×20 mm=40 mm。

3. 绘制基准线

（1）在状态栏中打开"极轴追踪""对象捕捉""对象捕捉追踪"功能按钮。

（2）选择"点画线"图层，选择"直线"工具，按命令行提示，在适当位置指定第一点，输入"100"，回车，绘制出主视图的轴线；捕捉主视图轴线右端点，用鼠标导向并指定一点为起点，输入"46"，回车，绘制出左视图上下对称线的中点，用鼠标导向，并输入"23"，回车，用鼠标向下导向并输入"46"，回车，绘制出左视图左右对称；选择"复制"工具，选中主视图轴线，复制出俯视图轴线（轴线或对称中心线包括超出轮廓线长度的3 mm）。

（3）选择"细实线"图层，选择"直线"工具，绘制出45°辅助线，如图6-6-8所示。

4. 绘制左视图

选择"粗实线"图层，选择"正多边形"工具，按命令行提示，输入"6"，回车，确定六边形边数；指定左视图对称中心线的交点为中心点，按命令行提示，输入"1"，回车；按命令行提示，输入圆的半径值"20"，回车，绘制出六边形，用删除命令将所画圆删除，如图6-6-9所示。

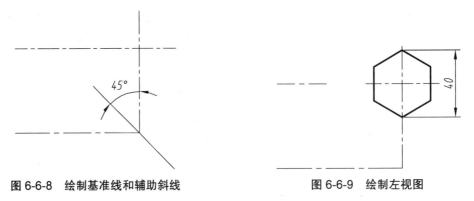

图 6-6-8　绘制基准线和辅助斜线　　　　　　　图 6-6-9　绘制左视图

5. 绘制主、俯视图

（1）选择"细实线"图层，选择"构造线"工具，指定主视图、俯视图基准线左端为起画点和通过点，绘制出辅助直线；选择"偏移"工具，输入"3"，回车；输入"14"，回车；输入"80"，回车，将辅助直线偏移，确定点画线超出轮廓线的距离为 3 mm、螺栓头部厚度为 14 mm、螺纹长度为 80 mm，如图 6-6-10 所示。

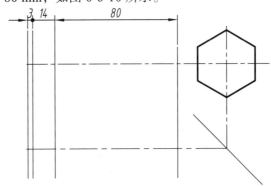

图 6-6-10　绘制并偏移辅助线

（2）选择"细实线"图层，选择"直线"工具，从左视图按投影关系向主视图、俯视图绘制投影线，如图 6-6-11 所示。

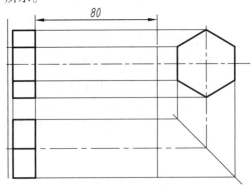

图 6-6-11　绘制投射线、矩形和交线

（3）选择"粗实线"图层，选择"矩形"工具，按命令行提示，分别指定主视图、俯视图投影线和辅助线的交点为角点，绘制矩形；选择"直线"工具，按投影线位置绘制六棱柱柱面的棱线，如图 6-6-11 所示。

（4）选中投影线和辅助线，选择"删除"工具将其删除，仅保留长度的辅助线，如图 6-6-12 所示。

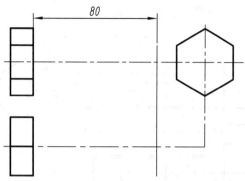

图 6-6-12　删除投射线和辅助线、绘制螺栓头部的截交线

（5）按照绘制螺母截交线的方法，绘制出螺栓头部的截交线，如图 6-6-12 所示。

（6）选择"偏移"工具，按命令行提示，输入"10"，回车；输入"8.5"，回车；输入"40"，回车，确定螺杆大径、小径和螺纹终止线的位置，如图 6-6-13 所示。

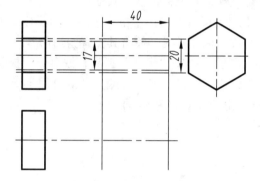

图 6-6-13　偏移对称线和辅助线

（7）外螺纹大径（d=20 mm）和螺纹终止线用粗实线绘制。

选择"粗实线"图层，选择"多段线"工具，在主视图上绘制出螺杆轮廓线；选择"直线"工具，绘制出螺纹终止线，如图 6-6-14 所示。

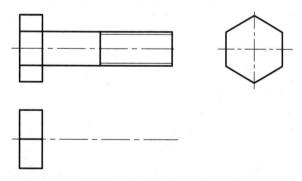

图 6-6-14　绘制螺杆轮廓线并删除辅助线和偏移线

（8）外螺纹小径（d_1=0.85d=0.85×20 mm=17 mm）用细实线绘制，倒角部分也应画出。选择"细实线"图层，选择"直线"工具，在主视图上绘制小径，如图 6-6-14 所示。

（9）选中辅助线和偏移线，选择"删除"工具将其删除，如图 6-6-14 所示。

（10）选择"复制"工具，按命令行提示，选择主视图上的螺杆为复制对象；按命令行提示，在主视图指定基点，在俯视图指定第二个点，回车，将螺杆复制到俯视图，如图 6-6-15 所示。

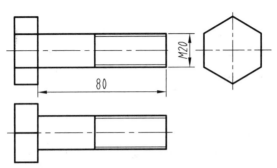

图 6-6-15　复制俯视图并标注尺寸

6. 标注尺寸

在图样上一般仅标注螺纹规格和公称长度，其他尺寸可查阅相关标准。

（1）在【菜单浏览器】或主菜单中选择【格式】→【标注样式】选项，弹出【标注样式管理器】对话框，选中"直线"标注样式，并将其"置为当前"。

（2）选择"尺寸标注"图层，选择"线性"工具，按命令行提示，指定第一条延伸线原点，选择第二条延伸线原点，输入"T"，回车，输入"M20"，回车；选择"线性"工具，直接标注公称长度"80"，标注出的尺寸如图 6-6-15 所示。

模块七 装配体的绘制与识读

【知识目标】

主要掌握装配图的作用和内容，装配图的规定画法，装配图上的尺寸标注和技术要求，装配图中零、部件的序号和明细栏，装配图的读图方法，装配图的画图方法。

任务一 识读齿轮泵装配图

【任务描述】

齿轮泵的装配立体图如图 7-1-1 所示。读懂图 7-1-2 所示装配图，看懂其工作原理、主要零件形状的结构、零件间的装配连接关系及拆装顺序。

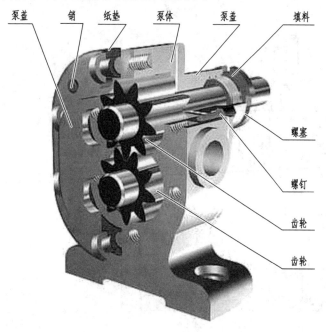

图 7-1-1 齿轮泵

【任务分析】

要完成本任务，必须熟悉装配图的内容和表达特点，掌握装配图的阅读方法和步骤。搞清楚每个视图的表达重点，分析零件间的装配关系及各零件的作用和结构，了解产品在装配、安装、调试、使用过程中所必须达到的尺寸精度和技术要求等。

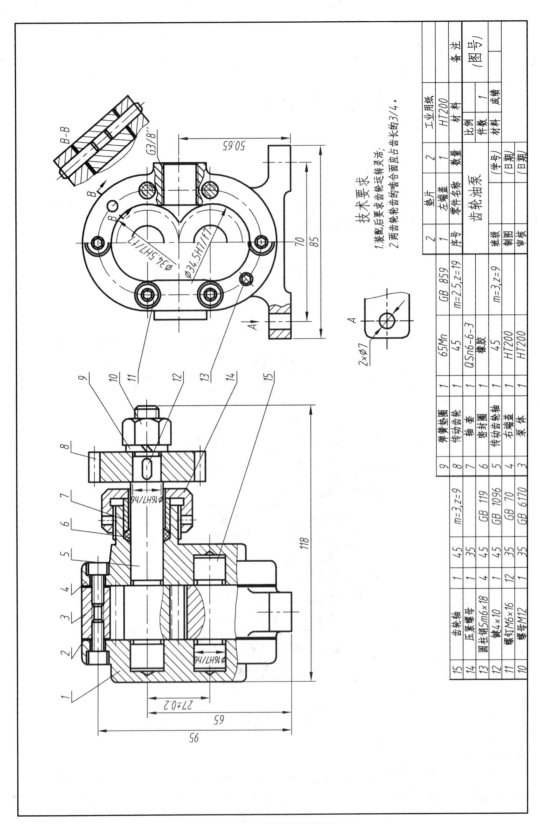

技术要求

1.装配后要求齿轮运转灵活。
2.两齿轮齿的啮合齿面应占齿长的3/4。

15	齿轮轴	1	45	m=3,z=9				9	弹簧垫圈	1	65Mn	GB 859	
14	正泵螺母	1	35					8	传动齿轮	1	45	m=2.5,z=19	
13	圆柱销5m6×18	4	45	GB 119				7	轴套	1	QSn6-6-3		
12	键4×10	1	45	GB 1096				6	密封圈	1	橡胶		
11	螺钉M6×16	12	35	GB 70				5	传动齿轮轴	1	45	m=3,z=9	
10	螺母M12	1	35	GB 6170				4	右端盖	1	HT200		
								3	泵体	1	HT200		
								2	垫片	2			
								1	左端盖	1	HT200		
								序号	零件名称	数量	材料		备注

	齿轮油泵		比例		工业用纸
			件数	1	(图号)
			材料	HT200	
班级		(学号)			成绩
制图		(日期)			
审核		(日期)			

图 7-1-2 齿轮泵装配图

242

【相关知识】

一、装配图的作用和内容

1. 装配图的作用

表达装配体（机器或部件）的图样，称为装配图。

装配图通常用来表示机器或部件的基本结构、各零件相对位置、装配关系和工作原理，是机械设计和生产中重要的技术文件之一。在产品设计过程中，一般先根据产品的工作原理画出装配草图，由装配草图整理成装配图，然后按照装配图进行零件设计并画出零件图，该装配图称为设计装配图。在产品制造时，装配图是制定装配工艺规程，进行装配和检验的技术依据；在产品使用和维修时，装配图又是了解产品工作原理、结构和进行调试、维修的主要依据。此外，装配图也是进行科学研究和技术交流的工具。因此，装配图是生产中的重要技术文件。

2. 装配图的内容

一张完整的装配图必须具有下列内容：一组视图，必要的尺寸，技术要求，零件的序号、明细表和标题栏。图 7-1-1 所示为由 15 种零件组成的齿轮泵，图 7-1-2 为其装配图。从中可见装配图的主要内容一般包括如下四个方面。

（1）一组视图。用一组视图完整、清晰、准确地表达出装配体的工作原理，各零件的相对位置、装配关系、连接方式和主要零件的重要结构形状。

图 7-1-1 所示是齿轮泵的立体图，它直观地表示了齿轮泵的各个零件组成，但不能清楚地表达各零件的装配关系。图 7-1-2 所示是齿轮泵的装配图，图中采用了 4 个视图，主视图采用了局部剖视图，左视图采用了半剖。通过这组视图就能清晰地表达齿轮泵中各个零件的装配关系。

（2）必要的尺寸。装配图上需注有表示装配体的规格、性能、装配、检验、安装和总体尺寸等，主要包括与机器或部件相关的规格尺寸、装配尺寸、安装尺寸、外形尺寸及其他重要尺寸，如图 7-1-2 所示齿轮泵的装配图中，表示齿轮泵的总长 118、高 95、宽 85 等，以及重要的配合尺寸 $\phi16H7/h7$、$\phi34.5H7/f7$ 等。

（3）技术要求。在装配图的空白处（一般在标题栏、明细栏的上方或左面），用文字、符号等说明对装配体的工作性能、装配要求、试验或使用等方面的有关条件或要求。如图 7-1-2 所示的技术要求为装配后要求齿轮运转灵活；两齿轮轮齿的啮合面应占齿长的 3/4。

（4）标题栏和明细栏。装配图中的零件编号、明细栏用于说明装配体及其各组成零件的名称、数量和材料等一般概况。标题栏包括零部件名称、比例、绘图及审核人员的签名等。绘图及审核人员签名后就要对图纸的技术质量负责，所以画图时必须细致认真。

应当指出，由于装配图的复杂程度和使用要求不同，以上各项内容并不是在所有的装配图中都要无遗地表现出来，而是要根据实际情况来决定。例如，图 7-1-1 所示的齿轮泵，如果是绘制设计装配图，在一组视图中，就需要如图 7-1-2 所示的形式；如果是绘制装配工作图，那就只需画出图 7-1-2 中的视图就行了。因为这种装配图只用于指导装配工作，重点在表明装配关系，无须详细表明各组成零件的结构形状。因此，在视图数量上就较少。在尺寸等方面也有类似的情况。

二、装配图的表达方式及规定画法

装配图的表示方法和零件图基本相同。在零件图上所采用的各种表达方法，如视图、剖视、断面、局部放大图等也同样适用于画装配图。但是画零件图所表达的是一个零件，而画装配图所表达的则是由许多零件组成的装配体（机器或部件等）。因为两种图样的要求不同，所以表达的侧重面也不同。装配图应该表达出装配体的工作原理、装配关系和主要零件的主要结构形状。因此，国家标准《机械制图》对绘制装配图制定了规定画法、特殊画法和简化画法。

1. 装配图的规定画法

在装配图中，为了便于区分不同的零件，正确地表达出各零件之间的关系，在画法上有以下规定。

（1）接触面和配合面的画法。

相邻两零件的接触表面和基本尺寸相同的两配合表面只画一条线，如图 7-1-3（a）所示的轴与孔之间，图 7-1-3（b）中螺栓所连接两件的接触面，螺母与弹簧垫片的接触面等；而相邻零件的非接触面或非配合面，应画两条粗实线，即使间隙很小，也必须画成两条线，必要时允许适当夸大，如图 7-1-3（b）中螺栓与连接孔是非接触面，应画两条线。

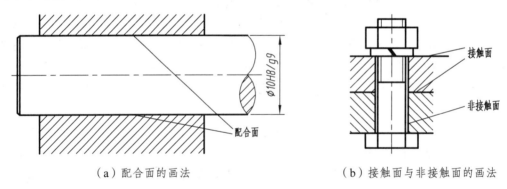

（a）配合面的画法　　　　　　　　　　（b）接触面与非接触面的画法

图 7-1-3　装配图的规定画法

（2）剖面线的画法。

在装配图中，同一个零件在所有的剖视、断面图中，其剖面线应保持同一方向，且间隔一致，这样有利于找到同一零件的各个视图，想象其形状和装配关系。相邻两零件的剖面线则必须不同，即使其方向相反，或间隔不同，或互相错开（如图 7-1-2 中，相邻零件 1、3 之间的剖面线画法）。

当装配图中零件厚度小于 2 mm 时，允许将剖面涂黑以代替剖面线。

（3）实心件和某些标准件的画法。

在装配图的剖视图中，若剖切平面通过实心零件（如球、实心轴、手柄、杆等）和标准件（如螺栓、螺母、销、键等紧固件）的对称平面或轴线时，这些零件按不剖绘制，如图 7-1-3（b）中的螺栓、螺母与垫片；但其上的孔、槽等结构需要表达时，可采用局部剖视。当剖切平面垂直于其轴线剖切时，则需画出剖面线，如图 7-1-2 左视图中的齿轮轴。

2. 装配图画法中的特殊画法和简化画法

（1）特殊画法。

① 拆卸画法。在装配图的某个视图上，如果有些零件在其他视图上已经表示清楚，而它又遮住了其后面需要表达的零件时，则可将其拆卸掉不画而画剩下部分的视图，如图 7-2-3（d）中的 A—A 视图即拆去了件 9 油杯，这种画法称为拆卸画法。为了避免看图时产生误解，常在图上加注"拆去零件××、……"字样。

在装配图中，为了表示内部结构，可假想沿着某些零件的接合面剖开。如图 7-1-2 中，齿轮油泵左视图的左半个投影，都是沿着零件接合面剖切的画法。其中，由于剖切平面对螺栓、螺钉和圆柱销是横向剖切，故对它们应画剖面线；对其余零件则不画剖面线。

② 单独表示某个零件的画法。在装配图中，如果所选的视图已将大部分零件的形状、结构表达清楚，但仍有少数零件的某些方面还未表达清楚时，或对理解装配关系有影响时，可另外单独画出该零件的视图或剖视，如图 7-1-4 中，对件 1 的 A—A 视图。

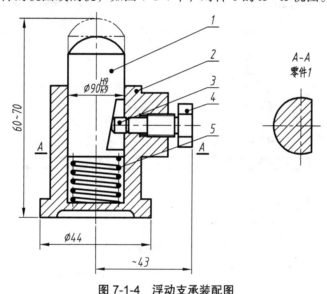

图 7-1-4　浮动支承装配图

③ 夸大画法。在装配图中，对于一些薄片零件、细丝弹簧、小的间隙和小的锥度等，可不按其实际尺寸作图，而适当地夸大画出，如图 7-1-8 中垫片的表示。

④ 假想画法。

a. 对于运动零件，当需要表示运动零件的运动范围或其运动极限位置时，可按其运动的一个极限位置画出该零件，而在另一个极限位置用双点画线来表示。如图 7-1-4 中对件 1 支承销最高位置和图 7-1-5 中手柄另一位置的表示法。

b. 为了表明本部件或机器的作用、安装方法与其他相邻部件或零件的装配关系，可用双点画线画出该件的轮廓线，如图 7-1-6 中辅助相邻零件。

（2）简化画法。

① 在装配图中，对若干相同的零件组如螺栓、螺钉连接等，可以仅详细地画出一处或几处，其余只需用细点画线表示其位置（见图 7-1-7）。在俯视图和主视图中对四组螺栓连接只画了一组，如图 7-1-8 中的省略画法。

② 在装配图中，对于薄的垫片等不易画出的零件可将其涂黑，如图 7-1-8 中垫片的画法。

③ 图 7-1-8 表示滚动轴承的简化画法。滚动轴承只需表达其主要结构时，可采用示意画法。

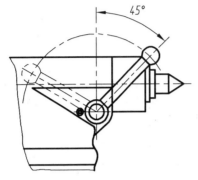

图 7-1-5　运动零件的极限位置的画法

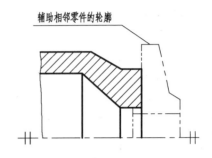

图 7-1-6　辅助相邻零件的画法

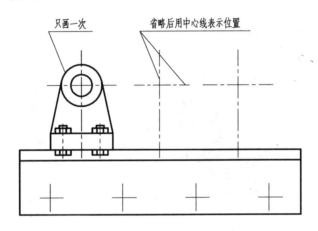

图 7-1-7　简化画法（一）

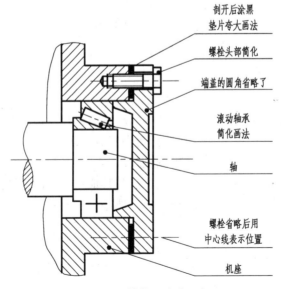

图 7-1-8　简化画法（二）

④ 在装配图中，对于零件上的一些工艺结构，如小圆角、倒角、退刀槽和砂轮越程槽等可以不画，如图 7-1-8 所示。

三、装配图的尺寸标注和技术要求

1. 尺寸标注

装配图的作用是表达零、部件的装配关系，因此，其图上标注尺寸的要求不同于零件图。其不需要标注出每个零件的全部尺寸，在装配图上应该按照对装配体的设计或生产的要求来标注某些必要的尺寸。一般常注的有下列几方面的尺寸。

（1）性能（或规格）尺寸。它是表示装配体性能或规格的尺寸，这些尺寸是设计时确定的，如图 7-2-3（d）所示轴承的轴孔直径 $\phi50H8$，它反映了该部件所支承的轴的直径大小，同时也是了解和选用该装配体的依据。

（2）装配尺寸。这是表示装配体中各零件之间相互配合关系和相对位置的尺寸。这种尺寸是保证装配体装配性能和质量的尺寸。

配合尺寸是表示零件间配合性质的尺寸；相对位置尺寸表示装配时需要保证的零件间相互位置的尺寸。如图 7-1-2 中油泵两齿轮轴心距离 27±0.2；图 7-2-3（d）中轴承中心轴线到基面的距离 70±0.3，两螺栓连接的位置尺寸 85±0.3 等即是装配尺寸。

（3）安装尺寸。这是将装配体安装到其他装配体上或基础上所需的尺寸。如图 7-1-2 中对螺栓通孔所注的尺寸 70。

（4）外形尺寸。这是表示装配体外形的总体尺寸，即总的长、宽、高。它反映了装配体的体积大小，提供了装配体在包装、运输和安装过程中所占的空间尺寸。如图 7-1-2 中的尺寸 118（长）、85（宽）、95（高）即是外形尺寸。

（5）其他重要尺寸。它是在设计中确定的，而又未包括在上述几类尺寸之中的主要尺寸，如运动件的极限尺寸、主体零件的重要尺寸等。如图 7-1-4 所注尺寸 60 ~ 70 即为运动件的极限尺寸。

需要说明的是上述五类尺寸之间并不是互相孤立无关的，实际上有的尺寸往往同时具有多种作用。此外，在一张装配图中，也并不一定需要全部注出上述五类尺寸，而是要根据具体情况和要求来确定。如果是设计装配图，所注的尺寸应全面些；如果是装配工作图，则只需把与装配有关的尺寸注出就行了。因此，标注尺寸时，必须明确每个尺寸的作用，对于装配图没有意义的结构尺寸不需要注出。

2. 技术要求

在装配图中，通常在标题栏的上方或图纸下方的空白处，写出部件在装配、安装、检验及使用过程等方面的技术要求。

装配图中除配合尺寸外一般应注写以下几类要求：

（1）装配要求：机器或部件在装配过程中需注意的事项及装配后应达到的要求，如准确度、装配间隙、润滑要求等。

（2）检验要求：对机器（或部件）在装配后基本性能的检验、试验方法和操作技术指标要求。

（3）使用要求：对装配后机器（或部件）的规格、性能以及使用、维护时的注意事项和涂装等的要求。

装配图上的技术要求应根据机器（或部件）的具体情况而定，配合尺寸应注写配合代号，其他要求写在图纸下方的空白处，如图 7-1-2 所示。

四、装配图的零件序号和明细栏

在生产中，为了便于装配时看图查找零件，便于生产准备和图样管理，必须对装配图中的零件编注序号和代号。序号是为了看图方便，代号是该零件或部件的图号或国家标准代号，并列在零件的明细栏中。零、部件图的序号和代号要和明细栏中的序号和代号相一致，不能产生差错。

1. 零件序号

（1）一般规定。

装配图中所有的零件都必须编写序号。规格相同的零件只编一个序号。如图 7-2-3（d）中，螺栓 6、垫片 7、螺母 8 都有两个，但只编一个序号。标准化组件如滚动轴承、电动机等，可以看作一个整体，编注一个序号。

装配图中零件序号应与明细栏中的序号一致。

（2）零件编号的形式。

它由圆点、指引线（细实线）、水平线或圆圈（均为细实线）及数字序号组成，如图 7-1-9 所示。序号写在水平线上或小圆圈内。序号字高应比该图中尺寸数字大一号或两号。

指引线应自所指零件的可见轮廓内引出，并在其末端画一圆点；若所指的部分不宜画圆点，如很薄的零件或涂黑的剖面等，可在指引线的末端画一箭头，并指向该部分的轮廓。

如果是一组紧固件或装配关系清楚的零件组，可以采用公共指引线，如图 7-1-9（b）所示。

指引线应尽可能分布均匀且不要彼此相交，也不要过长。指引线通过有剖面线的区域时，要尽量不与剖面线平行，必要时可画成折线，但只允许折一次，如图 7-1-9（c）所示。

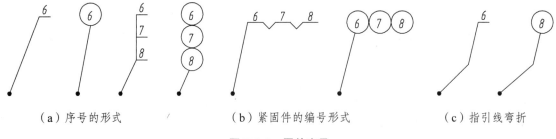

（a）序号的形式 　　　（b）紧固件的编号形式 　　　（c）指引线弯折

图 7-1-9　零件序号

零件序号编排方法应按水平或垂直方向排列整齐，同时按顺时针或逆时针方向顺序编号，并尽量使序号间隔相等，如图 7-1-2、图 7-2-3（d）所示。

2. 明细栏和标题栏

在装配图的右下角必须设置标题栏和明细栏。明细栏位于标题栏的上方，并和标题栏紧连在一起。标题栏格式由 GB/T 10609.1—2008 确定，明细表则按照 GB/T 10609.2—2009 规定绘制。企业有时也有各自的标题栏、明细栏格式。图 7-1-10 所示的内容和格式可供学生作业中使用。

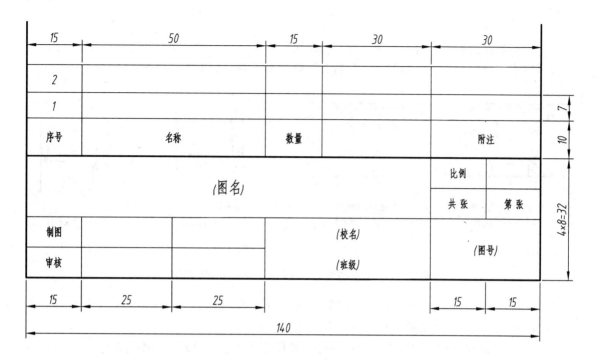

图 7-1-10 标题栏及明细栏格式

绘制与填写标题栏、明细栏时应注意以下问题：

（1）明细栏与标题栏的分界线是粗实线，明细栏的外框竖线是粗实线，明细栏的横线和内部竖线均为细实线（包括最上一条横线）。

（2）明细栏是装配体全部零件的目录，其序号填写的顺序要由下而上。如位置不够时，可移至标题栏的左边继续自下而上编写（见图 7-1-11）。

（3）标准件的国家标准代号可写入备注栏（一般为最右列）。

4						
3						
2						
1						

9						
8						
7						
6						
5						

图 7-1-11 学生用明细表及标题栏示意图

五、常见的装配工艺结构

零件除了应根据设计要求确定其结构外，还要考虑加工和装配的合理性，否则就会给装配工作带来困难，甚至不能满足设计要求。下面介绍几种最常见的装配工艺结构。

1. 装配工艺结构

（1）接触面的数量。为了避免装配时表面相互发生干涉，两零件装配时，在同一方向上，一般只宜有一个接触面，否则就会给制造和配合带来困难，如图 7-1-12 所示。

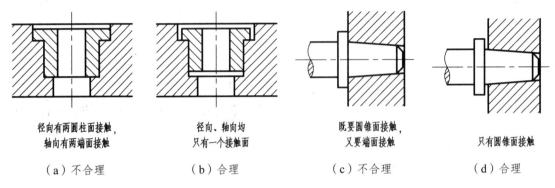

径向有两圆柱面接触，　　　　径向、轴向均　　　　既要圆锥面接触，　　　　只有圆锥面接触
轴向有两端面接触　　　　　只有一个接触面　　　　又要端面接触

（a）不合理　　　　（b）合理　　　　（c）不合理　　　　（d）合理

图 7-1-12　同一方向上一般只应有一对装配接触面

图 7-2-3（d）所示的滑动轴承装配图中，轴承盖、轴承座和上、下轴瓦在竖直方向上通过 $\phi60H8/k7$ 接触，所以轴承盖和座在竖直方向上无接触面。

（2）接触面转角处的结构。当两零件有一对相交的表面接触时，两配合零件在转角处不应设计成相同的尖角或圆角，否则既影响接触面之间的良好接触，又不易加工，如图 7-1-13 所示。

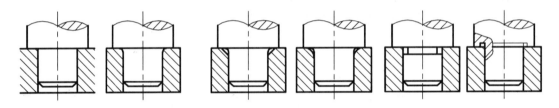

（a）孔轴具有相同的尖角或圆角，不合理　（b）孔边倒角或倒圆，合理　　　　（c）轴根切槽，合理

图 7-1-13　接触面转角处的结构

（3）考虑维修、安装、拆卸的方便。如图 7-1-14 所示，滚动轴承装在箱体轴承孔及轴上的情形右边是合理的，若设计成左边图那样，将无法拆卸。

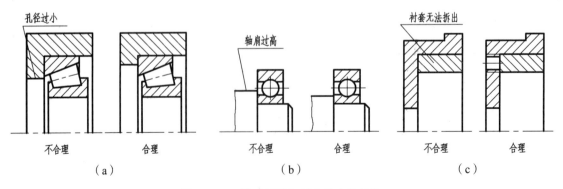

孔径过小　　　　　　　　　　　轴肩过高　　　　　　　　　衬套无法拆出

不合理　　　合理　　　　　　不合理　　　合理　　　　　　不合理　　　合理

（a）　　　　　　　　　　　（b）　　　　　　　　　　　（c）

图 7-1-14　滚动轴承和衬套的定位结构

2. 机器上常见装置

（1）密封装置的结构。在一些部件或机器中，为了防止灰尘进入轴承，并防止润滑油外溢和阀门或管路中的气、液体的泄漏等，常需要有密封装置。图 7-1-15 所示的密封装置是用在泵和阀上的常见结构。通常用浸油的石棉绳或橡胶作填料，拧紧压盖螺母，通过填料压盖即可将填料压紧，起到密封作用。但填料压盖与阀体端面之间必须留有一定间隙，才能保证将填料压紧，而轴与填料之间应有一定的间隙，以免转动时产生摩擦。

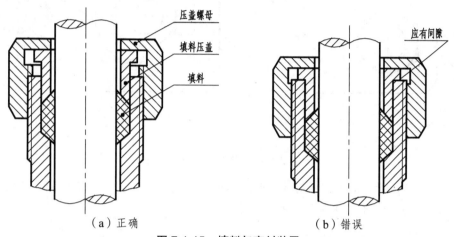

（a）正确 （b）错误

图 7-1-15 填料与密封装置

（2）零件在轴向的定位结构。使用滚动轴承时，需根据受力情况将滚动轴承的内圈、外圈固定在轴上或机体的孔中，所以装在轴上的滚动轴承及齿轮等一般都要有轴向定位结构，以保证能在轴线方向不产生移动。同时，因为考虑到工作温度的变化，会导致滚动轴承卡死而无法工作，所以不能将两端轴承的内、外圈全部固定，一般可以一端固定，另一端留有轴向间隙，允许有极小的伸缩。如图 7-1-16 所示，轴上的滚动轴承及齿轮是靠轴的台肩来定位的，齿轮的一端用螺母、垫圈来压紧，垫圈与轴肩的台阶面间应留有间隙，以便压紧。

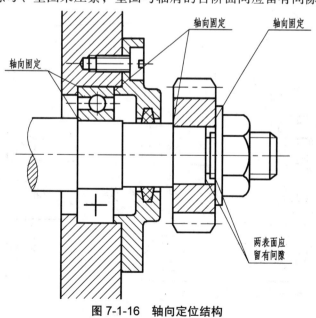

图 7-1-16 轴向定位结构

图 7-1-17 所示是在安排螺钉位置时，应考虑扳手的空间活动范围，图 7-1-17（a）中所留空间太小，扳手无法使用，图 7-1-17（b）是正确的结构形式。

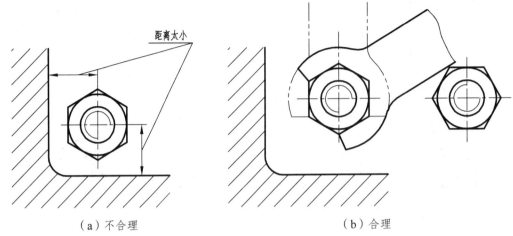

（a）不合理　　　　　　　　　　　　（b）合理

图 7-1-17　留出扳手活动空间

如图 7-1-18 所示，应考虑螺钉放入时所需要的空间，图 7-1-18（a）中所留空间太小，螺钉无法放入，图 7-1-18（b）是正确的结构形式。

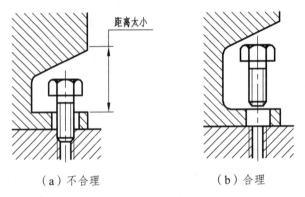

（a）不合理　　　　　　（b）合理

图 7-1-18　留出螺钉装卸空间

（3）螺纹防松装置。为防止机器在工作中由于振动而使螺纹紧固件松开，常采用弹簧垫片、双螺母、开口销等装置，其结构如图 7-1-19 所示。

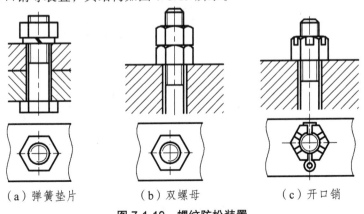

（a）弹簧垫片　　　　　（b）双螺母　　　　　（c）开口销

图 7-1-19　螺纹防松装置

【任务实施】

在设计和生产实际中，经常要阅读装配图。读装配图应特别注意从机器或部件中分离出每一个零件，并分析其主要结构形状和作用，以及同其他零件的关系。然后再将各个零件合在一起，分析机器或部件的作用、工作原理及防松、润滑、密封等系统原理和结构。必要时还应查阅有关资料。例如，在设计过程中，要按照装配图来设计和绘制零件图；在安装机器及其部件时，要按照装配图来装配零件和部件；在学习或技术交流时，则要参阅有关装配图才能了解、研究一些工程、技术等有关问题。

一、读装配图的方法和步骤

不同的工作岗位看图的目的是不同的，读装配图的一般要求有以下几种：

（1）了解装配体的功用、性能和工作原理。

（2）弄清各零件间的装配关系和装拆次序。

（3）看懂各零件的主要结构形状和作用等。

（4）了解技术要求中的各项内容。

现以图 7-1-2 所示齿轮油泵装配图为例来说明读装配图的方法和步骤。

1. 概括了解

从标题栏和相关说明书中可以了解装配体的名称、大致用途及图的比例等。从零件编号及明细栏中，可以了解零件的名称、数量及在装配体中的位置。

2. 对视图进行初步分析

明确装配图的表达方法、投影关系和剖切位置，分析视图，了解各视图、剖视、断面等相互间的投影关系及表达意图，并结合图纸上标注的尺寸，想象出零件的主要结构形状。

在图 7-1-2 所示的标题栏中，注明了该装配体是齿轮油泵。由此可以知道它是一种供油装置，共有 15 个零件组成。从图的比例为 1：1，可以对该装配体体形的大小有一个印象。

在装配图中，主视图采用局部剖视，表达了齿轮泵的装配关系。左视图沿左泵盖与泵体接合面剖开，并采用了局部剖视，表达了一对齿轮的啮合情况及进出口油路。由于油泵在此方向内、外结构形状对称，故此视图采用了一半拆卸剖视和一半外形视图的表达方法。

3. 分析工作原理及传动关系

分析装配体的工作原理，一般应从传动关系入手，分析视图及参考说明书进行了解。例如，齿轮油泵：当外部动力经齿轮传至主动齿轮轴 5 时，即产生旋转运动。当主动齿轮轴按逆时针方向（从主视图观察）旋转时，件 15 从动齿轮轴则按顺时针方向旋转（见图 7-1-20 齿轮油泵工作原理）。此时右边啮合的轮齿逐步分开，空腔体积逐渐扩大，油压降低，因而油池中的油在大气压力的作用下，沿吸油口进入泵腔中。齿槽中的油随着齿轮的继续旋转被带到左边；而左边的各对轮齿又重新啮合，空腔体积缩小，使齿槽中不断挤出的油成为高压油，并由压油口压出，然后经管道被输送到需要供油的部位。

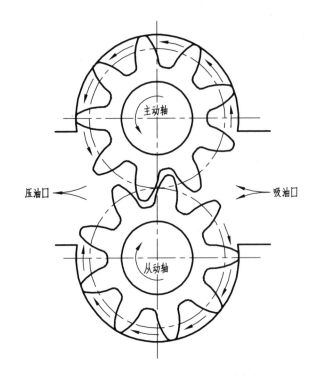

图 7-1-20　齿轮油泵工作原理

4. 分析零件间的装配关系及装配体的结构

这是读装配图进一步深入的阶段，需要把零件间的装配关系和装配体结构搞清楚。齿轮油泵主要有两条装配线：一条是主动齿轮轴系统。它是由件 5 主动齿轮轴装在件 3 泵体和件 1 左泵盖及件 4 右泵盖的轴孔内；在主动齿轮轴右边伸出端，装有件 7 轴套及件 8 齿轮等。另一条是从动齿轮轴系统。件 15 从动齿轮轴也是装在件 3 泵体和件 1 左泵盖及件 4 右泵盖的轴孔内，与主动齿轮啮合在一起。

对于齿轮轴的结构可分析下列内容：

（1）连接和固定方式。在齿轮油泵中，件 1 左泵盖和件 4 右泵盖都是靠件 11 内六角螺钉与件 3 泵体连接，并用件 13 销来定位。件 7 轴套是由件 14 压紧螺母将其拧压在右泵盖的相应的孔槽内。两齿轮轴向定位，是靠两泵盖端面及泵体两侧面分别与齿轮两端面接触。

（2）配合关系。凡是配合的零件，都要弄清基准制、配合种类、公差等级等。这可由图上所标注的公差与配合代号来判别。如两齿轮轴与两泵盖轴孔的配合均为 $\phi 16 \frac{H7}{h6}$，两齿轮与两齿轮腔的配合均为 $\phi 34.5 \frac{H7}{f6}$。它们都是间隙配合，都可以在相应的孔中转动。

（3）密封装置。主要是泵、阀之类部件，为了防止液体或气体泄漏以及灰尘进入内部，一般都有密封装置。在齿轮油泵中，主动齿轮轴伸出端有填料及压填料的螺塞；两泵盖与泵体接触面间放有件 2 垫片，它们都是防止油泄漏的密封装置。

装配体在结构设计上都应有利于各零件能按一定的顺序进行装拆。齿轮油泵的拆卸顺序是先拧下左、右泵盖上各 6 个螺钉，两泵盖、泵体和垫片即可分开；再从泵体中抽出两齿轮轴。然后把螺塞从右泵盖上拧下。对于销和填料可不必从泵盖上取下。如果需要重新装配上，可按拆卸的相反次序进行。

5. 分析零件并看懂零件的结构形状

分析零件，首先要会正确地区分零件。区分零件的方法主要是依靠不同方向和不同间隔的剖面线，以及各视图之间的投影关系进行判别。零件区分出来之后，便要分析零件的结构形状和功用。分析时一般从主要零件开始，再看次要零件。例如，齿轮油泵件 3 的结构形状。首先，从标注序号的主视图中找到件 3，并确定该件的视图范围；然后用对线条找投影关系，以及根据同一零件在各个视图中剖面线应相同这一原则来确定该件在俯视图和左视图中的投影。这样就可以根据从装配图中分离出来的属于该件的三个投影进行分析，想象出它的结构形状。齿轮油泵的两泵盖与泵体装在一起，将两齿轮密封在泵腔内；同时对两齿轮轴起着支承作用。所以需要用圆柱销来定位，以便保证左泵盖上的轴孔与右泵盖上的轴孔能够很好地对中。

6. 总结归纳

想象出整个装配体的结构形状，图 7-1-1 为齿轮油泵立体图。

以上所述是读装配图的一般方法和步骤，事实上有些步骤不能截然分开，而要交替进行。再者，读图总有一个具体的重点目的，在读图过程中应该围绕着这个重点目的去分析、研究。只要这个重点目的能够达到，那就可以不拘一格，灵活地解决问题。

二、由装配图拆画零件图

在设计过程中，先是画出装配图，然后再根据装配图画出零件图。所以，由装配图拆画零件图是设计工作中的一个重要环节。

拆画前必须认真读懂装配图。一般情况下，主要零件的结构形状在装配图上已表达清楚，而且主要零件的形状和尺寸还会影响其他零件。因此，可以从拆画主要零件开始。对于一些标准零件，只需要确定其规定标记，可以不拆画零件图。

在拆画零件图的过程中，要注意处理好下列几个问题。

1. 对于视图的处理

装配图的视图选择方案，主要是从表达装配体的装配关系和整个工作原理来考虑的；而零件图的视图选择，则主要是从表达零件的结构形状这一特点来考虑。由于表达的出发点和主要要求不同，所以在选择视图方案时，就不应强求与装配图一致，即零件图不能简单地照抄装配图上对于该零件的视图数量和表达方法，而应该重新确定零件图的视图选择和表达方案。

2. 零件结构形状的处理

在装配图中对零件上某些局部结构可能表达不完全，而且对一些工艺标准结构还允许省略（如圆角、倒角、退刀槽、砂轮越程槽等）。但在画零件图时均应补画清楚，不可省略。

3. 零件图上的尺寸处理

拆画零件时应按零件图的要求注全尺寸。

（1）装配图已注的尺寸，在有关的零件图上应直接注出。对于配合尺寸，一般应注出偏差数值。

（2）对于一些工艺结构，如圆角、倒角、退刀槽、砂轮越程槽、螺栓通孔等，应尽量选用标准结构，查有关标准尺寸标注。

（3）对于与标准件相连接的有关结构尺寸，如螺孔、销孔等的直径，要从相应的标准中查取注入图中。

（4）有的零件的某些尺寸需要根据装配图所给的数据进行计算才能得到（如齿轮分度圆、齿顶圆直径等），应进行计算后注入图中。

（5）一般尺寸均按装配图的图形大小、图的比例，直接量取注出。

应该特别注意，配合零件的相关尺寸不可互相矛盾。

4. 对于零件图中技术要求等的处理

要根据零件在装配体中的作用和与其他零件的装配关系，以及工艺结构等要求，标注出该零件的表面粗糙度等方面的技术要求。

在标题栏中填写零件的材料时，应和明细栏中的一致。

如图 7-1-21～7-1-25 所示是根据图 7-1-2 齿轮油泵装配图所拆画的 5 个零件图。

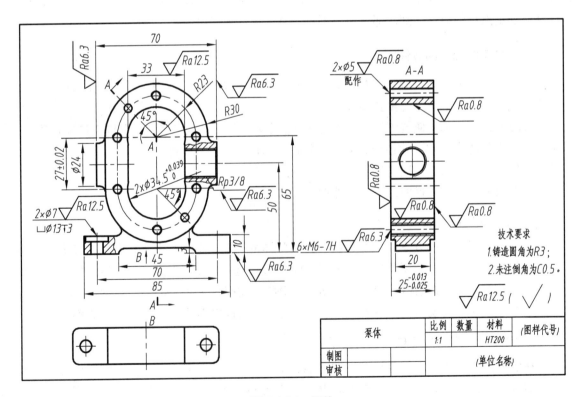

图 7-1-21　泵体

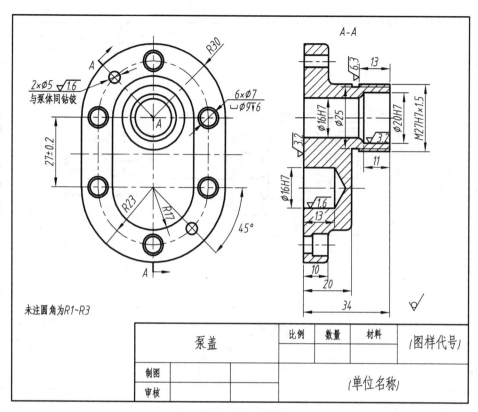

图 7-1-22　泵盖

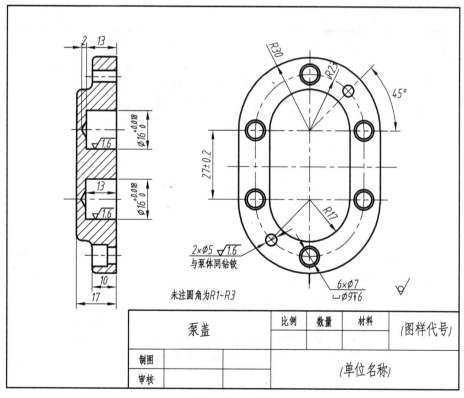

图 7-1-23　泵盖

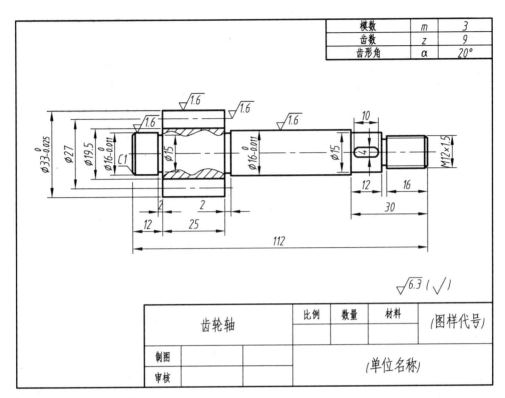

模数	m	3
齿数	z	9
齿形角	α	20°

$\sqrt{6.3}\ (\sqrt{\ })$

齿轮轴			比例	数量	材料	(图样代号)
制图						(单位名称)
审核						

图 7-1-24　齿轮轴

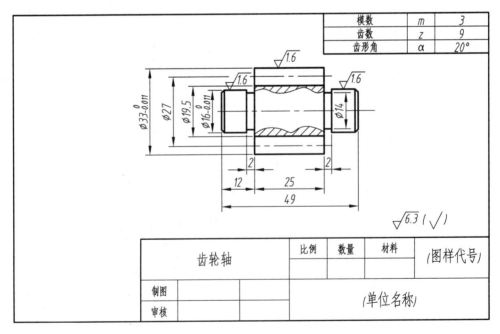

模数	m	3
齿数	z	9
齿形角	α	20°

$\sqrt{6.3}\ (\sqrt{\ })$

齿轮轴			比例	数量	材料	(图样代号)
制图						(单位名称)
审核						

图 7-1-25　从动齿轮轴

任务二 绘制滑动轴承装配图

根据现有部件（或机器）画出其装配图和零件图的过程称为部件（或机器）测绘。在新产品设计、引进先进技术以及对原有设备进行技术改造和维修时，有时需要对现有的机器或零件、部件进行测绘，画出其装配图、零件图。因此，掌握测绘技术对工程技术人员具有重要意义。以下结合滑动轴承介绍部件测绘的方法和步骤。

【任务描述】

根据图 7-2-1 所示滑动轴承绘制其装配图。

图 7-2-1　滑动轴承

【任务分析】

绘制装配图之前，首先，要了解装配体的工作原理和零件的种类，搞清每个零件在装配体中的作用和零件间的装配关系等，其次，应掌握装配图的表达方法及作图步骤。

【相关知识】

一、准备工作

1. 了解和分析装配体

要正确地表达一个装配体，必须首先了解和分析它的用途、工作原理、结构特点以及装拆顺序等情况。对于这些情况的了解，除了观察实物、阅读有关技术资料和类似产品图样外，还可以向有关人员学习和了解。

例如，图 7-2-1 所示的滑动轴承，它是支撑传动轴的一个部件，轴在轴瓦内旋转。轴瓦由上、下两块组成，分别嵌在轴承盖和轴承座上，座和盖用一对螺栓和螺母连接在一起。为了可以用加垫片的方法来调整轴瓦和轴配合的松紧，轴承座和轴承盖之间应留有一定的间隙。

2. 拆卸部件

在拆卸前，应准备好有关的拆卸工具，以及放置零件的用具和场地，然后根据装配的特点，按照一定的拆卸次序，正确地依次拆卸。拆卸过程中，对每一个零件应扎上标签，记好编号。对拆下的零件要分区分组放在适当地方，以免混乱和丢失。这样，也便于测绘后的重新装配。

对不可拆卸连接的零件和过盈配合的零件应不拆卸，以免损坏零件。

如图 7-2-1 所示滑动轴承的拆卸次序可按如下顺序进行：① 拧下油杯；② 用扳手分别拧下两组螺栓连接的螺母，取出螺栓，此时盖和座即分开；③ 从盖上取出上轴瓦，从座上取出下轴瓦。拆卸完毕。

注意：装在轴承盖中的轴衬固定套属过盈配合，应该不拆。

3. 画装配示意图

装配示意图一般是用简单的图线画出装配体各零件的大致轮廓，以表示其装配位置、装配关系和工作原理等情况的简图。国家标准《机械制图》中规定了一些零件的简单符号，画图时可以参考使用。

画装配示意图应在对装配体全面了解、分析之后画出，并在拆卸过程中进一步了解装配体内部结构和各零件之间的关系，进行修正、补充，以备将来正确地画出装配图和重新装配之用。图 7-2-2 为滑动轴承装配示意图及其零件明细栏。

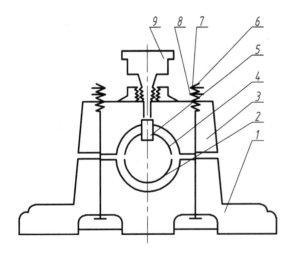

序号	名称	数量	材料
1	轴承座	1	HT12-28
2	下轴瓦	1	青铜
3	轴承盖	1	HT12-28
4	上轴瓦	1	青铜
5	轴封固定套	1	A3
6	螺栓 M12×120　GB/T 5782	2	A3
7	螺母 M12　GB/T 6170	2	A3
8	螺母 M12　GB/T 6170	2	A3
9	油杯 12　JB275—79	1	

图 7-2-2　滑动轴承装配示意图

从图 7-2-2 中可以看出装配示意图有以下特点：

（1）装配示意图只是用简单的符号和图线画出装配体各零件的大致轮廓，以表示其装配位置、装配关系和工作原理等。

（2）一般零件可用简单图形画出其大致轮廓。形状简单的零件如螺钉、轴等可用单线表示，其中常用的标准件可用国家标准规定的示意图符号表示，如轴、键等。

（3）相邻两零件的接触面或配合面之间应留有间隙，以便区别。

（4）零件可看作透明体，且没有前后之分，均为可见。

（5）全部零件应进行编号，并填写明细栏。

装配示意图的画法没有严格的规定。现以滑动轴承（见图7-2-1）为例，说明示意图的画法。画装配图时，通常各零件的表达不受前后层次的限制，可以看作透明体，尽可能把所有的零件集中在一个视图上。如确有必要，也可补充其他视图。画装配示意图的顺序，一般可从主要零件着手，然后按装配顺序把其他零件逐个画上。图形画好后，应将各零件编上序号或写上其零件的名称，同时对已拆卸的零件应贴上标签。在标签上注明与装配图相同的序号或零件名称。对于标准件还应测出其尺寸规格，连同数量直接注写在装配示意图上。

4. 画零件草图

组成装配体的零件，除了标准件，其余非标准件均应画出零件草图及工作图。零件草图是画装配图和零件图的依据。不能认为零件草图是"潦草的图"。零件草图的内容和要求与零件图是一致的。它们的主要区别是作图方法不同。

把拆下的零件逐个地徒手画出其零件草图。对于一些标准零件，如螺栓、螺钉、螺母、垫圈、键、销等可以不画，但需确定它们的规定标记。

画零件草图时应注意以下几点：

（1）标准件不必画零件草图，但应测量其主要规格尺寸，其他数据可查阅标准手册获取，并在明细表中登记。所有非标准件都必须画出零件草图，并要准确、完整地标注测量尺寸，不得遗漏。对于零件草图的绘制，除了图线是用徒手完成的外，其他方面的要求均和画正式的零件工作图一样。

（2）零件的视图选择和安排，应尽可能考虑到画装配图的方便。

（3）零件间有配合、连接和定位等关系的尺寸，在相关零件上应注得相同。测绘时，只需测出其中一个零件的有关基本尺寸，即可分别标注在两个零件的对应部分上，以确保尺寸的协调性。

（4）零件的各项技术要求（包括尺寸公差、形状和位置公差、表面粗糙度、材料、热处理及硬度要求等）应根据零件在装配体中的位置、作用等因素来确定，也可参考同类产品的图纸，用类比的方法来确定。

在画装配图时，要及时纠正草图上的错误，零件的尺寸大小一定要画得准确，装配关系不能搞错。

根据画好的装配图和零件草图再画出零件图，对零件图中尺寸注法和公差配合的选定，可根据具体情况作适当调整或重新配置，并编出零件的明细表。

二、画装配图

根据装配体各组成件的零件草图和装配示意图就可以画出装配图。

1. 拟定表达方案

表达方案应包括选择主视图、确定视图数量和各视图的表达方法。进行视图选择的目的是以最少的视图，完整、清晰地表达机器或部件的装配关系和工作原理。进行视图选择的过程如下：

（1）选择主视图。一般按装配体的工作位置选择，并使主视图能够反映装配体的工作原理、主要装配关系和主要结构特征。当不能在同一个视图上反映以上内容时，则应经过比较，取一个能较多反映上述内容的视图作为主视图。由于多数装配体都有内部结构需要表达，因此，主视图多采用剖视图画出。所取剖视的类型及范围，要根据装配体内部结构的具体情况决定。如图 7-2-1 所示的滑动轴承，因其正面能反映其主要结构特征和装配关系，故选择正面作为主视图，又由于该轴承内外结构形状都对称，故画成半剖视图。

（2）确定视图数量和表达方法。主视图选定之后，一般只能把装配体的工作原理、主要装配关系和主要结构特征表示出来，但是，只靠一个视图是不能把所有的情况全部表达清楚的。因此，就需要有其他视图作为补充，并应考虑以何种表达方法最能做到易读易画。图 7-2-3（d）所示滑动轴承的俯视图表示了轴承顶面的结构形状，以及前后左右都是这一特征。为了更清楚地表示下轴瓦和轴承座之间的接触情况，以及下轴瓦的油槽形状，所以在俯视图右边采用了拆卸剖视。在左视图中，由于该图形也是对称的，故取 A—A 半剖视。这样既完善了对上轴瓦和轴承盖及下轴瓦和轴承座之间装配关系的表达，也兼顾了轴承侧向外形的表达。又由于件 9 油杯是属于标准件，在主视图中已有表示，故在左视图中予以拆掉不画。

2. 画装配图的步骤

确定表达方案后，就可着手画图。画图时必须遵循以下步骤：

（1）选比例、定图幅、布图、绘制基础零件的轮廓。应尽可能采用 1∶1 的比例，这样有利于想象物体的形状和大小。需要采用放大比例或缩小比例时，必须采用制图标准中规定的比例。确定好比例后，再根据所确定的视图数目、图形的大小和采用的比例选定图幅，并在图纸上进行布局。在布局时，应留出标注尺寸、编注零件序号、书写技术要求、画标题栏和明细栏的位置。先画出图框、标题栏和明细栏，再画出各视图的主要中心线、轴线、对称线及基准线等，如图 7-2-3（a）所示。

（2）绘制主要零件的轮廓线。画出各视图主要部分的底稿，如图 7-2-3（b）所示。通常可以先从主视图开始。根据各视图所表达的主要内容不同，可采取不同的方法着手。如果是画剖视图，则应从内向外画。这样被遮住的零件的轮廓线就可以不画。如果画的是外形视图，一般则是从大的或主要的零件着手。

（3）绘制其他次要零件及细部机构。画次要零件、小零件及各部分的细节，如图 7-2-3（c）所示。

（4）检查核对底稿并画剖面线。在画剖面线时，主要的剖视图可以先画。最好画完一个零件所有的剖面线，然后再开始画另外一个，以免剖面线方向错误。

（5）完成全图。整理加深，注出必要的尺寸，编注零件序号，并填写明细栏和标题栏，填写技术要求等。仔细检查全图并签名，完成全图，如图 7-2-3（d）所示。

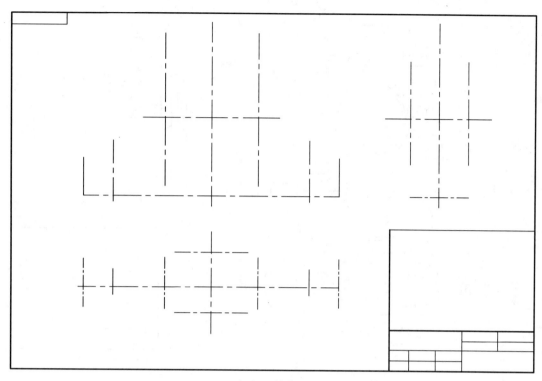

（a）画基准线

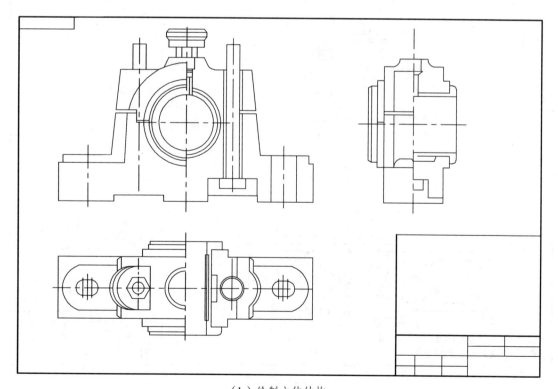

（b）绘制主体结构

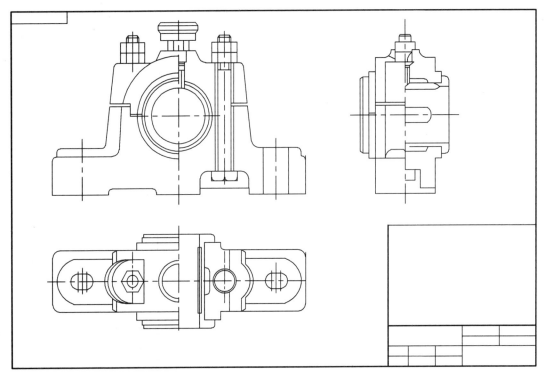

（c）绘制细部结构

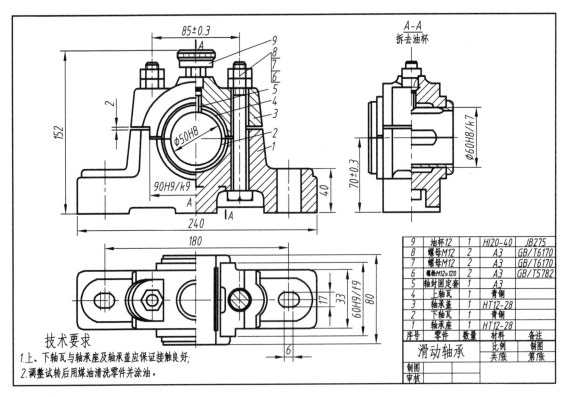

（d）完成

图 7-2-3 滑动轴承装配图

参考文献

[1] 史艳红. 机械制图[M]. 北京：高等教育出版社，2012.

[2] 胡建生. 机械制图[M]. 北京：机械工业出版社，2013.

[3] 黄晓萍. 机械图样的绘制与识读[M]. 北京：人民邮电出版社，2012.

[4] 刘哲. 机械制图[M]. 大连：大连理工大学出版社，2014.

[5] 金莹. 机械制图项目教程[M]. 西安：西安电子科技大学出版社，2011.

[6] 高红英. 机械制图项目教程[M]. 北京：高等教育出版社，2014.

[7] 邵娟琴. 机械制图与计算机绘图[M]. 北京：北京邮电大学出版社，2012.

附　　录

附录A　螺　纹

表 A.1　普通螺纹直径与螺距（摘自 GB/T 196、197—2003）　　　（单位：mm）

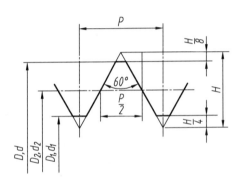

D——内螺纹的基本大径（公称直径）

d——外螺纹的基本大径（公称直径）

D_2——内螺纹的基本中径

d_2——外螺纹的基本中径

D_1——内螺纹的基本小径

d_1——外螺纹的基本小径

P——螺距

H——$\dfrac{\sqrt{3}}{2}P$

标注示例：

M24（公称直径为 24 mm、螺距为 3 mm 的粗牙右旋普通螺纹）

M24×1.5—LH（公称直径为 24 mm、螺距为 1.5 mm 的细牙左旋普通螺纹）

公称直径 D、d		螺距 P		粗牙中径 D_2、d_2	粗牙小径 D_1、d_1
第一系列	第二系列	粗牙	细牙		
3		0.5	0.35	2.675	2.459
	3.5	（0.6）		3.110	2.850
4		0.7	0.5	3.545	3.242
	4.5	（0.75）		4.013	3.688
5		0.8		4.480	4.134
6		1	0.75,（0.5）	5.350	4.917
8		1.25	1, 0.75,（0.5）	7.188	6.647
10		1.5	1.25, 1, 0.75,（0.5）	9.026	8.376
12		1.75	1.5, 1.25, 1, 0.75,（0.5）	10.863	10.106
	14	2	1.5,（1.25）, 1,（0.75）,（0.5）	12.701	11.835
16		2	1.5, 1,（0.75）,（0.5）	14.701	13.835

公称直径 D、d		螺距 P		粗牙中径 D_2、d_2	粗牙小径 D_1、d_1
第一系列	第二系列	粗牙	细牙		
	18	2.5	1.5，1，（0.75），（0.5）	16.376	15.294
20		2.5		18.376	17.294
	22	2.5	2，1.5，1，（0.75），（0.5）	20.376	19.294
24		3	2，1.5，1，（0.75）	22.051	20.752
	27	3	2，1.5，1，（0.75）	25.051	23.752
30		3.5	（3），2，1.5，1，（0.75）	27.727	26.211

注：(1)优先选用第一系列，括号内尺寸尽可能不用，第三系列未列入。
　　(2) M14×1.25 仅用于火花塞。

表 A.2　梯形螺纹（摘自 GB/T 5796.1～5796.4—2005）　　　　（单位：mm）

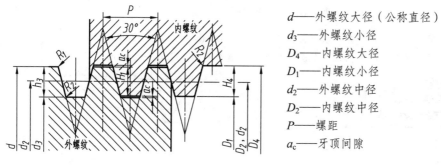

d——外螺纹大径（公称直径）
d_3——外螺纹小径
D_4——内螺纹大径
D_1——内螺纹小径
d_2——外螺纹中径
D_2——内螺纹中径
P——螺距
a_c——牙顶间隙

标注示例：

Tr40×7—7H（单线梯形内螺纹、公称直径 d＝40 mm、螺距 P＝7 mm、右旋、中径公差量为 7H、中等旋合长度）

Tr60×18（P9）LH—8e—1（双线梯形外螺纹、公称直径 d＝60 mm、导程 P_h＝18 mm、螺距 P＝9 mm、左旋、中径公差带为 8e、长旋合长度）

梯形螺纹的基本尺寸											
d 公称系列		螺距 P	中径 $d_2＝D_2$	大径 D_4	小径		d 公称系列		螺距 P	中径 $d_2＝D_2$	大径 D_4	小径
第一系列	第二系列				d_3	D_1	第一系列	第二系列				d_3	D_1

第一系列	第二系列	螺距 P	中径 $d_2＝D_2$	大径 D_4	d_3	D_1	第一系列	第二系列	螺距 P	中径 $d_2＝D_2$	大径 D_4	d_3	D_1
8	—	1.5	7.25	8.3	6.2	6.5	20	—	4	18.0	20.5	15.5	16
—	9	2	8.0	9.5	6.5	7	—	22	4	19.5	22.5	16.5	17
10	—	2	9.0	10.5	7.5	8	24	—	5	21.5	24.5	18.5	19
—	11	2	10.0	11.5	8.5	9	—	26	5	23.5	26.5	20.5	21
12	—	3	10.5	12.5	8.5	9	28	—	5	25.5	28.5	22.5	23
—	14	3	12.5	14.5	10.5	11	—	30	6	27.0	31.0	23.0	24
16	—	4	14.0	16.5	11.5	12	32	—	6	29.0	33	25	26
—	18	4	16.0	18.5	13.5	14	—	34	6	31.0	35	27	28

梯形螺纹的基本尺寸													
d 公称系列		螺距 P	中径 $d_2 = D_2$	大径 D_4	小径		d 公称系列		螺距 P	中径 $d_2 = D_2$	大径 D_4	小径	
第一系列	第二系列				d_3	D_1	第一系列	第二系列				d_3	D_1
36	—	6	33.0	37	29	30	48	—		44.0	49	39	40
—	38		34.5	39	30	31		50	8	46.0	51	41	42
40	—	7	36.5	41	32	33	52	—		48.0	53	43	44
—	42		38.5	43	34	35		55	9	50.5	56	45	46
44	—		40.5	45	36	37	60	—		55.5	61	50	51
—	46	8	42.0	47	37	38		65	10	60.0	66	54	55

注：（1）优先选用第一系列的直径。
　　（2）表中所列的螺距和直径，是优先选择的螺距及与之对应的直径。

表 A.3　55°密封管螺纹

第 1 部分　圆柱内螺纹与圆锥外螺纹（摘自 GB/T 7306.1—2000）

第 2 部分　圆锥内螺纹与圆锥外螺纹（摘自 GB/T 7306.2—2000）

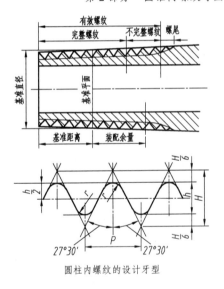

圆柱内螺纹的设计牙型

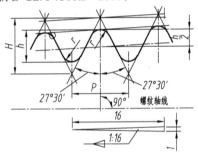

圆锥螺纹的设计牙型

标注示例：

GB/T 7306.1—2000

$R_p3/4$（尺寸代号 3/4，右旋，圆柱内螺纹）

R_13（尺寸代号 3，右旋，圆锥外螺纹）

$R_p3/4LH$（尺寸代号 3/4，左旋，圆柱内螺纹）

R_p/R_13（右旋圆锥螺纹、圆柱内螺纹螺纹副）

GBC/T 7306.2—2000

$R_c3/4$（尺寸代号 3/4，右旋，圆锥内螺纹）　　R_23（尺寸代号 3，右旋，圆锥内螺纹）

$R_c3/4LH$（尺寸代号 3/4，左旋，圆锥内螺纹）　　R_2/R_23（右旋圆锥内螺纹、圆锥外螺纹螺纹副）

尺寸代号	每 25.4 mm 内所含的牙数 n	螺距 P/mm	牙高 h/mm	基准平面内的基本直径			基准距离（基本）/mm	外螺纹的有效螺纹不小于/mm
				大径（基准直径）$d = D$/mm	中径 $d_2 = D_2$/mm	小径 $d_1 = D_1$/mm		
1/16	28	0.907	0.581	7.723	7.142	6.561	4	6.5
1/8	28	0.907	0.581	9.728	9.147	8.566	4	6.5

尺寸代号	每 25.4 mm 内所含的牙数 n	螺距 P/mm	牙高 h/mm	基准平面内的基本直径			基准距离（基本）/mm	外螺纹的有效螺纹不小于/mm
				大径（基准直径）d = D/mm	中径 d₂ = D₂/mm	小径 d₁ = D₁/mm		
1/4	19	1.337	0.856	13.157	12.301	11.445	6	9.7
3/8	19	1.337	0.856	16.662	15.806	14.950	6.4	10.1
1/2	14	1.814	1.162	20.955	19.793	18.631	8.2	13.2
3/4	14	1.814	1.162	26.441	25.279	24.117	9.5	14.5
1	11	2.309	1.479	33.249	31.770	30.291	10.4	16.8
1 1/14	11	2.309	1.479	41.910	40.431	38.952	12.7	19.1
1 1/12	11	2.309	1.479	47.803	46.324	44.845	12.7	19.1
2	11	2.309	1.479	59.614	58.135	56.656	15.9	23.4
2 1/2	11	2.309	1.479	75.184	73.705	72.226	17.5	26.7
3	11	2.309	1.479	87.884	86.405	84.926	20.6	29.8
4	11	2.309	1.479	113.030	111.551	110.072	25.4	35.8
5	11	2.309	1.479	138.430	136.951	135.472	28.6	40.1
6	11	2.309	1.479	163.830	162.351	160.872	28.6	40.1

表 A.4 55° 非密封管螺纹（摘自 GB/T 7307—2001）

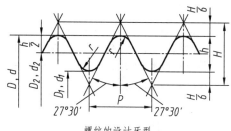

螺纹的设计牙型

标注示例：

G2（尺寸代号 2，右旋，圆柱内螺纹）

G3A（尺寸代号 3，右旋，A 级圆柱外螺纹）

G2—LH（尺寸代号 2，左旋，圆柱外螺纹）

G4B—LH（尺寸代号 4，左旋，B 级圆柱外螺纹）

注：$r = 0.137\ 329P$

　　$P = 25.4/n$

　　$H = 0.960\ 401P$

尺寸代号	每 25.4 mm 内所含的牙数 n	螺距 P/mm	牙高 h/mm	基本直径		
				大径 d = D/mm	中径 d₂ = D₂/mm	小径 d₁ = D₁/mm
1/16	28	0.907	0.581	7.723	7.142	6.561
1/8	28	0.907	0.581	9.728	9.147	8.566
1/4	19	1.337	0.856	13.157	12.301	11.445
3/8	19	1.337	0.856	16.662	15.806	14.950
1/2	14	1.814	1.162	20.955	19.793	18.631
3/4	14	1.814	1.162	26.441	25.279	24.117
1	11	2.309	1.479	33.249	31.770	30.291

尺寸代号	每 25.4 mm 内所含的牙数 n	螺距 P/mm	牙高 h/mm	基本直径 大径 d = D/mm	中径 d_2 = D_2/mm	小径 d_1 = D_1/mm
1 1/4	11	2.309	1.479	41.910	40.431	38.952
1 1/2	11	2.309	1.479	47.803	46.324	44.845
2	11	2.309	1.479	59.614	58.135	56.656
2 1/2	11	2.309	1.479	75.184	73.705	72.226
3	11	2.309	1.479	87.884	86.405	84.926
4	11	2.309	1.479	113.030	111.551	110.072
5	11	2.309	1.479	138.430	136.951	135.472
6	11	2.309	1.479	163.830	162.351	160.872

附录 B 常用标准件

表 B.1 六角头螺栓（一） （单位：mm）

六角头螺栓—A 和 B 级（摘自 GB/T 5782—2000）
六角头螺栓—细牙—A 和 B 级（摘自 GB/T 5785—2000）

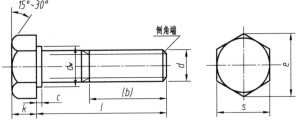

标注示例：
螺栓 GB/T 5782 M12×100
（螺纹规格 d = M12、公称长度 l = 100 mm、性能等级为 8.8 级、表面氧化、杆身半螺纹、A 级的六角头螺栓）

六角头螺栓—全螺纹—A 和 B 级（摘自 GB/T 5783—2000）
六角头螺栓—细牙—全螺纹—A 和 B 级（摘自 GB/T 5786—2000）

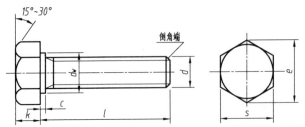

标注示例：
螺栓 GB/T 5786 M30×2×80
（螺纹规格 d = M30×2、公称长度 l = 80 mm、性能等级为 8.8 级、表面氧化、全螺纹、B 级的细牙六角头螺栓）

螺纹规格	d	M4	M5	M6	M8	M10	M12	M16	M20	M24	M30	M36	M42	M48
	D×P	—	—	—	M8×1	M10×1	M12×15	M16×15	M20×2	M24×2	M30×2	M36×3	M42×3	M48×3
b参考	l≤125	14	16	18	22	26	30	38	46	54	66	78	—	—

螺纹规格	d	M4	M5	M6	M8	M10	M12	M16	M20	M24	M30	M36	M42	M48
	$D×P$	—	—	—	M8×1	M10×1	M12×15	M16×15	M20×2	M24×2	M30×2	M36×3	M42×3	M48×3
$b_{参考}$	125<l≤200	—	—	—	28	32	36	44	52	60	72	84	96	108
	l>200	—	—	—	—	—	—	57	65	73	85	97	109	121
c_{max}		0.4	0.5		0.6			0.8					1	
$k_{公称}$		2.8	3.5	4	5.3	6.4	7.5	10	12.5	15	18.7	22.5	26	30
s_{max}=公称		7	8	10	13	16	18	24	30	36	46	55	65	75
e_{min}	A	7.66	8.79	11.05	14.38	17.77	20.03	26.75	33.53	39.98	—	—	—	—
	B	—	8.63	10.89	14.2	17.59	19.85	26.17	32.95	39.55	50.85	60.79	72.02	82.6
$d_{w\,min}$	A	5.9	6.9	8.9	11.6	14.6	16.6	22.5	28.2	33.6	—	—	—	—
	B	—	6.7	8.7	11.4	14.4	16.4	22	27.7	33.2	42.7	51.1	60.6	69.4
$l_{范围}$	GB 5782	25~40	25~50	30~60	35~80	40~100	45~120	55~160	65~200	80~240	90~300	110~360	130~400	140~400
	GB 5785											110~300		
	GB 5783	8~40	10~50	12~60	16~80	20~100	25~100	35~100	40~100				80~500	100~500
	GB 5786	—	—	—		100	25~120	35~160	40~200				90~400	100~500
$l_{系列}$	GB 5782	20~60（5进位）、70~160（10进位）、180~400（20进位）												
	GB 5785													
	GB 5783	6、8、10、12、16、18、20~65（5进位）、70~160（10进位）、180~500（20进位）												
	GB 5786													

注：(1) P——螺距。末端按 GB/T 2—2000 规定。

　　(2) 螺纹公差：6 g；机械性能等级：8.8。

　　(3) 产品等级：A 级用于 d≤24 mm 和 l≤10d 或≤150 mm（按较小值）；
　　　　　　　　B 级用于 d>24 mm 和 l>10d 或>150 mm（按较小值）。

表 B.2　六角头螺栓（二）　　　　　　　　　　（单位：mm）

六角头螺栓—C 级（摘自 GB/T 5780—2000）

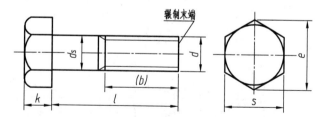

标注示例：

螺栓 GB/T 5780　M20×100

（螺纹规格 d=M20、公称长度 l=100 mm、性能等级为 4.8 级、不经表面处理，杆身半螺纹、C 级的六角头螺栓）

六角头螺栓—全螺纹—C级（摘自GB/T 5781—2000）

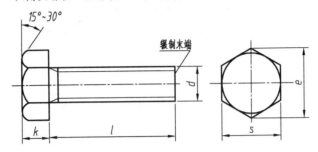

标注示例：

螺栓 GB/T 5781   M12×80

（螺纹规格 *d* = M12、公称长度 *l* = 80 mm、性能等级为 4.8 级、不经表面处理、全螺纹、C 级的六角头螺栓）

螺纹规格 *d*		M5	M6	M8	M10	M12	M16	M20	M24	M30	M36	M42	M48
b 参考	*l* ≤ 125	16	18	22	26	30	38	40	54	66	78	—	—
	125 < *l* ≤ 200	—	—	28	32	36	44	52	60	72	84	96	108
	l > 200	—	—	—	—	—	57	65	73	85	97	109	121
k 公称		3.5	4.0	5.3	6.4	7.5	10	12.5	15	18.7	22.5	26	30
*s*max		8	10	13	16	18	24	30	36	46	55	65	75
*e*max		8.63	10.9	14.2	17.6	19.9	26.2	33.0	39.6	50.9	60.8	72.0	82.6
*d*max		5.48	6.48	8.58	10.6	12.7	16.7	20.8	24.8	30.8	37.0	45.0	49.0
l 范围	GB/T 5780—2000	25~50	30~60	35~80	40~100	45~120	55~160	65~200	80~240	90~300	110~300	160~420	180~480
	GB/T 5781—2000	10~40	12~50	16~65	20~80	25~100	35~100	40~100	50~100	60~100	70~100	80~420	90~480
l 系列		10、12、16、20~50（5进位）、(55)、60、(65)、70~160（10进位）、180、220~500（20进位）											

注：(1)括号内的规格尽可能不用。末端按GB/T 2—2000规定。

(2)螺纹公差：8g（GB/T 5780—2000）；6g（GB/T 5781—2000）；机械性能等级：4.6、4.8；产品等级：C。

表 B.3   Ⅰ 型六角螺母   （单位：mm）

Ⅰ 型六角螺母—A 和 B 级（摘自 GB/T 6170—200）

Ⅰ 型六角螺母—细牙—A 和 B 级（摘自 GB/T 6171—2000）

Ⅰ 型六角螺母—C 级（摘自 GB/T 41—2000）

允许制造的形式

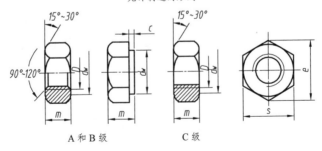

A 和 B 级   C 级

标注示例：

螺母 GB/T 41　M12

（螺纹规格 D＝M12、性能等级为 5 级、不经表面处理、C 级的 I 型六角螺母）

螺母 GB/T 6171　M24×2

（螺纹规格 D＝M24、螺距 P＝2 mm、性能等级为 10 级、不经表面处理、B 级的 I 型细牙六角螺母）

螺纹规格	D	M4	M5	M6	M8	M10	M12	M16	M20	M24	M30	M36	M42	M48
	$D×P$	—	—	—	M8×1	M10×1	M12×1.5	M16×1.5	M20×2	M24×2	M30×2	M36×3	M42×3	M48×3
c		0.4	0.5			0.6			0.8			1		
s_{max}		7	8	10	13	16	18	24	30	36	46	55	65	75
e_{min}	A、B 级	7.66	8.79	11.05	14.38	17.77	20.03	26.75	32.95	39.95	50.85	60.79	72.02	82.6
	C 级	—	8.63	10.89	14.2	17.59	19.85	26.17						
m_{max}	A、B 级	3.2	4.7	5.2	6.8	8.4	10.8	14.8	18	21.5	25.6	31	34	38
	C 级	—	5.6	6.1	7.9	9.5	12.2	15.9	18.7	22.3	26.4	31.5	34.9	38.9
$d_{w min}$	A、B 级	5.9	6.9	8.9	11.6	14.6	16.6	22.5	27.7	33.2	42.7	51.1	60.6	69.4
	C 级	—	6.9	8.7	11.5	14.5	16.5	22						

注：(1). P——螺距。

(2) A 级用于 D≤16 mm 的螺母；B 级用于 D>16 mm 的螺母；C 级用于 D≥5 mm 的螺母。

(3) 螺纹公差：A、B 级为 6H，C 级为 7H；机械性能等级：A、B 级为 6、8、10 级，C 级为 4、5 级。

表 B.4　双头螺柱（摘自 GB/T 897～900—1988）　　　　（单位：mm）

b_m＝1d（GB/T 897—1988）；　b_m＝1.25d（GB/T 898—1988）；

b_m＝1.5d（GB/T 899—1988）；　b_m＝2d（GB/T 900—1988）

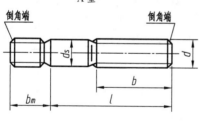

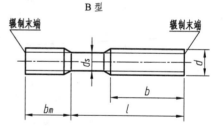

标注示例：

螺柱 GB/T 900—1988　M10×50

（两端均为粗牙普通螺纹、d＝10 mm、l＝50 mm、性能等级为 4.8 级、不经表面处理、B 型、b_m＝2d 的双头螺柱）

螺柱 GB/T 900—1988　AM10—10×1×50

（旋入机体一端为粗牙普通螺纹、旋螺母端为螺距 P＝1 mm 的细牙普通螺纹、d＝10 mm、l＝50 mm、性能等级为 4.8 级、不经表面处理、A 型、b_m＝2d 的双头螺柱）

螺纹规格 d	b_m（旋入机体端长度）				l/b（螺柱长度/旋螺母端长度）	
	GB/T 897	GB/T 898	GB/T 899	GB/T 900		
M4	—	—	6	8	$\dfrac{16～22}{8}$	$\dfrac{25～40}{14}$

螺纹规格 d	b_m（旋入机体端长度）				l/b（螺柱长度/旋螺母端长度）					
	GB/T 897	GB/T 898	GB/T 899	GB/T 900						
M5	5	6	8	10	$\dfrac{16\sim22}{10}$	$\dfrac{25\sim50}{16}$				
M6	6	8	10	12	$\dfrac{20\sim22}{10}$	$\dfrac{25\sim30}{14}$	$\dfrac{32\sim75}{18}$			
M8	8	10	12	16	$\dfrac{20\sim22}{12}$	$\dfrac{25\sim30}{16}$	$\dfrac{32\sim90}{22}$			
M10	10	12	15	20	$\dfrac{25\sim28}{14}$	$\dfrac{30\sim38}{16}$	$\dfrac{40\sim120}{26}$	$\dfrac{130}{32}$		
M12	12	15	18	24	$\dfrac{25\sim30}{14}$	$\dfrac{32\sim40}{16}$	$\dfrac{45\sim120}{26}$	$\dfrac{130\sim180}{32}$		
M16	16	20	24	32	$\dfrac{30\sim38}{16}$	$\dfrac{40\sim55}{20}$	$\dfrac{60\sim120}{30}$	$\dfrac{130\sim200}{36}$		
M20	20	25	30	40	$\dfrac{35\sim40}{20}$	$\dfrac{45\sim65}{30}$	$\dfrac{70\sim120}{38}$	$\dfrac{130\sim200}{44}$		
（M24）	24	30	36	48	$\dfrac{45\sim50}{25}$	$\dfrac{55\sim75}{35}$	$\dfrac{80\sim120}{46}$	$\dfrac{130\sim200}{52}$		
（M30）	30	38	45	60	$\dfrac{60\sim65}{40}$	$\dfrac{70\sim90}{50}$	$\dfrac{95\sim120}{66}$	$\dfrac{130\sim200}{72}$	$\dfrac{210\sim250}{85}$	
M36	36	45	54	72	$\dfrac{65\sim75}{45}$	$\dfrac{80\sim110}{60}$	$\dfrac{120}{78}$	$\dfrac{130\sim200}{84}$	$\dfrac{210\sim300}{97}$	
M42	42	52	63	84	$\dfrac{70\sim80}{50}$	$\dfrac{85\sim110}{70}$	$\dfrac{120}{90}$	$\dfrac{130\sim200}{96}$	$\dfrac{210\sim300}{109}$	
M48	48	60	72	96	$\dfrac{80\sim90}{60}$	$\dfrac{95\sim110}{80}$	$\dfrac{120}{102}$	$\dfrac{130\sim200}{108}$	$\dfrac{210\sim300}{121}$	
$l_{系列}$	12、（14）、16、（18）、20、（22）、25、（28）、30、（32）、35、（38）、40、45、50、55、60、（65）、70、75、80、（85）、90、（95）、100~260（10进位）、280、300									

注：(1)尽可能不采用括号内的规格。末端按 GB/T 2—2000 规定。

(2)$b_m=1d$，一般用于钢对钢；$b_m=(1.25-1.5)d$，一般用于钢对铸铁；$b_m=2d$，一般用于钢对铝合金。

表 B.5　螺钉（一）　　　　　　　　（单位：mm）

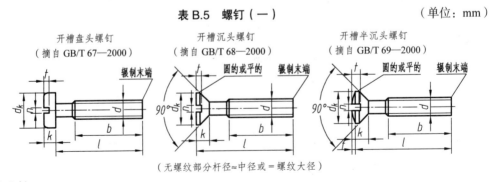

（无螺纹部分杆径≈中径或＝螺纹大径）

标注示例：

螺钉 GB/T 67　M5×60

（螺纹规格 $d=$M5、$l=$60 mm、性能等级为 4.8 级、不经表面处理的开槽盘头螺钉）

螺纹规格 d	P	b_{min}	n公称	f	r_f	k_{max}		$d_{k\,max}$		t_{min}			$l_{范围}$		全螺纹时最大长度	
			GB/T 69	GB/T 69	GB/T 67	GB/T 68 GB/T 69	GB/T 67	GB/T 67	GB/T 68 GB/T 69	GB/T 67	GB/T 68	GB/T 69	GB/T 67	GB/T 68 GB/T 69	GB/T 67	GB/T 68 GB/T 69
M2	0.4	25	0.5	4	0.5	1.3	1.2	4	3.8	0.5	0.4	0.8	2.5~20	3~20	30	
M3	0.5		0.8	6	0.7	1.8	1.65	5.6	5.5	0.7	0.6	1.2	4~30	5~30		
M4	0.7	38	1.2	9.5	1	2.4	2.7	8	8.4	1	1	1.6	5~40	6~40	40	45
M5	0.8				1.2	3		9.5	9.3	1.2	1.1	2	6~50	8~50		
M6	1		1.6	12	1.4	3.6	3.3	12	12	1.4	1.2	2.4	8~60	8~60		
M8	1.25		2	16.5	2	4.8	4.65	16	16	1.9	1.8	3.2	10~80			
M10	1.5		2.5	19.5	2.3	6	5	20	20	2.4	2	3.8				
$l_{系列}$	2、2.5、3、4、5、6、8、10、12、(14)、16、20~50（5进位）、(55)、60、(65)、70、(75)、80															

注：螺纹公差：6g；机械性能等级：4.8、5.8；产品等级：A。

表 B.6 螺钉（二） （单位：mm）

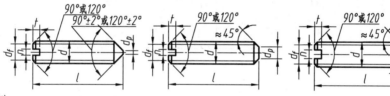

开槽锥端紧定螺钉（摘自 GB/T 71—2000）　　开槽平端紧定螺钉（摘自 GB/T 73—2000）　　开槽长圆柱端紧定螺钉（摘自 GB/T 75—2000）

标注示例：

螺钉 GB/T 71 M5×20

（螺纹规格 d＝M5、公称长度 l＝20 mm、性能等级为 14H 级，表面氧化的开槽锥端紧定螺钉）

螺纹规格 d	P	d_f	d_{max}	d_{pmax}	n公称	t_{max}	z_{max}	$l_{范围}$		
								GB 71	GB 73	GB 75
M2	0.4	螺纹小径	0.2	1	0.25	0.84	1.25	3~10	2~10	3~10
M3	0.5		0.3	2	0.4	1.05	1.75	4~16	3~16	5~16
M4	0.7		0.4	2.5	0.6	1.42	2.25	6~20	4~20	6~20
M5	0.8		0.5	3.5	0.8	1.63	2.75	8~25	5~25	8~25
M6	1		1.5	4	1	2	3.25	8~30	6~30	8~30
M8	1.25		2	5.5	1.2	2.5	4.3	10~40	8~40	10~40
M10	1.5		2.5	7	1.6	3	5.3	12~50	10~50	12~50
M12	1.75		3	8.5	2	3.6	6.3	14~60	12~60	14~60
$l_{系列}$	2、2.5、3、4、5、6、8、10、12、(14)、16、20、25、30、35、40、45、50、(55)、60									

注：螺纹公差：6g；机械性能等级：14H、22H；产品等级：A。

表 B.7　内六角圆柱头螺钉（摘自 GB/T 70.1—2000）　　　　　　（单位：mm）

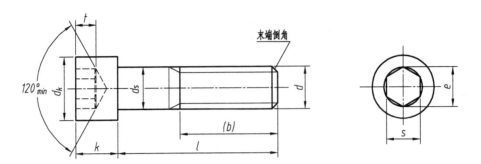

标注示例：

螺钉 GB/T 70.1　M5×20

（螺纹规格 d＝M5、公称长度 l＝20 mm、性能等级为 8.8 级、表面氧化的内六角圆柱螺钉）

螺纹规格 d	M4	M5	M6	M8	M10	M12	（M14）	M16	M20	M24	M30	M36
螺距 P	0.7	0.8	1	1.25	1.5	1.75	2	2	2.5	3	3.5	4
$b_{参考}$	20	22	24	28	32	36	40	44	52	60	72	84
$d_{k\,max}$ 光滑头部	7	8.5	10	13	16	18	21	24	30	36	45	54
$d_{k\,max}$ 滚花头部	7.22	8.72	10.22	13.27	16.27	18.27	21.33	24.33	30.33	36.39	45.39	54.46
k_{max}	4	5	6	8	10	12	14	16	20	24	30	36
t_{min}	2	2.5	3	4	5	6	7	8	10	12	15.5	19
$s_{公称}$	3	4	5	6	8	10	12	14	17	19	22	27
e_{min}	3.44	4.58	5.72	6.86	9.15	11.43	13.72	16	19.44	21.73	25.15	30.35
$d_{s\,max}$	4	5	6	8	10	12	14	16	20	24	30	36
$l_{范围}$	6～40	8～50	10～60	12～80	16～100	20～120	25～140	25～160	30～200	40～200	45～200	55～200
全螺纹时最大长度	25	25	30	35	40	45	55	55	65	80	90	100
$l_{系列}$	6、8、10、12、（14）、（16）、20～50（5 进位）、（55）、60、（65）、70～160（10 进位）、180、200											

注：(1)括号内的规格尽可能不用。末端按 GB/T 2—2000 规定。

　　(2)机械性能等级：8.8、12.9。

　　(3)螺纹公差：机械性能等级 8.8 级时为 6g，12.9 级时为 5g、6g。

　　(4)产品等级：A。

表 B.8　垫圈 （单位：mm）

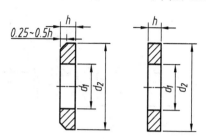

标注示例：

垫圈 GB/T 97.1

（标准系列、规格 8、性能等级为 140HV 级、不经表面处理的平垫圈）

公称尺寸 （螺纹规格 d）		1.6	2	2.5	3	4	5	6	8	10	12	14	16	20	24	30	36
d_1	GB/T 848	1.7	2.2	2.7	3.2	4.3											
	GB/T 97.1						5.3	6.4	8.4	10.5	13	15	17	21	25	31	37
	GB/T 97.2	—	—	—	—	—											
d_2	GB/T 848	3.5	4.5	5	6	8	9	11	15	18	20	24	28	34	39	50	60
	GB/T 97.1	4	5	6	7	9	10	12	16	20	24	28	30	37	44	56	66
	GB/T 97.2	—	—	—	—	—	10	12	16	20	24	28	30	37	44	56	66
h	GB/T 848	0.3	0.3	0.5	0.5	0.5											
	GB/T 97.1						1	1.6	1.6	1.6	2	2.5	2.5	3	4	4	5
	GB/T 97.2	—	—	—	—	—											

表 B.9　标准型弹簧垫圈（摘自 GB/T 93—1987） （单位：mm）

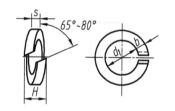 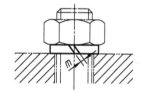

标注示例：

垫圈 GB/T 93　10

（规格 10、材料为 65Mn、表面氧化的标准型弹簧垫圈）

规格（螺纹大径）	4	5	6	8	10	12	16	20	24	30	36	42	48
$d_{1\min}$	4.1	5.1	6.1	8.1	10.2	12.2	16.2	20.2	24.5	30.5	36.5	42.5	48.5
$s=b_{公称}$	1.1	1.3	1.6	2.1	2.6	3.1	4.1	5	6	7.5	9	10.5	12
$m\leqslant$	0.55	0.65	0.8	1.05	1.3	1.55	2.05	2.5	3	3.75	4.5	5.25	6
$H_{\max}$	2.75	3.25	4	5.25	6.5	7.75	10.25	12.5	15	18.75	22.5	26.25	30

注：m 应大于零。

表 B.10 圆柱销（摘自 GB/T 119.1—2000）　　　　　（单位：mm）

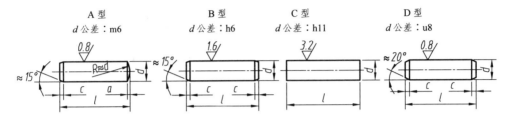

A型　　　　　　　B型　　　　　　C型　　　　　　D型
d公差：m6　　　　d公差：h6　　　d公差：h11　　　d公差：u8

标注示例：

销 GB/T 119.1　6 m6×30

（公称直径 d = 6 mm、公差为 m6、公称长度 l = 30 mm、材料为钢、不经表面处理的圆柱销）

销 GB/T 119.1　6 m6×30—A1

（公称直径 d = 6 mm、公差为 m6、公称长度 l = 30 mm、材料为 A1 组奥氏体不锈钢、表面简单处理的圆柱销）

d（公称）m6/h8	2	3	4	5	6	8	10	12	16	20	25
$a\approx$	0.25	0.40	0.50	0.63	0.80	1.0	1.2	1.6	2.0	2.5	3.0
$c\approx$	0.35	0.5	0.63	0.8	1.2	1.6	2	2.5	3	3.5	4
$l_{范围}$	6~20	8~30	8~40	10~50	12~60	14~80	18~95	22~140	26~180	35~200	50~200
$l_{系列}$（公称）	2、3、4、5、6~32（2 进位）、35~100（5 进位）、120~≥200（按 20 递增）										

表 B.11　圆锥销（摘自 GB/T 117—2000）　　　　　（单位：mm）

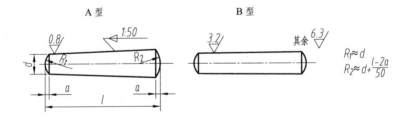

A型　　　　　　　　　　B型

$$R_1\approx d$$
$$R_2\approx d+\frac{l-2a}{50}$$

标注示例：

销 GB/T 117　10×60

（公称直径 d = 10 mm、长度 l = 60 mm、材料为 35 钢、热处理硬度 28~38HRC、表现氧化处理的 A 型圆锥销）

$d_{公称}$	2	2.5	3	4	5	6	8	10	12	16	20	25
$a\approx$	0.25	0.3	0.4	0.5	0.63	0.8	1.0	1.2	1.6	2.0	2.5	3.0
$l_{范围}$	10~35	10~35	12~45	14~55	18~60	22~90	20~120	26~160	32~180	40~200	45~200	50~200
$l_{系列}$	2、3、4、5、6~32（2 进位）、35~100（5 进位）、120~200（20 进位）											

表 B.12 普通平键键槽的尺寸及公差（摘自 GB/T 1095—2003） （单位：mm）

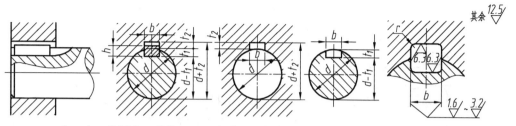

注：在工作图中，轴槽深用 t_1 或（$d-t_1$）标注，轮毂槽深用（$d+t_2$）标准。

轴的直径 d	键尺寸 $b×h$	键槽											
		宽度 b						深 度				半径 r	
		基本尺寸	极限偏差					轴 t_1		毂 t_2			
			正常联接		紧密联接	松联接		基本尺寸	极限偏差	基本尺寸	极限偏差		
			轴 N9	毂 JS9	轴和毂 P9	轴 H9	毂 D10					min	max
自 6～8	2×2	2	−0.004 −0.029	±0.012 5	−0.006 −0.031	+0.025 0	+0.060 +0.020	1.2	+0.1 0	1	+0.1 0	0.08	0.16
>8～10	3×3	3						1.8		1.4			
>10～12	4×4	4	0 −0.030	±0.015	−0.012 −0.042	+0.030 0	+0.078 +0.030	2.5		1.8			
>12～17	5×5	5						3.0		2.3			
>17～22	6×6	6						3.5		2.8		0.16	0.25
>22～30	8×7	8	0 −0.036	±0.018	−0.015 −0.051	+0.036 0	+0.098 +0.040	4.0		3.3			
>30～38	10×8	10						5.0		3.3			
>38～44	12×8	12	0 −0.043	±0.026	+0.018 −0.061	+0.043 0	+0.120 +0.050	5.0	+0.2 0	3.3	+0.2 0	0.25	0.40
>44～50	14×9	14						5.5		3.8			
>50～58	16×10	16						6.0		4.3			
>58～65	18×11	18						7.0		4.4			
>65～75	20×12	20	0 −0.052	±0.031	+0.022 −0.074	+0.052 0	+0.149 +0.065	7.5		4.9			
>75～85	22×14	22						9.0		5.4		0.40	0.60
>85～95	25×14	25						9.0		5.4			
>95～110	28×16	28						10.0		6.4			
>110～130	32×18	32	0 −0.062	±0.037	−0.026 −0.088	+0.062 0	+0.180 +0.080	11.0		7.4			
>130～150	36×20	36						12.0		8.4			
>150～170	40×22	40						13.0	+0.3 0	9.4	+0.3 0	0.70	1.0
>170～200	45×25	45						15.0		10.4			

注：（$d-t_1$）和（$d+t_2$）两组组合尺寸的极限偏差按相应的 t_1 和 t_2 的极限偏差选取，但（$d-t_1$）极限偏差应取负号（−）。

表 B.13　普通平键的尺寸与公差（摘自 GB/T 1096—2003）　　　（单位：mm）

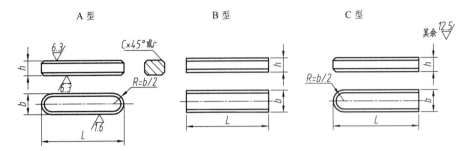

标注示例：

圆头普通平键（A 型），$b=18$ mm、$h=11$ mm、$L=100$ mm；GB/T 1096—2003 键 18×11×100

平头普通平键（B 型），$b=18$ mm、$h=11$ mm、$L=100$ mm；GB/T 1096—2003 键 B　18×11×100

单圆头普通平键（C 型），$b=18$ mm、$h=11$ mm、$L=100$ mm；GB/T 1096—2003 键 C　18×11×100

宽度 b	基本尺寸	2	3	4	5	6	8	10	12	14	16	18	20	22
	极限偏差（h8）	0 −0.014			0 −0.018		0 −0.022		0 −0.027				0 −0.033	

高度 h		基本尺寸	2	3	4	5	6	7	8	8	9	10	11	12	14
	极限偏差	矩形（h11）	—			—			0 −0.090				0 −0.010		
		方形（h8）	0 −0.014			0 −0.018		—							

倒角或圆角 s	0.16～0.25	0.25～0.40	0.40～0.60	0.60～0.80

长度 L

基本尺寸	极限偏差（h14）													
6	0 −0.36			—	—	—	—	—	—	—	—	—	—	—
8					—	—	—	—	—	—	—	—	—	—
10						—	—	—	—	—	—	—	—	—
12	0 −0.48						—	—	—	—	—	—	—	—
14								—	—	—	—	—	—	—
16									—	—	—	—	—	—
18									—	—	—	—	—	—
20	0 −0.52									—	—	—	—	—
22			—		标准						—	—	—	—
25			—								—	—	—	—
28			—									—	—	—
32	0 −0.62		—									—	—	—
36			—									—	—	—
40			—	—								—	—	—
45			—	—		长度							—	—
50			—	—	—								—	—

280

宽度 b	基本尺寸	2	3	4	5	6	8	10	12	14	16	18	20	22
	极限偏差（h8）	0 −0.014		0 −0.018			0 −0.022		0 −0.027				0 −0.033	
高度 h	基本尺寸	2	3	4	5	6	7	8	8	9	10	11	12	14
	极限偏差 矩形（h11）	—		—			0 −0.090						0 −0.010	
	极限偏差 方形（h8）	0 −0.014		0 −0.018			—						—	
倒角或圆角 s		0.16～0.25			0.25～0.40			0.40～0.60					0.60～0.80	

长度 L 基本尺寸	极限偏差（h14）													
56	0 −0.74	—	—	—										
63		—	—	—										
70		—	—	—										
80		—	—	—	—									
90	0 −0.87						范围							
100		—	—	—	—	—	—							
110		—	—	—	—	—								
125		—	—	—	—	—	—	—						
140	0 −1.00	—	—	—	—	—	—	—						
160		—	—	—	—	—	—	—						
180		—	—	—	—	—	—	—	—	—				
200	0 −1.15	—	—	—	—	—	—	—	—	—	—			
220		—	—	—	—	—	—	—	—	—	—	—		
250		—	—	—	—	—	—	—	—	—	—	—	—	

表 B.14　半圆键（摘自 GB/T 1098—2003、GB/T 1099—2003）　　（单位：mm）

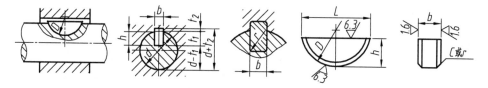

半圆键　键槽的剖面尺寸（摘自 GB/T 1098—2003）
普通型　半圆键（摘自 GB/T 1099—2003）

标注示例：

宽度 b = 6 mm，高度 h = 10 mm，直径 D = 25 mm，普通型半圆键的标记为：

GB/T 1099.1 键 6×10×25

键尺寸				键槽				
				轴		轮毂		半径 r
b	h（h11）	D（h12）	c	t_1	极限偏差	t_2	极限偏差	
1.0	1.4	4	0.16～0.25	1.0	+0.1 0	0.6	+0.1 0	0.16～0.25
1.5	2.6	7		2.0		0.8		
2.0	2.6	7		1.8		1.0		
2.0	3.7	10		2.9		1.0		
2.5	3.7	10		2.7		1.2		
3.0	5.0	13		3.8		1.4		
3.0	6.5	16		5.3		1.4		
4.0	6.5	16	0.25～0.40	5.0	+0.2 0	1.8		0.25～0.40
4.0	7.5	19		6.0		1.8		
5.0	6.5	16		4.5		2.3		
5.0	7.5	19		5.5		2.3		
5.0	9.0	22		7.0		2.3		
6.0	9.0	22		6.5		2.8		
6.0	10.0	25		7.5	+0.3 0	2.8	+0.2 0	
8.0	11.0	28	0.40～0.60	8.0		3.3		0.40～0.60
10.0	13.0	32		10.0		3.3		

注：(1)在图样中，轴槽深用 t_1 或（$d-t_1$）标注，轮毂槽深用（$d+t_2$）标注。（$d-t_1$）和（$d+t_2$）的两个组合尺寸的极限偏差按相应 t_1 和 t_2 的极限偏差选取，但（$d-t_1$）极限偏差应为负偏差。

(2)键长 L 的两端允许倒成圆角，圆角半径 $r=0.5～1.5$ mm。

(3)键宽 b 的下偏差统一为"-0.025"。

表 B.15　滚动轴承　　　　　　　　　　　　　　　　　　　　（单位：mm）

深沟球轴承	圆锥滚子轴承	推力球轴承
（摘自 GB/T 276—1994）	（摘自 GB/T 297—1994）	（摘自 GB/T 301—1995）

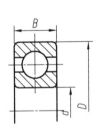 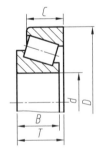 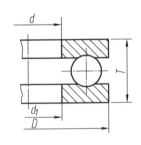

标注示例：　　　　　　　　　标注示例：　　　　　　　　　标注示例：
滚动轴承 6308　　　　　　　滚动轴承 30209　　　　　　滚动轴承 51205
GB/T 276—1994　　　　　　GB/T 297—1994　　　　　GB/T 301—1994

轴承型号	尺寸/mm			轴承型号	尺寸/mm					轴承型号	尺寸/mm			
	d	D	B		d	D	B	C	T		d	D	T	d_1
尺寸系列［(0)2］				尺寸系列［02］						尺寸系列［12］				
6202	15	35	11	30203	17	40	12	11	13.25	51202	15	32	12	17
6203	17	40	12	30204	20	47	14	12	15.25	51203	17	35	12	19
6204	20	47	14	30205	25	52	15	13	16.25	51204	20	40	14	22

轴承型号	尺寸/mm			轴承型号	尺寸/mm					轴承型号	尺寸/mm			
	d	D	B		d	D	B	C	T		d	D	T	d₁
尺寸系列〔(0)2〕				尺寸系列〔02〕						尺寸系列〔12〕				
6205	25	52	15	30206	30	62	16	14	17.25	51205	25	47	15	27
6206	30	62	16	30207	35	72	17	15	18.25	51206	30	52	16	32
6207	35	72	17	30208	40	80	18	16	19.75	51207	35	62	18	37
6208	40	80	18	30209	45	85	19	16	20.75	51208	40	68	19	42
6209	45	85	19	30210	50	90	20	17	21.75	51209	45	73	20	47
6210	50	90	20	30211	55	100	21	18	22.75	51210	50	78	22	52
6211	55	100	21	30212	60	110	22	19	23.75	51211	55	90	25	57
6212	60	110	22	30213	65	120	23	20	24.75	51212	60	95	26	62
尺寸系列〔(0)3〕				尺寸系列〔03〕						尺寸系列〔13〕				
6302	15	42	13	30302	15	42	13	11	14.25	51304	20	47	18	22
6303	17	47	14	30303	17	47	14	12	15.25	51305	25	52	18	27
6304	20	52	15	30304	20	52	15	13	16.25	51306	30	60	21	32
6305	25	62	17	30305	25	62	17	15	18.25	51307	35	68	24	37
6306	30	72	19	30306	30	72	19	16	20.75	51308	40	78	26	42
6307	35	80	21	30307	35	80	21	18	22.75	51309	45	85	28	47
6308	40	90	23	30308	40	90	23	20	25.25	51310	50	95	31	52
6309	45	100	25	30309	45	100	25	22	27.25	51311	55	105	35	57
6310	50	110	27	30310	50	110	27	23	29.25	51312	60	110	35	62
6311	55	120	29	30311	55	120	29	25	31.50	51313	65	115	36	67
6312	60	130	31	30312	60	130	31	26	33.50	51314	70	125	40	72

注：圆括号中的尺寸系列代号在轴承代号中省略。

附录C　极限与配合

表C.1　基本尺寸小于500 mm的标准公差 　　　　（单位：μm）

基本尺寸/mm	公差等级																	
	IT01	IT0	IT1	IT2	IT3	IT4	IT5	IT6	IT7	IT8	IT9	IT10	IT11	IT12	IT13	IT14	IT15	IT16	IT17	IT18
≤3	0.3	0.5	0.8	1.2	2	3	4	6	10	14	25	40	60	100	140	250	400	600	1 000	1 400
>3～6	0.4	0.6	1	1.5	2.5	4	5	8	12	18	30	48	75	120	180	300	480	750	1 200	1 800
>6～10	0.4	0.6	1	1.5	2.5	4	6	9	15	22	36	58	90	150	220	360	580	900	1 500	2 200
>10～18	0.5	0.8	1.2	2	3	5	8	11	18	27	43	70	110	180	270	430	700	1 100	1 800	2 700
>18～30	0.6	1	1.5	2.5	4	6	9	13	21	33	52	84	130	210	330	520	840	1 300	2 100	3 300
>30～50	0.7	1	1.5	2.5	4	7	11	16	25	39	62	100	160	250	390	620	1 000	1 600	2 500	3 900
>50～80	0.8	1.2	2	3	5	8	13	19	30	46	74	120	190	300	460	740	1 200	1 900	3 000	4 600
>80～120	1	1.5	2.5	4	6	10	15	22	35	54	87	140	220	350	540	870	1 400	2 200	3 500	5 400
>120～180	1.2	2	3.5	5	8	12	18	25	40	63	100	160	250	400	630	1 000	1 600	2 500	4 000	6 300
>180～250	2	3	4.5	7	10	14	20	29	46	72	115	185	290	460	720	1 150	1 850	2 900	4 600	7 200
>250～315	2.5	4	6	8	12	16	23	32	52	81	130	210	320	520	810	1 300	2 100	3 200	5 200	8 100
>315～400	3	5	7	9	13	18	25	36	57	89	140	230	360	570	890	1 400	2 300	3 600	5 700	8 900
>400～500	4	6	8	10	15	20	27	40	68	97	155	250	400	630	970	1 550	2 500	4 000	6 300	9 700

表 C.2 轴的极限偏差（摘自 GB/T 1008.4—1999）　　　　　　　　　（单位：μm）

基本尺寸/mm	常用及优先公差带（画圈者为优先公差带）												
	a	b		c			d				e		
	11	11	12	9	10	⑪	8	⑨	10	11	7	8	9
>0~3	−270 −330	−140 −200	−140 −240	−60 −85	−60 −100	−60 −120	−20 −34	−20 −45	−20 −60	−20 −80	−14 −24	−14 −28	−14 −39
>3~6	−270 −345	−140 −215	−140 −260	−70 −100	−70 −118	−70 −145	−30 −48	−30 −60	−30 −78	−30 −105	−20 −32	−20 −38	−20 −50
>6~10	−280 −370	−150 −240	−150 −300	−80 −116	−80 −138	−80 −170	−40 −62	−40 −79	−40 −98	−40 −130	−25 −40	−25 −47	−25 −61
>10~14 >14~18	−290 −400	−150 −260	−150 −330	−95 −138	−95 −165	−95 −205	−50 −77	−50 −93	−50 −120	−50 −160	−32 −50	−32 −59	−32 −75
>18~24 >24~30	−300 −430	−160 −290	−160 −370	−110 −162	−110 −194	−110 −240	−65 −98	−65 −117	−65 −149	−65 −195	−40 −61	−40 −73	−40 −92
>30~40	−310 −470	−170 −330	−170 −420	−120 −182	−120 −220	−120 −280	−80 −119	−80 −142	−80 −180	−80 −240	−50 −75	−50 −89	−50 −112
>40~50	−320 −480	−180 −340	−180 −430	−130 −192	−130 −230	−130 −290							
>50~65	−340 −530	−190 −380	−190 −490	−140 −214	−140 −260	−140 −330	−100 −146	−100 −174	−100 −220	−100 −290	−60 −90	−60 −106	−60 −134
>65~80	−360 −550	−200 −390	−200 −500	−150 −224	−150 −270	−150 −340							
>80~100	−380 −600	−200 −440	−220 −570	−170 −257	−170 −310	−170 −390	−120 −174	−120 −207	−120 −260	−120 −340	−72 −109	−72 −126	−72 −159
>100~120	−410 −630	−240 −460	−240 −590	−180 −267	−180 −320	−180 −400							
>120~140	−460 −710	−260 −510	−260 −660	−200 −230	−200 −360	−200 −450	−145 −208	−145 −245	−145 −305	−145 −395	−85 −125	−85 −148	−85 −185
>140~160	−520 −770	−280 −530	−280 −680	−210 −310	−210 −370	−210 −460							
>160~180	−580 −830	−310 −560	−310 −710	−230 −330	−230 −390	−230 −480							
>180~200	−660 −950	−340 −630	−340 −800	−240 −355	−240 −425	−240 −530	−170 −242	−170 −285	−170 −355	−170 −460	−100 −146	−100 −172	−100 −215
>200~225	−740 −1 030	−380 −670	−380 −840	−260 −375	−260 −445	−260 −550							
>225~250	−820 −1 110	−420 −710	−420 −880	−280 −395	−280 −465	−280 −570							
>250~280	−920 −1 240	−480 −800	−480 −1 000	−300 −430	−300 −510	−300 −620	−190 −271	−190 −320	−190 −400	−190 −510	−110 −162	−110 −191	−110 −240
>280~315	−1 050 −1 370	−540 −860	−540 −1 060	−330 −460	−330 −540	−330 −650							
>315~355	−1 200 −1 560	−600 −960	−600 −1 170	−360 −500	−360 −590	−360 −720	−210 −299	−210 −350	−210 −440	−210 −570	−125 −182	−125 −214	−125 −265
>355~400	−1 350 −1 710	−680 −1 040	−680 −1 250	−400 −540	−400 −630	−400 −760							
>400~450	−1 500 −1 900	−760 −1 160	−760 −1 390	−440 −595	−440 −690	−440 −840	−230 −327	−230 −385	−230 −480	−230 −630	−135 −198	−135 −232	−135 −290
>450~500	−1 650 −2 050	−840 −1 240	−840 −1 470	−480 −635	−480 −730	−480 −880							

基本尺寸 /mm	常用及优先公差带（画圈者为优先公差带）														
	f					g			h							
	5	6	⑦	8	9	5	⑥	7	5	⑥	⑦	8	⑨	10	⑪	12
>0~3	−6 −10	−6 −12	−6 −16	−6 −20	−6 −31	−2 −6	−2 −8	−2 −12	0 −4	0 −6	0 −10	0 −14	0 −25	0 −40	0 −60	0 −100
>3~6	−10 −15	−10 −18	−10 −22	−10 −28	−10 −40	−4 −9	−4 −12	−4 −16	0 −5	0 −8	0 −12	0 −18	0 −30	0 −48	0 −75	0 −120
>6~10	−13 −19	−13 −22	−13 −28	−13 −35	−13 −49	−5 −11	−5 −14	−5 −20	0 −6	0 −9	0 −15	0 −22	0 −36	0 −58	0 −90	0 −150
>10~14	−16 −24	−16 −27	−16 −34	−16 −43	−16 −59	−6 −14	−6 −17	−6 −24	0 −8	0 −11	0 −18	0 −27	0 −43	0 −70	0 −110	0 −180
>14~18																
>18~24	−20 −29	−20 −33	−20 −41	−20 −53	−20 −72	−7 −16	−7 −20	−7 −28	0 −9	0 −13	0 −21	0 −33	0 −52	0 −84	0 −130	0 −210
>24~30																
>30~40	−25 −36	−25 −41	−25 −50	−25 −64	−25 −87	−9 −20	−9 −25	−9 −34	0 −11	0 −16	0 −25	0 −39	0 −62	0 −100	0 −160	0 −250
>40~50																
>50~65	−30 −43	−30 −49	−30 −60	−30 −76	−30 −104	−10 −23	−10 −29	−10 −40	0 −13	0 −19	0 −30	0 −46	0 −74	0 −120	0 −190	0 −300
>65~80																
>80~100	−36 −51	−36 −58	−36 −71	−36 −90	−36 −123	−12 −27	−12 −34	−12 −47	0 −15	0 −22	0 −35	0 −54	0 −87	0 −140	0 −220	0 −350
>100~120																
>120~140	−43 −61	−43 −68	−43 −83	−43 −106	−43 −143	−14 −32	−14 −39	−14 −54	0 −18	0 −25	0 −40	0 −63	0 −100	0 −160	0 −250	0 −400
>140~160																
>160~180																
>180~200	−50 −70	−50 −79	−50 −96	−50 −122	−50 −165	−15 −35	−15 −44	−15 −61	0 −20	0 −29	0 −46	0 −72	0 −115	0 −185	0 −290	0 −460
>200~225																
>225~250																
>250~280	−56 −79	−56 −88	−56 −108	−56 −137	−56 −186	−17 −40	−17 −49	−17 −69	0 −23	0 −32	0 −52	0 −81	0 −130	0 −210	0 −320	0 −520
>280~315																
>315~355	−62 −87	−62 −98	−62 −119	−62 −151	−62 −202	−18 −43	−18 −54	−18 −75	0 −25	0 −36	0 −57	0 −89	0 −140	0 −230	0 −360	0 −570
>355~400																
>400~450	−68 −95	−68 −108	−68 −131	−68 −165	−68 −223	−20 −47	−20 −60	−20 −83	0 −27	0 −40	0 −63	0 −97	0 −155	0 −250	0 −400	0 −630
>450~500																

基本尺寸 /mm	常用及优先公差带（画圈者为优先公差带）														
	js			k			m			n			p		
	5	⑥	7	5	⑥	7	5	6	7	5	⑥	7	5	⑥	7
>0~3	±2	±3	±5	+4 0	+6 0	+10 0	+6 +2	+8 +2	+12 +2	+8 +4	+10 +4	+14 +4	+10 +6	+12 +6	+16 +6
>3~6	±2.5	±4	±6	+6 +1	+9 +1	+13 +1	+9 +4	+12 +4	+16 +4	+13 +8	+16 +8	+20 +8	+17 +12	+20 +12	+24 +12
>6~10	±3	±4.5	±7	+7 +1	+10 +1	+16 +1	+12 +6	+15 +6	+21 +6	+16 +10	+19 +10	+25 +10	+21 +15	+24 +15	+30 +15
>10~14 >14~18	±4	±5.5	±9	+9 +1	+12 +1	+19 +1	+15 +7	+18 +7	+25 +7	+20 +12	+23 +12	+30 +12	+26 +18	+29 +18	+36 +18
>18~24 >24~30	±4.5	±6.5	±10	+11 +2	+15 +2	+23 +2	+17 +8	+21 +8	+29 +8	+24 +15	+28 +15	+36 +15	+31 +22	+35 +22	+43 +22
>30~40 >40~50	±5.5	±8	±12	+13 +2	+18 +2	+27 +2	+20 +9	+25 +9	+34 +9	+28 +17	+33 +17	+42 +17	+37 +26	+42 +26	+51 +26
>50~65 >65~80	±6.5	±9.5	±15	+15 +2	+21 +2	+32 +2	+24 +11	+30 +11	+41 +11	+33 +20	+39 +20	+50 +20	+45 +32	+51 +32	+62 +32
>80~100 >100~120	±7.5	±11	±17	+18 +3	+25 +3	+38 +3	+28 +13	+35 +13	+48 +13	+38 +23	+45 +23	+58 +23	+52 +37	+59 +37	+72 +37
>120~140 >140~160 >160~180	±9	±12.5	±20	+21 +3	+28 +3	+43 +3	+33 +15	+40 +15	+55 +15	+45 +27	+52 +27	+67 +27	+61 +43	+68 +43	+83 +43
>180~200 >200~225 >225~250	±10	±14.5	±23	+24 +4	+33 +4	+50 +4	+37 +17	+46 +17	+63 +17	+51 +31	+60 +31	+77 +31	+70 +50	+79 +50	+96 +50
>250~280 >280~315	±11.5	±16	±26	+27 +4	+36 +4	+56 +4	+43 +20	+52 +20	+72 +20	+57 +34	+66 +34	+86 +34	+79 +56	+88 +56	+108 +56
>315~355 >355~400	±12.5	±18	±28	+29 +4	+40 +4	+61 +4	+46 +21	+57 +21	+78 +21	+62 +37	+73 +37	+94 +37	+87 +62	+98 +62	+119 +62
>400~450 >450~500	±13.5	±20	±31	+32 +5	+45 +5	+68 +5	+50 +23	+63 +23	+86 +23	+67 +40	+80 +40	+103 +40	+95 +68	+108 +68	+131 +68

基本尺寸/mm	常用及优先公差带（画圈者为优先公差带）														
	r			s			t			u		v	x	y	z
	5	6	7	5	⑥	7	5	6	7	⑥	7	6	6	6	6
>0~3	+14 +10	+16 +10	+20 +10	+18 +14	+20 +14	+24 +14	—	—	—	+24 +18	+28 +18	—	+26 +20	—	+32 +26
>3~6	+20 +15	+23 +15	+27 +15	+24 +19	+27 +19	+31 +19	—	—	—	+31 +23	+35 +23	—	+36 +28	—	+43 +35
>6~10	+25 +19	+28 +19	+34 +19	+29 +23	+32 +23	+38 +23	—	—	—	+37 +28	+43 +28	—	+43 +34	—	+51 +42
>10~14	+31 +23	+34 +23	+41 +23	+36 +28	+39 +28	+46 +28	—	—	—	+44 +33	+51 +33	—	+51 +45	—	+61 +50
>14~18	+31 +23	+34 +23	+41 +23	+36 +28	+39 +28	+46 +28	—	—	—	+44 +33	+51 +33	+50 +39	+56 +45	—	+71 +60
>18~24	+37 +28	+41 +28	+49 +28	+44 +35	+48 +35	+56 +35	—	—	—	+54 +41	+62 +41	+60 +47	+67 +54	+76 +63	+86 +73
>24~30	+37 +28	+41 +28	+49 +28	+44 +35	+48 +35	+56 +35	+50 +41	+54 +41	+62 +41	+61 +48	+69 +48	+68 +55	+77 +64	+88 +75	+101 +88
>30~40	+45 +34	+50 +34	+59 +34	+54 +43	+59 +43	+68 +43	+59 +48	+64 +48	+73 +48	+76 +60	+85 +60	+84 +68	+96 +80	+110 +94	+128 +112
>40~50	+45 +34	+50 +34	+59 +34	+54 +43	+59 +43	+68 +43	+65 +54	+70 +54	+79 +54	+86 +70	+95 +70	+97 +81	+113 +97	+130 +114	+152 +136
>50~65	+54 +41	+60 +41	+71 +41	+66 +53	+72 +53	+83 +53	+79 +66	+85 +66	+96 +66	+105 +87	+117 +87	+121 +102	+141 +122	+163 +144	+191 +172
>65~80	+56 +43	+62 +43	+73 +43	+72 +59	+78 +59	+89 +59	+88 +75	+94 +75	+105 +75	+121 +102	+132 +102	+139 +120	+165 +146	+193 +174	+229 +210
>80~100	+66 +51	+73 +51	+86 +51	+86 +71	+93 +71	+106 +91	+106 +91	+113 +91	+126 +91	+146 +124	+159 +124	+168 +146	+200 +178	+236 +214	+280 +258
>100~120	+69 +54	+76 +54	+89 +54	+94 +79	+101 +79	+114 +79	+110 +104	+126 +104	+136 +104	+166 +144	+179 +144	+194 +172	+232 +210	+276 +254	+332 +310
>120~140	+81 +63	+88 +63	+103 +63	+110 +92	+117 +92	+132 +92	+140 +122	+147 +122	+162 +122	+195 +170	+210 +170	+227 +202	+273 +248	+325 +300	+390 +365
>140~160	+83 +65	+90 +65	+105 +65	+118 +100	+125 +100	+140 +100	+152 +134	+159 +134	+174 +134	+215 +190	+230 +190	+253 +228	+305 +280	+365 +340	+440 +415
>160~180	+86 +68	+93 +68	+108 +68	+126 +108	+133 +108	+148 +108	+164 +146	+171 +146	+186 +146	+235 +210	+250 +210	+277 +252	+335 +310	+405 +380	+490 +465
>180~200	+97 +77	+106 +77	+123 +77	+142 +122	+151 +122	+168 +122	+186 +166	+195 +166	+212 +166	+265 +236	+282 +236	+313 +284	+379 +350	+454 +425	+549 +520
>200~225	+100 +80	+109 +80	+126 +80	+150 +130	+159 +130	+176 +130	+200 +180	+209 +180	+226 +180	+287 +258	+304 +258	+339 +310	+414 +385	+499 +470	+604 +575
>225~250	+104 +84	+113 +84	+130 +84	+160 +140	+169 +140	+186 +140	+216 +196	+225 +196	+242 +196	+313 +284	+330 +284	+369 +340	+454 +425	+549 +520	+669 +640
>250~280	+117 +94	+126 +94	+146 +94	+181 +158	+290 +158	+210 +158	+241 +218	+250 +218	+270 +218	+347 +315	+367 +315	+417 +385	+507 +475	+612 +580	+742 +710
>280~315	+121 +98	+130 +98	+150 +98	+193 +170	+202 +170	+222 +170	+263 +240	+272 +240	+292 +240	+382 +350	+402 +350	+457 +425	+557 +525	+682 +650	+822 +790
>315~355	+133 +108	+144 +108	+165 +108	+215 +190	+226 +190	+247 +190	+293 +268	+304 +268	+325 +268	+426 +390	+447 +390	+511 +475	+626 +590	+766 +730	+936 +900
>355~400	+139 +114	+150 +114	+171 +114	+233 +208	+244 +208	+265 +208	+319 +294	+330 +294	+351 +294	+471 +435	+492 +435	+566 +530	+696 +660	+856 +820	+1 036 +1 000
>400~450	+153 +126	+166 +126	+189 +126	+259 +232	+272 +232	+295 +232	+357 +330	+370 +330	+393 +330	+530 +490	+553 +490	+635 +595	+780 +740	+960 +920	+1 140 +1 100
>450~500	+159 +132	+172 +132	+195 +132	+279 +252	+292 +252	+315 +252	+387 +360	+400 +360	+423 +360	+580 +540	+603 +540	+700 +660	+860 +820	+1 040 +1 000	+1 290 +1 250

注：基本尺寸小于1mm时，各级的a和b均不采用。

表 C.3 孔的极限偏差（摘自 GB/T 1800.4—1999）　　　　　　　　　（单位：μm）

基本尺寸 /mm	常用及优先公差带（画圈者为优先公差带）													
	A	B		C	D				E		F			
	11	11	12	⑪	8	⑨	10	11	8	9	6	7	⑧	9
>0~3	+330 +270	+200 +140	+240 +140	+120 +60	+34 +20	+45 +20	+60 +20	+80 +20	+28 +14	+39 +14	+12 +6	+16 +6	+20 +6	+31 +6
>3~6	+345 +270	+215 +140	+260 +140	+145 +70	+48 +30	+60 +30	+78 +30	+105 +30	+38 +20	+50 +20	+18 +10	+22 +10	+28 +10	+40 +10
>6~10	+370 +280	+240 +150	+300 +150	+170 +80	+62 +40	+76 +40	+98 +40	+130 +40	+47 +25	+61 +25	+22 +13	+28 +13	+35 +13	+49 +13
>10~14	+400 +290	+260 +150	+330 +150	+205 +95	+77 +50	+93 +50	+120 +50	+160 +50	+59 +32	+75 +32	+27 +16	+34 +16	+43 +16	+59 +16
>14~18														
>18~24	+430 +300	+290 +160	+370 +160	+240 +110	+98 +65	+117 +65	+149 +65	+195 +65	+73 +40	+92 +40	+33 +20	+41 +20	+53 +20	+72 +20
>24~30														
>30~40	+470 +310	+330 +170	+420 +170	+280 +170	+119 +80	+142 +80	+180 +80	+240 +80	+89 +50	+112 +50	+41 +25	+50 +25	+64 +25	+87 +25
>40~50	+480 +320	+340 +180	+430 +180	+290 +180										
>50~65	+530 +340	+380 +190	+490 +190	+330 +140	+146 +100	+170 +100	+220 +100	+290 +100	+106 +6	+134 +80	+49 +30	+60 +30	+76 +30	+104 +30
>65~80	+550 +360	+390 +200	+500 +200	+340 +150										
>80~100	+600 +380	+440 +220	+570 +220	+390 +170	+174 +120	+207 +120	+260 +120	+340 +120	+126 +72	+159 +72	+58 +36	+71 +36	+90 +36	+123 +36
>100~120	+630 +410	+460 +240	+590 +240	+400 +180										
>120~140	+710 +460	+510 +260	+660 +260	+450 +200	+208 +145	+245 +145	+305 +145	+395 +145	+148 +85	+135 +85	+68 +43	+83 +43	+106 +43	+143 +43
>140~160	+770 +520	+530 +280	+680 +280	+460 +210										
>160~180	+830 +580	+560 +310	+710 +310	+480 +230										
>180~200	+950 +660	+630 +340	+800 +340	+530 +240	+242 +170	+285 +170	+355 +170	+460 +170	+172 +100	+215 +100	+79 +50	+96 +50	+122 +50	+165 +50
>200~225	+1 030 +740	+670 +380	+840 +380	+550 +260										
>225~250	+1 110 +820	+710 +420	+880 +420	+570 +280										
>250~280	+1 240 +920	+800 +480	+1 000 +480	+620 +300	+271 +190	+320 +190	+400 +190	+510 +190	+191 +110	+240 +110	+88 +56	+108 +56	+137 +56	+186 +56
>280~315	+1 370 +1 050	+860 +540	+1 060 +540	+650 +330										
>315~355	+1 560 +1 200	+960 +600	+1 170 +600	+720 +360	+299 +210	+350 +210	+440 +210	+570 +210	+214 +125	+265 +125	+98 +62	+119 +62	+151 +62	+202 +62
>355~400	+1 710 +1 350	+1 040 +680	+1 250 +680	+760 +400										
>400~450	+1 900 +1 500	+1 160 +760	+1 390 +760	+840 +440	+327 +230	+385 +230	+480 +230	+630 +230	+232 +135	+290 +135	+108 +68	+131 +68	+165 +68	+223 +68
>450~500	+2 050 +1 650	+1 240 +840	+1 470 +840	+880 +480										

288

基本尺寸/mm	常用及优先公差带（画圈者为优先公差带）																	
	G		H							J			K			M		
	6	⑦	6	⑦	⑧	⑨	10	⑪	12	6	7	8	6	⑦	8	6	7	8
>0~3	+8 +2	+12 +2	+6 0	+10 0	+14 0	+25 0	+40 0	+60 0	+100 0	±3	±5	±7	0 −6	0 −10	0 −14	−2 −8	−2 −12	−2 −16
>3~6	+12 +4	+16 +4	+8 0	+12 0	+18 0	+30 0	+48 0	+75 0	+120 0	±4	±6	±9	+2 −6	+3 −9	+5 −13	−1 −9	0 −12	+2 −16
>6~10	+14 +5	+20 +5	+9 0	+15 0	+22 0	+36 0	+58 0	+90 0	+150 0	±4.5	±7	±11	+2 −7	+5 −10	+6 −16	+3 −12	0 −15	+1 −21
>10~14 >14~18	+17 +6	+24 +6	+11 0	+18 0	+27 0	+43 0	+70 0	+110 0	+180 0	±5.5	±9	±13	+2 −9	+6 −12	+8 −19	+4 −15	0 −18	+2 −25
>18~24 >24~30	+20 +7	+28 +7	+13 0	+21 0	+33 0	+52 0	+84 0	+130 0	+210 0	±6.5	±10	±16	+2 −11	+6 −15	+10 −23	−4 −17	0 −21	+4 −29
>30~40 >40~50	+25 +9	+34 +9	+16 0	+25 0	+39 0	+62 0	+100 0	+160 0	+250 0	±8	±12	±19	+3 −13	+7 −18	+12 −17	−4 −20	0 −25	+5 −34
>50~65 >65~80	+29 +10	+40 +10	+19 0	+30 0	+46 0	+74 0	+120 0	+190 0	+300 0	±9.5	±15	±23	+4 −15	+9 −21	+14 −32	−5 −24	0 −30	+5 −41
>80~100 >100~120	+34 +12	+47 +12	+22 0	+35 0	+54 0	+87 0	+140 0	+220 0	+350 0	±11	±17	±27	+4 −18	+10 −25	+16 −38	−6 −28	0 −35	+6 −48
>120~140 >140~160 >160~180	+39 +14	+54 +14	+25 0	+40 0	+63 0	+100 0	+160 0	+250 0	+400 0	±12.5	±20	±31	+4 −21	+12 −28	+20 −43	−8 −33	0 −40	+8 −55
>180~200 >200~225 >225~250	+44 +15	+61 +15	+29 0	+46 0	+72 0	+115 0	+185 0	+290 0	+460 0	±14.5	±23	±26	+5 −24	+13 −33	+22 −50	−8 −37	0 −46	+9 −63
>250~280 >280~315	+49 +17	+69 +17	+32 0	+52 0	+81 0	+130 0	+210 0	+320 0	+520 0	±16	±26	±40	+5 −27	+16 −36	+25 −56	−9 −41	0 −52	+9 −72
>315~355 >355~400	+54 +18	+75 +18	+36 0	+57 0	+89 0	+140 0	+230 0	+360 0	+570 0	±18	±28	±44	+7 −29	+17 −40	+28 −61	−10 −46	0 −57	+11 −78
>400~450 >450~500	+60 +20	+83 +20	+40 0	+63 +0	+97 0	+150 0	+250 0	+400 0	+630 0	±20	±31	±48	+8 −32	+18 −45	+29 −68	−10 −50	0 −63	+11 −86

基本尺寸/mm	常用及优先公差带（画圈者为优先公差带）											
	N			P		R		S		T		U
	6	⑦	8	6	⑦	6	7	6	⑦	6	7	⑦
>0~3	-4 / -10	-4 / -14	-4 / -18	-6 / -12	-6 / -16	-10 / -16	-10 / -20	-14 / -20	-14 / -24	—	—	-18 / -28
>3~6	-5 / -13	-4 / -16	-2 / -20	-9 / -17	-8 / -20	-12 / -20	-11 / -23	-16 / -24	-15 / -27	—	—	-19 / -31
>6~10	-7 / -16	-4 / -19	-3 / -25	-12 / -21	-9 / -24	-16 / -25	-13 / -28	-20 / -29	-17 / -32	—	—	-22 / -37
>10~14	-9 / -20	-5 / -23	-3 / -30	-15 / -26	-11 / -29	-20 / -31	-16 / -34	-25 / -36	-21 / -39	—	—	-26 / -44
>14~18	-9 / -20	-5 / -23	-3 / -30	-15 / -26	-11 / -29	-20 / -31	-16 / -34	-25 / -36	-21 / -39	—	—	-26 / -44
>18~24	-11 / -24	-7 / -28	-3 / -36	-18 / -31	-14 / -35	-24 / -37	-20 / -41	-31 / -44	-27 / -48	—	—	-33 / -54
>24~30	-11 / -24	-7 / -28	-3 / -36	-18 / -31	-14 / -35	-24 / -37	-20 / -41	-31 / -44	-27 / -48	-37 / -50	-33 / -54	-40 / -61
>30~40	-12 / -28	-8 / -33	-3 / -42	-21 / -37	-17 / -42	-29 / -45	-25 / -50	-38 / -54	-34 / -59	-43 / -59	-39 / -64	-51 / -76
>40~50	-12 / -28	-8 / -33	-3 / -42	-21 / -37	-17 / -42	-29 / -45	-25 / -50	-38 / -54	-34 / -59	-49 / -65	-45 / -70	-61 / -86
>50~65	-14 / -33	-9 / -39	-4 / -50	-26 / -45	-21 / -51	-35 / -54	-30 / -60	-47 / -66	-42 / -72	-60 / -79	-55 / -85	-76 / -106
>65~80	-14 / -33	-9 / -39	-4 / -50	-26 / -45	-21 / -51	-37 / -56	-32 / -62	-53 / -72	-48 / -78	-69 / -88	-64 / -94	-91 / -121
>80~100	-16 / -38	-10 / -45	-4 / -58	-30 / -52	-24 / -59	-44 / -66	-38 / -73	-64 / -86	-58 / -93	-84 / -106	-78 / -113	-111 / -146
>100~120	-16 / -38	-10 / -45	-4 / -58	-30 / -52	-24 / -59	-47 / -69	-41 / -76	-72 / -94	-66 / -101	-97 / -119	-91 / -126	-131 / -166
>120~140	-20 / -45	-12 / -52	-4 / -67	-36 / -61	-28 / -69	-56 / -81	-48 / -88	-85 / -110	-77 / -117	-115 / -140	-107 / -147	-155 / -195
>140~160	-20 / -45	-12 / -52	-4 / -67	-36 / -61	-28 / -69	-58 / -83	-50 / -90	-93 / -118	-85 / -125	-127 / -152	-119 / -159	-175 / -215
>160~180	-20 / -45	-12 / -52	-4 / -67	-36 / -61	-28 / -69	-61 / -86	-53 / -93	-101 / -126	-93 / -133	-139 / -164	-131 / -171	-195 / -235
>180~200	-22 / -51	-14 / -60	-5 / -77	-41 / -70	-33 / -79	-68 / -97	-60 / -106	-113 / -142	-105 / -151	-157 / -186	-149 / -195	-219 / -265
>200~225	-22 / -51	-14 / -60	-5 / -77	-41 / -70	-33 / -79	-71 / -100	-63 / -109	-121 / -150	-113 / -159	-171 / -200	-163 / -209	-241 / -287
>225~250	-22 / -51	-14 / -60	-5 / -77	-41 / -70	-33 / -79	-75 / -104	-67 / -113	-131 / -160	-123 / -169	-187 / -216	-179 / -225	-267 / -313
>250~280	-25 / -57	-14 / -66	-5 / -86	-47 / -79	-36 / -88	-85 / -117	-74 / -126	-149 / -181	-138 / -190	-209 / -241	-198 / -250	-295 / -347
>280~315	-25 / -57	-14 / -66	-5 / -86	-47 / -79	-36 / -88	-89 / -121	-78 / -130	-161 / -193	-150 / -202	-231 / -263	-220 / -272	-330 / -382
>315~355	-26 / -62	-16 / -73	-5 / -94	-51 / -87	-41 / -98	-97 / -133	-87 / -144	-179 / -215	-169 / -226	-257 / -293	-247 / -304	-369 / -426
>355~400	-26 / -62	-16 / -73	-5 / -94	-51 / -87	-41 / -98	-103 / -139	-93 / -150	-197 / -233	-187 / -244	-283 / -319	-273 / -330	-414 / -471
>400~450	-27 / -67	-17 / -80	-6 / -103	-55 / -95	-45 / -108	-113 / -153	-103 / -166	-219 / -259	-209 / -272	-317 / -357	-307 / -370	-467 / -530
>450~500	-27 / -67	-17 / -80	-6 / -103	-55 / -95	-45 / -108	-119 / -159	-109 / -172	-239 / -279	-229 / -279	-347 / -387	-337 / -400	-517 / -580

注：基本尺寸小于1mm时，各级的 A 和 B 均不采用。

表 C.4 形位公差的公差数值（摘自 GB/T 1184—1996）

公差项目	主参数 L/mm	公差等级											
		1	2	3	4	5	6	7	8	9	10	11	12
		公差值/μm											
直线度、平面度	≤10	0.2	0.4	0.8	1.2	2	3	5	8	12	20	30	60
	>10~16	0.25	0.5	1	1.5	2.5	4	6	10	15	25	40	80
	>16~25	0.3	0.6	1.2	2	3	5	8	12	20	30	50	100
	>25~40	0.4	0.8	1.5	2.5	4	6	10	15	25	40	60	120
	>40~63	0.5	1	2	3	5	8	12	20	30	50	80	150
	>63~100	0.6	1.2	2.5	4	6	10	15	25	40	60	100	200
	>100~160	0.8	1.5	3	5	8	12	20	30	50	80	120	250
	>160~250	1	2	4	6	10	15	25	40	60	100	150	300
圆度、圆柱度	≤3	0.2	0.3	0.5	0.8	1.2	2	3	4	6	10	14	25
	>3~6	0.2	0.4	0.6	1	1.5	2.5	4	5	8	12	18	30
	>6~10	0.25	0.4	0.6	1	1.5	2.5	4	6	9	15	22	36
	>10~18	0.25	0.5	0.8	1.2	2	3	5	8	11	18	27	43
	>18~30	0.3	0.6	1	1.5	2.5	4	6	9	13	21	33	52
	>30~50	0.4	0.6	1	1.5	2.5	4	7	11	16	25	39	62
	>50~80	0.5	0.8	1.2	2	3	5	8	13	19	30	46	74
	>80~120	0.6	1	1.5	2.5	4	6	10	15	22	35	54	87
	>120~180	1	1.2	2	3.5	5	8	12	18	25	40	63	100
	>180~250	1.2	2	3	4.5	7	10	14	20	29	46	72	115
平行度、垂直度、倾斜度	≤10	0.4	0.8	1.5	3	5	8	12	20	30	50	80	120
	>10~16	0.5	1	2	4	6	10	15	25	40	60	100	150
	>16~25	0.6	1.2	2.5	5	8	12	20	30	50	80	120	200
	>25~40	0.8	1.5	3	6	10	15	25	40	60	100	150	250
	>40~63	1	2	4	8	12	20	30	50	80	120	200	300
	>63~100	1.2	2.5	5	10	15	25	40	60	100	150	250	400
	>100~160	1.5	3	6	12	20	30	50	80	120	200	300	500
	>160~250	2	4	8	15	25	40	60	100	150	250	400	600
同轴度、对称度、圆跳动、全跳动	≤1	0.4	0.6	1.0	1.5	2.5	4	6	10	15	25	40	60
	>1~3	0.4	0.6	1.0	1.5	2.5	4	6	10	20	40	60	120
	>3~6	0.5	0.8	1.2	2	3	5	8	12	25	50	80	150
	>6~10	0.6	1	1.5	2.5	4	6	10	15	30	60	100	200
	>10~18	0.8	1.2	2	3	5	8	12	20	40	80	120	250
	>18~30	1	1.5	2.5	4	6	10	15	25	50	100	150	300
	>30~50	1.2	2	3	5	8	12	20	30	60	120	200	400
	>50~120	1.5	2.5	4	6	10	15	25	40	80	150	250	500
	>120~250	2	3	5	8	12	20	30	50	100	200	300	600

附录 D　标准结构

表 D.1　中心孔表示法（摘自 GB/T 4459.5—1999）　　　（单位：mm）

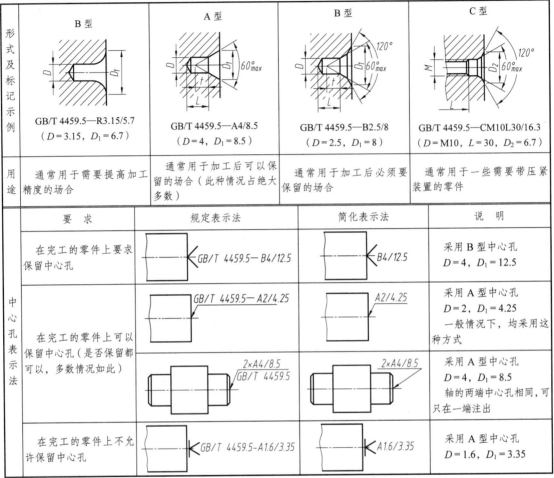

形式及标记示例	B 型 GB/T 4459.5—R3.15/5.7 （$D=3.15$，$D_1=6.7$）	A 型 GB/T 4459.5—A4/8.5 （$D=4$，$D_1=8.5$）	B 型 GB/T 4459.5—B2.5/8 （$D=2.5$，$D_1=8$）	C 型 GB/T 4459.5—CM10L30/16.3 （$D=$M10，$L=30$，$D_2=6.7$）
用途	通常用于需要提高加工精度的场合	通常用于加工后可以保留的场合（此种情况占绝大多数）	通常用于加工后必须要保留的场合	通常用于一些需要带压紧装置的零件

	要求	规定表示法	简化表示法	说明
中心孔表示法	在完工的零件上要求保留中心孔	GB/T 4459.5—B4/12.5	B4/12.5	采用 B 型中心孔 $D=4$，$D_1=12.5$
	在完工的零件上可以保留中心孔（是否保留都可以，多数情况如此）	GB/T 4459.5—A2/4.25	A2/4.25	采用 A 型中心孔 $D=2$，$D_1=4.25$ 一般情况下，均采用这种方式
		$2\times$A4/8.5 GB/T 4459.5	$2\times$A4/8.5	采用 A 型中心孔 $D=4$，$D_1=8.5$ 轴的两端中心孔相同，可只在一端注出
	在完工的零件上不允许保留中心孔	GB/T 4459.5-A1.6/3.35	A1.6/3.35	采用 A 型中心孔 $D=1.6$，$D_1=3.35$

注：(1)对标准中心孔，在图样中可不绘制其详细结构；2. 简化标注时，可省略标准编号；3. 尺寸 L 取决于零件的功能要求。

中心孔的尺寸参数

导向孔直径 D （公称尺寸）	R 型	A 型		B 型		C 型	
	锥孔直径 D_1	锥孔直径 D_1	参照尺寸 t	锥孔直径 D_1	参照尺寸 t	公称尺寸 M	锥孔直径 D_2
1	2.12	2.12	0.9	3.15	0.9	M3	5.8
1.6	3.35	3.35	1.4	5	1.4	M4	7.4
2	4.25	4.25	1.8	6.3	1.8	M5	8.8
2.5	5.3	5.3	2.2	8	2.2	M6	10.5
3.15	6.7	6.7	2.8	10	2.8	M8	13.2
4	8.5	8.5	3.5	12.5	3.5	M10	16.3
（5）	10.6	10.6	4.4	16	4.4	M12	19.8
6.3	13.2	13.2	5.5	18	5.5	M16	25.3
（8）	17	17	7	22.4	7	M20	31.3
10	21.2	21.2	8.7	28	8.7	M24	38

注：尽量避免选用括号中的尺寸。

表 D.2　零件倒角与倒圆（摘自 GB/T 6403.4—1986）　　　　（单位：mm）

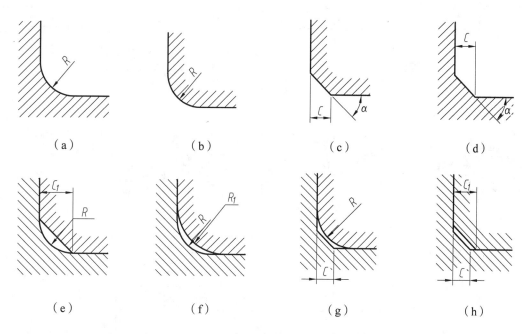

（a）　　　　　　　（b）　　　　　　　（c）　　　　　　　（d）

（e）　　　　　　　（f）　　　　　　　（g）　　　　　　　（h）

（单位：mm）

ϕ	~ 3	>3 ~ 6	>6 ~ 10	>10 ~ 18	>18 ~ 30	>30 ~ 50
C 或 R	0.2	0.4	0.6	0.8	1.0	1.6
ϕ	>50 ~ 80	>80 ~ 120	>120 ~ 180	>180 ~ 250	>250 ~ 320	>320 ~ 400
C 或 R	2.0	2.5	3.0	4.0	5.0	6.0
ϕ	>400 ~ 500	>500 ~ 630	>630 ~ 800	>800 ~ 1 000	>1 000 ~ 1 250	>1 250 ~ 1 600
C 或 R	8.0	10	12	16	20	25

注：(1)内角倒圆，外角倒角时，$C_1 > R$，见图（e）。
　　(2)内角倒圆，外角倒圆时，$R_1 > R$，见图（f）。
　　(3)内角倒角，外角倒圆时，$C < 0.58R$，见图（g）。
　　(4)内角倒角，外角倒角时，$C_1 > C$，见图（h）。

表 D.3　紧固件通孔（摘自 GB/T 5277—1985）及沉头座尺寸（摘自 GB/T 152.2 ~ 152.4—1988）

（单位：mm）

螺纹规格 d		3	4	5	6	8	10	12	14	16	18	20	22	24	27	30	36
通孔直径 GB/T 5277—1985	精装配	3.2	4.3	5.3	6.4	8.4	10.5	13	15	17	19	21	23	25	28	31	37
	中等装配	3.4	4.5	5.5	6.6	9	11	13.5	15.5	17.5	20	22	24	26	30	33	39
	粗装配	3.6	4.8	5.8	7	10	12	14.5	16.5	18.5	21	24	26	28	32	35	42

螺纹规格 d		3	4	5	6	8	10	12	14	16	18	20	22	24	27	30	36
六角头螺栓和六角螺母用沉孔 GB/T 152.4—1988	d_2	9	10	11	13	18	22	26	30	33	36	40	43	48	53	61	适用于六角头螺栓和六角螺母
	d_3	—	—	—	—	—	—	16	18	20	22	24	26	28	33	36	
	d_1	3.4	4.5	5.5	6.6	9.0	11.0	13.5	15.5	17.5	20.0	22.0	24	26	30	33	
沉头用沉孔 GB/T 152.2—1988	d_2	6.4	9.6	10.6	12.8	17.6	20.3	24.4	28.4	32.4	—	40.4	—	—	—	—	适用于沉头及半沉头螺钉
	$t \approx$	1.6	2.7	2.7	3.3	4.6	5.0	6.0	7.0	8.0	—	10.0	—	—	—	—	
	d_1	3.4	4.5	5.5	6.6	9	11	13.5	15.5	17.5	—	22	—	—	—	—	
	α	$90°^{-2°}_{-4°}$															
圆柱头用沉孔 GB/T 152.3—1988	d_2	6.0	8.0	10.0	11.0	15.0	18.0	20.0	24.0	26.0	—	33.0	—	40.0	—	48.0	适用于内六角圆柱头螺钉
	t	3.4	4.6	5.7	6.8	9.0	11.0	13.0	15.0	17.5	—	21.5	—	25.5	—	32.0	
	d_3	—	—	—	—	—	—	16	18	20	—	24	—	28	—	36	
	d_1	3.4	4.5	5.5	6.6	9.0	11.0	13.5	15.5	17.5	—	22.0	—	26.0	—	33.0	
	d_2	—	8	10	11	15	18	20	24	26	—	33	—	—	—	—	适用于开槽圆柱头螺钉
	t	—	3.2	4.0	4.7	6.0	7.0	8.0	9.0	10.5	—	12.5	—	—	—	—	
	d_3	—	—	—	—	—	—	16	18	20	—	24	—	—	—	—	
	d_1	—	4.5	5.5	6.6	9.0	11.0	13.5	15.5	17.5	—	22.0	—	—	—	—	

注：对螺栓和螺母用沉孔的尺寸 t，只要能制出与通孔轴线垂直的圆平面即可，即刮平圆平面为止，常称锪平。

表中尺寸 d_1、d_2、t 的公差带都是 H13。